心理学常识1000问

凡禹 / 编著

台海出版社

图书在版编目（CIP）数据

心理学常识 1000 问 / 凡禹编著 . — 北京 : 台海出版社 , 2024. 11. — ISBN 978-7-5168-4048-1

Ⅰ. B84-44

中国国家版本馆 CIP 数据核字第 2024L3G539 号

心理学常识 1000 问

编　　著：凡　禹

责任编辑：王慧敏　　　　封面设计：于　芳

出版发行：台海出版社
地　　址：北京市东城区景山东街20号　邮政编码：100009
电　　话：010-64041652（发行，邮购）
传　　真：010-84045799（总编室）
网　　址：www.taimeng.org.cn/thcbs/default.htm
E-mail：thcbs@126.com

经　　销：全国各地新华书店
印　　刷：三河市龙大印装有限公司
本书如有破损、缺页、装订错误，请与本社联系调换

开　　本：710毫米×1000毫米　1/16
字　　数：328千字　　印　　张：20
版　　次：2024年11月第1版　　印　　次：2024年12月第1次印刷
书　　号：ISBN 978-7-5168-4048-1

定　　价：58.00元

前　言

社会上常涌动着一股关注心理学的热潮，报纸杂志、电视媒体的传播，使得我们耳边经常出现“心理学”这个名词。然而我们发现，大街小巷风靡一时的似乎只是各式各样的心理测试，或者因心理危机而引发的自杀、抑郁、变态等热点事件，然而事实上这些并非完全科学意义上的心理学。

诚然，那些基于心理学常识的小测试往往带给我们意想不到的惊喜，为我们的生活增添不少乐趣。然而娱乐并不是心理学的主题，那些自杀、变态狂之类的新闻报道往往可以给普通人带来好奇心的满足，为媒体机构吸引更多的读者和收视人群，但疾病心理学也只是心理学广阔研究领域中的一个分支。

心理学本质上是一门帮助人们正确处理认知与行为、自身与环境、工作与人际关系等问题的实践科学。1879 年，心理学从哲学、神学、医学等其他学科中分离出来，正式成为一门真正独立的学科。经过 100 多年的研究和探索，心理学的知识大厦已经金碧辉煌，并且为经营学、人生学、医学、军事学等提供日益丰富的科学视角和研究工具。

目前，在欧美发达国家，特别是在以强调应用学科而著称的美国，心理学作为一门实践学科被摆在了相当重要的位置上，并已经渗透到了政治、经济、军事、疾病康复、日常生活等方方面面。在这些国家，不仅是公众人物，几乎所有的人都对心理学抱有浓厚兴趣。在欧美国家的大小书店里，有很多心理学方面的手册出售，这些为非专业人士准备的小册子从如何理解人的心理入手，深入浅出地讲解了与社会现象、组织运营、人际关系、自我情绪控制等相关的心理学知识，几乎涉及了生活的所有层面。

遗憾的是，对于那些与日常生活关系密切的心理学现象的研究以及心理学常识的推广普及，在今天的中国尚未得到应有的重视。编者和专业领域的几位志同道合者，希望能在此方面有所作为，为心理学知识的传播和社会的进步做出力所能及的贡献。

本书试图用通俗的语言向大家介绍与工作和生活密切相关的心理学常识、法则以及正确观察事物、思考问题、认识自我的方法。全书分为导读篇、感知篇、生活篇、应用篇、拓展篇、拾趣篇。

编者在写作中力求角度平实、叙述生动、事例丰富、方法实用，真诚地盼望本书能带给每一个人幸福美满、和谐圆通的人生！由于编者水平有限，书中若有不当之处，敬请读者批评指正。

CONTENTS 目录

导读篇

第 6 章　动机与行为
——了解行为的背后

第 7 章　学习与记忆
——冤家路窄的记忆与遗忘

第 8 章　人格与性格
——无所不在的人格魅力

第 9 章　情绪与健康
——为自己的心理状况把脉

生活篇

应用篇

拓展篇

第 22 章　心理咨询与治疗
——方法与原则

第 23 章　心理学的领域应用
——方向与发展

拾趣篇

第 24 章　笔迹与心理
——笔迹的奥秘

第 25 章　梦的分析
——心理写真馆

第 26 章　心理效应与定律
——黄金法则

导读篇

第1章 心理学与生活

——心理学是什么?

一提起心理这个词，许多人会眨眨眼、摇摇头:“挺深奥的，不懂啊!”

说起心理学，一种神秘莫测的感觉便会传遍人们的全身。人们会想起许多所谓诡异的东西来试图勾勒心理学的大概模样：魔术？算命？意念控制？乾坤大挪移？黑洞？……

心理和心理学留给许多人的的确是一种神秘诡异的印象，人们觉得这些东西看不见、摸不着，离自己的生活很遥远。实际上，这些都是人们的误解。心理和心理现象是所有人每时每刻都在体验着的，是人类生活和生存必需的。可以说，复杂的心理活动正是人区别于动物的一个本质特征。恩格斯曾将人的心理意识赞誉为“地球上最美丽的花朵”。心理学是研究心理的学说，也是紧紧围绕着我们的生活的。

心理活动虽然隐藏在人们的内心深处，但它可以通过行为、语言来表现，并且可以通过一定的方式、方法和途径来猜测。心理活动对人的影响是非同小可的。那么，究竟什么是心理呢?

◆什么是心理?

心理是心理活动的简称，实质上是人脑的一种功能，即人脑对客观事物主观的反映。认知活动是心理过程的基础。认知开始于感觉，之后是知觉、记忆和思维等活动或过程。比如眼前有一个苹果，人脑对这个苹果的颜色、气味等个别特征的反映就是感觉；人脑对这个苹果的颜色、形状、质感、味道等多种特征的整体、综合反映即为知觉。种种感觉、知觉的信息在人脑中的储存就成为记忆。在记忆的基础上，再借助语言，人脑就可以对客观的事物进行抽象和概括的反映，即思维。上述过程就是人的整个认知过程。人在认知中所接受的信息经过大脑的加工，传导至下丘脑及其边缘系统，就产生了对这些信息的内心体验，表现在外就成为人的情绪。

根据这些信息，大脑还会产生一个意志过程，即建立意图、编制活动程序、确定目标，然后调节和控制人体行为以实现目标。

人的心理的产生必须具备三个基本条件：大脑、客观现实和人的实践活动。其中，大脑是产生心理活动的物质基础或者说硬件，客观现实则是产生心理活动的决定性因素或者说软件，而人的实践活动则是把上述两者联系起来的桥梁。

◆什么是心理学？

心理学的英文是“Psychology”，源于古希腊语，意思是“灵魂之科学”。心理学的历史虽然最早可以追溯到古希腊时代，但心理学作为一个专门的术语出现却是在 1502 年。有一个塞尔维亚人叫马如利克（Marulic），在这一年首次用“Psychologia”一词发表了一篇讲述大众心理的文章。此后过了 70 年，一位名为歌克的德国人又用这个词出版了《人性的提高，这就是心理学》一书。这也是人类历史上最早记载的以心理学这一术语命名的书。

在希腊文中，“灵魂”也有呼吸的意思。因为古希腊人认为人的生命依靠呼吸，呼吸一旦停止，生命也就完结。随着心理探索的发展，心理学的研究对象由灵魂改为心灵，心理学也就变成了心灵哲学。在我国，人们习惯认为思想和感情来源于“心”，又把条理和规则叫作“理”，所以用“心理”来总称心思、思想、感情等等，而心理学则是关于心思、思想、感情等规律的学问。总之，心理学是研究心理活动及其发生、发展规律的科学。人的任何行为都离不开心理活动，通常说的感觉、知觉、记忆、思维、想象、情感、意志以及个性特征等等都可称之为心理现象。心理学与我们的生活密切相关。

◆心理学家知道人们在想什么吗？

“你是学心理学的，那么你说说我正在想什么。”当周围人得知你是学心理学专业的时候，他们会马上好奇地提出这样的问题。人们总是以为心理学家和算命先生差不多，应该能透视眼前人的内心活动。其实这是一种误解。

心理活动具有广泛的含义，包括人的感觉、知觉、记忆、思维、情绪和意志等，并非只是人在某种情境下的所思所想。心理学家所做的就是要探索这些心理活动的规律——它们如何产生、发展？受哪些因素影响？相互间有什么联系？等等。心理学家通常是根据人的情绪表现和外在行为等来研究人的心理。也许他们可以根据你的外在特征或测验结果来推测你的内部心理特征，但除非具有超感知能力，否则再老到的心理学家也不可能会所谓的“知心术”——一眼就能看穿你的内心世界。

◆心理学是“伪科学”吗？

许多人认为心理学是“伪科学”，都是骗人的。这着实让搞心理学的人伤心不已。为什么会这样呢？

首先，对于大多数人，所谓“科学”，应该有严格的实验操作和严密的逻辑推理，比如物理学或数学。而人的心理看不见又摸不着，对它的操作和研究岂不是很玄？人的心理又是变化莫测的，是个十分难以控制的变量，所以人们认为心理学研究是靠不住的。

其次，心理咨询往往令人们很失望。由于人们对心理咨询没有一个正确和充分的了解，产生了瞬间治愈心理问题的期待，这样当然会失望。没有什么药能瞬间愈病，心理咨询解决心理困扰同样需要一个过程。而且，心理咨询要想收到好的效果，咨询者需要积极配合咨询师的要求，不能只由咨询师一方努力。

事实上，心理学是一门正在走向成熟的学科。1982年，国际心理科学联合会正式成为国际科学联合会的会员，这证明了心理学的学术地位。心理学的许多研究领域的研究方法，如生理心理学、实验心理学和心理物理学，向来就与自然科学的研究方法相近似。发展到现在，心理学的各个领域，从实验控制、统计学分析，直到结论的提出，都已经采取了严格的科学设计，都已制定了统一的科学标准。

关于心理咨询，在咨询者积极配合的基础上，往往需要数月甚至是更长时间才会收到应有的效果。这是一个互动和漫长的过程。所谓“冰冻三尺非一日之寒”，要融化三尺冰块自然不可能一蹴而就。大家对心理咨询要有正确的理解和现实的期望，不宜因为急于求成、效果不佳，就否定心理咨询，否定整个心理学。

◆心理学家都会催眠吗？

很多人对催眠术有浓厚的兴趣，因为觉得它很玄妙。提起催眠术，人们又往往想起心理学家。原因之一，可能是弗洛伊德的误导。弗洛伊德是著名的心理学家，既然他使用催眠术，那么心理学家应该都会催眠术。另外，可能是由于几部颇有知名度的“心理电影”的误导，例如日本恐怖片《催眠》。片中的描述和心理学家使用催眠术的实际情况相去甚远，纯粹是为了商业炒作而对催眠术的作用进行夸大甚至歪曲。

催眠术源自18世纪的麦斯麦术。19世纪，英国医生布雷德研究得出结论，让患者凝视发光物体会诱导其进入催眠状态。他认为麦斯麦术所引起的昏睡是神经性睡眠，因此另创了“催眠术”一词。但催眠的内在机制至今尚未完全搞清楚。催眠术的方法多种多样，但最常用的方法是：要求人彻底放松，把注意力固定在诸如晃动的钟摆和闪烁的灯光等某个小东西上，或引导人们将注意力集中在想象中的星空等，然后诱发出昏睡状态。催眠前要先测定被催眠者的暗示性，暗示性高的人容易被催眠，能进入深度睡眠状态，此类人的催眠治疗效果较好。在催眠状态下，人会按照治疗师的暗示行事，可能会有不良副作用，因此应该由经验丰富的催眠师来实施。

催眠术并非所有心理学家必然会的“招牌本领”，它只是精神分析心理学家在心理治疗中使用的方法之一。实际上，大多数心理学家的工作是不涉及催眠术的，他们更倾向于运用实验和行为观察等更为严谨的科学研究方法。

在国外，催眠术常用于帮助审讯嫌犯，以期使嫌犯在催眠状态下不由自主地坦白情况。现在，很多司法心理学家认为催眠状态下的问讯有诱导之嫌，很可能使嫌犯按着催眠师的暗示给出其所希望的但并不公正的回答，所以对此持反对态度。

◆心理学就是心理咨询吗？

作为一个新兴的行业，心理咨询蓬勃发展，越来越火。各种各样的心理门诊、心理咨询中心、心理咨询热线等不断涌现，通过不同的渠道冲击着人们的视听。再加上过去一段时期心理咨询师资格考试制度的实施，使心理学的社会影响力得到了极大的提高。这些动向使很多人一听到心理学就想起心理咨询，以致使它做了心理学的代名词。另外，大多数人倾向于从实际应用的角度去认识一门学科。而心理学最为广泛的应用就是心理咨询或心理治疗，较之其他心理学知识更为大家所熟知，所以很多人将心理咨询等同于心理学。这是一种误解。

必须明确，心理咨询只是心理学的一个应用分支。心理咨询的目的，是帮助人们认识和应对生活中的各种困扰，使人们更幸福地生活下去。心理咨询的对象可能是一个人，也可能是一对夫妇、一个家庭或一个群体。通常，心理咨询是面向正常人的，咨询者虽然有各种心理困扰，但并不存在严重的心理障碍。如果是严重的精神疾病，那就要交给临床心理学家或精神病学家来处理了。

在发达国家，人们的工作、生活压力较重，因此心理咨询机构繁多。如美国的心理咨询机构，经常为人们所称道。当在工作、生活中面临巨大的压力时，就可以到自己的心理医生那里去宣泄，比如心理医生提供办公室和家庭设施，随便让顾客进行摔、砸等破坏行为以充分发泄。当然顾客必须支付价格不等的咨询费用。

在国内，目前的心理咨询机构多分布在高校、医院等地方，也有一些专门的咨询中心。这是一个专业性很强、责任重大的职业，从事这项工作的人必须有专业知识、足够的实际技能培训以及良好的职业道德。

◆心理学家只研究变态的人？

很多人对心理学抱有这样的看法：去找心理咨询师的人都是“心理有问题”的人，而有问题就是变态；心理学家只研究变态的人；与心理学有干系的非专业人士都是变态的。这些看法可以解释为什么很多人在决定进行心理咨询时需要很大勇气并进行激烈的思想斗争。为什么会对心理学和心理学家有这样的偏见呢？一方面，这与我们的思想认识有关。中国人比较顾及面子，有了心理困扰却羞于开口，倾向于自己解决。另一方面，和媒体的误导有关。为了谋求利润，媒体会抓住人们的猎奇心理，在表现与心理学有关的题材时，喜欢选择和炒作变态心理。从电影、电视、报纸和杂志上接触心理学的，很难逃出这种误导。

人们也常常把心理学家和精神病学家混在一起。精神病学是医学的一个分支，精神病学家是医生。他们的工作对象是心理失常的人，即所谓“变态”的人，主要从事精神疾病和心理问题的治疗。和其他医生一样，精神病学家在治疗精神疾病时使用药物；与此不同，尽管临床心理学家也关注精神病人，但他们不能使用药物进行治疗。要知道，大多数心理学研究都是针对正常人的，如儿童情绪的发展、性别差异、智力、老年人心理和跨文化的比较等等，都是心理学研究的内容。

◆心理学就是解梦分析吗？

这种误解的产生同样和弗洛伊德分不开。对于多数了解心理学的人来说，解梦是弗洛伊德的理论中最吸引人的部分。这是因为人们总是喜欢挖掘自己和别人内心深处的秘密，而梦被当作是透视内心世界的一扇天窗。由于弗洛伊德的“代表性”，许多人把弗洛伊德的理论等同于梦的分析，进而使解梦成为心理学的代名词。

◆心理学知识是一般常识吗？

很多人对心理学研究很不以为然，觉得心理学家成天搞来搞去，搞出来的不过是些尽人皆知的简单常识。这是一种十分不公平的误解。心理学知识是来源于一般生活的，但并非一般常识，其研究的深度和广度远不是一般常识所能够解决和理解的。你不相信？下面证明给你看。试着回答下面几个常识性问题，体会一下心理学知识与一般常识有什么区别。

1. 做梦用多长时间？

在莎士比亚的《仲夏夜之梦》里，莱桑德尔说真正的爱情是“简单”又“短暂”的，像做梦一样。梦真的是来去一瞬间吗？你认为做一个梦所用的时间是：

（1）一秒钟的几分之一；

（2）几秒钟；

（3）一两分钟；

（4）若干分钟；

（5）几个小时。

2. 牛奶一样多吗？

5 岁的瑶瑶看到妈妈在厨房里忙，便走了进去。在厨房的桌子上放着完全相同的两瓶牛奶，她看到妈妈打开其中一瓶，把里面的牛奶倒进一个大玻璃坛子里。她的眼睛滴溜溜地转，目光从那只仍装满牛奶的瓶子转回到坛子。这时妈妈突然记起她在一本心理学书上读到的情况，便问："瑶瑶，是瓶子里的牛奶多呢，还是坛子里的牛奶多？"瑶瑶的回答可能是：

（1）瓶子里的多；

（2）坛子里的多；

（3）一样多。

下面是心理学上的答案：

1. 做一个梦要用若干分钟，而且每个人每天夜里都会做好几次梦。看到这个答案你可能会很奇怪，觉得自己没做什么梦或梦没那么多。这是因为你将梦忘记了，或只记住了醒来之前的那个梦里的一些片段。研究梦的心理学家做过实验，证明梦中所发生事情的持续时间几乎和这种事情现实发生所持续的时间相等。

2. 瑶瑶会认为瓶子里的牛奶比坛子里的多。一般情况下，儿童到了 7 岁左右才会明白同一瓶牛奶不管倒到哪里体积都是不会变的。瑶瑶只有 5 岁，所以当她看见瓶子里的牛奶比坛子里的牛奶液面高很多时，便会认为是瓶子里的牛奶较多，除非她不是一般的儿童。"一斤棉花和一斤泥土相比，那个更重呢？"恐怕这个问题，瑶瑶也是回答不了的。

第2章 人物与流派

——心理学的那些人和那些事

在100多年的历程中，人类对心理现象探索研究的深度和广度，也都达到了前所未有的程度。在众多学派中，有从内在的意识去研究的，有从外在的行为去研究的；有从静态去研究的，有从动态去研究的；还有从生物学、数理学、几何学、物理学、民族学、文化学等种种不同角度去研究的。所有的学派，包括相互承继的学派，在它们的心理研究对象、范围、性质、内容以及方法上都既有联系，又各不相同。这百余年心理学发展的速度以及研究成果，可以说远远超过了在此之前的人类历史上心理科学研究成果的总和。

了解心理学常识，需要对当时的主要心理学家有所了解。例如，他们生活的年代、家庭和时代背景，他们是怎样成为心理学家的，他们的代表作，他们各自的理论特点和对心理学发展的贡献，以及他们与其他心理学家的关系，等等。这些正是本章讲述的主要内容。心理学这100多年的历史，主要集中体现在一些重要的学派及其发展历程中。这些流派在世界范围内，都曾代表过一个时期的心理学发展的历史，都曾对心理学本身产生过极其深远的影响，都曾客观地影响过心理学的发展进程。心理学100余年来所取得的成果，也主要反映在这些心理学学派的研究成果上。

◆谁是心理学之父？——冯特

威廉·冯特（Wilhelm Wundt，1832—1920）出生于德国曼海姆北郊内卡劳的一个牧师家庭。孩提时代的他，对学习并不感兴趣，更是个习惯性的白日梦者，哪怕是父亲来学校里，发现他心不在焉而扇了他几个耳光，也没有改变过什么。直到后来父亲过世、母亲只有少量的养老金维持生活的时候，他才慢慢控制走神的毛病，进入海德堡大学学习医学，并于1856年毕业。1857年他出任海德堡大学的生理学讲师，次年跟随当时名望大振的赫尔曼·冯·亥姆霍兹，在他的生理学研究所担任实验室助手。这份工作加强了冯特对生理心理的兴趣。1864 年，冯特晋升为副教授，并辞去了亥姆霍兹的助手工作，在家建立实验室并进行心理学实验。其间，不惑之年的他也订了婚。

1871 年亥姆霍兹离开了海德堡大学，但是海德堡大学并未让冯特顶替亥姆霍兹的位子，只是授予他临时教授的头衔。这次提升涨了薪水，使得他与未婚妻成婚，并专心撰写《生理心理学原理》一书。而这本著作也给他带来了希望，1875 年他被德国莱比锡大学聘为教授。1879 年，他在莱比锡大学开创了一项具有伟大历史意义的事业——创建了世界上有史以来的第一所心理实验室。个人名声和实验室的名气，吸引了许多助手来到莱比锡。在这所心理实验室里，他领导一大批来自世界各国的心理学研究者有效地完成了 100 多项心理学实验研究；同时，也造就了一大批心理学专门人才。这些人回到自己的祖国后，也在各自的国家成为心理学研究的中坚力量，其中也不乏后来成名的心理学家，如美国的赫尔、卡特尔、安吉尔，英国的铁钦纳，以及欧洲其他国家的闵斯特伯格、马尔比、朗格等等。他在世界范围内建立起一支训练有素的心理学专业队伍，为心理学的建立与发展做出了巨大贡献。

◆谁是美国心理学之父？——詹姆斯

威廉·詹姆斯（William James，1842—1910）出生于美国纽约市，祖父是从爱尔兰来到美国的商人，因投资开发伊利运河而成富豪。父亲对宗教与哲学极感兴趣，对美国学校颇有偏见，于是不时带着家人赴欧漫游，这使得长子詹姆斯受益匪浅。詹姆斯在美国、英国、法国、瑞士和德国都念过书，并且在私立学校接受启蒙教育。他去过许多名城的博物馆和画廊，也学会了 5 国语言，甚至于当时的梭罗、爱默生、霍桑等名人都是他家的常客。

詹姆斯曾经想当一名画家，但父亲希望他在科学或哲学上有所建树；后入哈佛学习化学，又对繁文缛节的实验室工作失去耐心；也想过当一名医生，可惜医学也没唤起他的热情。最后，他又赶往德国，跟亥姆霍兹学习生理学，并渐渐对心理学熟悉起来。1872 年，他接受了哈佛大学校长的邀请，去哈佛大学教授生理学。1877 年他成立了一个比较正式的心理实验室，比冯特 1879 年在莱比锡大学建立的世界第一个正式的心理实验室还早两年。可是他一方面强调实验的价值，另一方面也意识到实验在学术上的局限性。他不喜欢做实验，但是证明或驳斥一个理论的最好办法，就是进行实验。所以，他在他的著作《心理学原理》中描述了如何通过练习来强化记忆的实验，也就是在这本书中他提出了著名的意识流思想。他反对当时流行的冯特把心理现象分解为各种感觉、感情元素的做法，主张意识是不可分解的整体，这也是后来的格式塔心理学的主旨。

1884年，詹姆斯与丹麦生理学家兰格（Carl Lange，1834—1900）提出了一种情绪学说，人称“詹姆斯—兰格理论”。这个理论认为，情绪是对于身体所发生的变化的感觉，身体变化在先，情绪体验在后，简单地说就是悲伤是由哭泣引起的，快乐是由大笑引起的。这个情绪学说以内省观察为依据，没有严格的解剖生理学和实验的证明，但推动了许多关于情绪的实验研究，被认为是现代情绪研究和情绪理论的出发点。1904年他当选为美国心理学会主席，1906年当选为美国国家科学院院士。1910年他最后一次从欧洲旅行回国两天后逝世。

◆谁是心灵深处的探索者？——弗洛伊德

西格蒙德·弗洛伊德（Sigmund Freud，1856—1939）出生在奥地利帝国摩拉维亚（今捷克）弗莱堡一个犹太商人家庭。他母亲共生了3个儿子和5个女儿，他是长子，但还有一个同父异母的哥哥。或许是童年的艰辛生活让他有焦虑感；或许是他早年就立志刻苦用功，所以他并没有像父亲那样成为小商小贩，而是于1873年考上了维也纳大学医学院。在学医的中途，他并没感到医学对他的吸引，而是受到生理学教授布吕克（Ernst Brucke）的影响，全心投入到布吕克的生理研究院。就这样一边学习医学，一边在研究院里学习，1881年他拿到了维也纳大学的硕士学位。其间，他认识了妹妹的朋友、后来的未婚妻玛莎（Martha Bernays）。

为了开办私人诊所，他投身于维也纳通用学院，学习神经科学，成为脑损伤与脑疾病专家。1886年他个人开业治疗神经病，同时致力于生理学的研究，并于当年娶了玛莎。其实他独特的职业生涯，源于与医生布洛伊尔（Josef Breuer）的合作。他曾帮助布洛伊尔治疗一位患有歇斯底里症的女子安娜（Anna O），利用催眠，用宣泄（Catharsis）恢复痛苦记忆而治愈。他还与布洛伊尔合作，于1895年发表了一部划时代的著作《关于歇斯底里症的研究》。

后来，他逐渐开展心理分析的研究，放弃催眠术而改用自由联想（Free Association）法以及自我分析（Self-Analysis）法，创造了用精神分析来治疗精神病的方法。他还发展和普及了一些心理学学说，有关焦虑、阻抗、移情、压抑、投射、升华等等。他在其著作《梦的解析》中进行了心理分析与无意识研究，极大地引起了人们对心理学的兴趣，他的许多观点在过去和现在都存在很大争论，既受到尊崇也遭遇诋毁。他虽然不是心理学的鼻祖，但他显然是在现代心理学发展中最有影响、最重要的人物。晚年他患有颌癌，曾先后做过 30 多次手术。1938 年纳粹分子占领奥地利，由于弗洛伊德是犹太人，82 岁高龄的他不得不搬到英国伦敦，1939 年在那里因癌症去世。

◆谁是动物心理学的开创者？——桑代克

爱德华·李·桑代克（Edward Lee Thorndike，1874—1949）出生于美国马萨诸塞州一个牧师家庭。童年时代，孤独害羞的他只有在学习中寻找乐趣。极高的天赋，让他在 1985 年就以卫斯理大学 50 年来最高的平均成绩毕业。考上哈佛大学研究生后，他觉得詹姆斯的《心理学原理》教程很有意思，在听过詹姆斯两次课以后，他就完全陷入其中了。

他曾设计一些迷宫和箱子，用小鸡、猫等动物来研究动物的学习能力和逃脱行为。例如，他将小鸡放入迷宫，里面有四条路，三条是死胡同，只有一条路通往有食物、有水和其他鸡的地方。小鸡在一次次的实验中，慢慢学会了找到出口。他认为导致成功的行为带来的快乐让小鸡记住了这些行为，同时也忘记了那些不愉快的行为。他将猫放在箱子里，或踩上踏板、或按动按钮、或拉动绳子就可以逃脱。猫经过试验，慢慢排除了无用的动作，将合适的动作与目标建立了联系。于是，桑代克形成了自己的联结主义理论，并提出了一系列学习的定律，包括强化律和效果律，这两条定律也成为行为主义的心理学基础。1912 年，桑代克当选为美国国家心理学会主席，1917 年当选为美国国家科学院院士。

◆谁是行为主义心理学代表？——华生

约翰·布鲁德斯·华生（Watson John Broadus，1878—1958）出生于美国南卡罗来纳州的格林维尔。上小学时他最喜欢的活动就是和同学打架，“直到一个人流血为止”。孩提时代的他就显示出了日后成名立业需具备的两个特点：喜欢攻击，又富有建设性。上小学时华生很懒，还有些反叛，考试从未及格过，不擅长社交，没有几个知心朋友。但就是这样一个似乎缺乏热情的人，日后改写了心理学的方向。1903 年他获得芝加哥大学哲学博士学位，1908 年任约翰·霍普金斯大学教授。在此期间，他开始探索用行为主义的方法来取代当时的心理学研究方法，他的观点很快受到了学术界的欢迎。

他的主要观点是：心理学研究行为而不研究意识，心理学的研究方法应该是客观观察而不是自我内省，心理学的任务在于预测和控制行为。他认为行为是可以通过学习和训练加以控制的，只要确定了刺激和反应（即S–R）之间的关系，就可以通过控制环境而任意地塑造人的心理和行为。他曾有一句名言：

给我一打健康的婴儿，并在我自己设定的特殊环境中养育他们，那么我愿意担保，可以随便挑选其中一个婴儿，把他们训练成我所选定的任何类型的特殊人物，如医生、律师、艺术家、商人或乞丐、小偷，而不管他的才能、嗜好、倾向、能力、天资和他们父母的职业及种族如何。

可见，华生特别强调环境对人行为的影响，是典型的环境决定论者。根据这一理论，犯罪心理和行为的形成与发展，是人在不良的环境中不断学习、训练的结果。行为主义强调环境的影响，有其合理的一面，但这一理论过分夸大了环境的作用，而忽视了人的主观能动性，也有它的不足之处。这一理论后来也得到了不断的改良与补充。华生的观点在20世纪20年代的美国心理学界居最优势地位，他的环境决定论也对美国社会产生了广泛影响。

◆谁是儿童心理学之父？——皮亚杰

让·皮亚杰（Jean Piaget，1896—1980）出生于瑞士的纳沙特尔。父亲是位一丝不苟的历史学教授，所以皮亚杰的童年不像冯特那样迷糊，也不像詹姆斯那样纠结，更不像弗洛伊德那样焦虑。他幼年生活相对平淡无奇，唯一与众不同的是几乎没有童年生活，这也可能是他后来喜欢和孩子泡在一起的原因吧。7岁的时候他就开始研究鸟类、海贝等事物，这个少年老成的孩子10岁时，就在当地的自然历史杂志社发表过一篇简要的科学报告。1918年，他获得瑞士纳沙特尔大学自然科学的博士学位。1921年任日内瓦大学卢梭研究所主任，然后他在纳沙特尔大学担任了5年的哲学教授。他曾先后当选为瑞士心理学会、法语国家心理科学联合会主席，1954年任第14届国际心理科学联合会主席。1956年起，他一直任新成立的日内瓦大学基因认识论研究中心主任。此外，他还是多国著名大学的名誉博士或名誉教授。

皮亚杰心理学的理论核心是“发生认识论”。主要研究人类的认识，包括认知、智力、思维、心理的发生和结构。他认为，人类的知识不管多么高深、复杂，都可以追溯到人的童年时期，甚至可以追溯到胚胎时期。儿童出生以后，认识是怎样形成的，智力思维是怎样发展的，它是受哪些因素所制约的，它的内在结构是什么，各种不同水平的智力、思维结构是如何先后出现的……所有这些，都是皮亚杰心理研究所企图探讨和解答的问题。

皮亚杰解答这些问题的主要科学

依据是生物学、逻辑学和心理学。他认为，生物学可以解释儿童智力的起源和发展，而逻辑学则可以解释思维的起源和发展。生物学、逻辑学和心理学一道，是皮亚杰发生认识论和智力（思维）心理学的理论基础。

◆谁是新行为主义代表者？——斯金纳

伯尔赫斯·弗雷德里克·斯金纳（Burrhus Frederic Skinner，1904—1990）出生在美国宾夕法尼亚州的萨斯奎汉纳镇上，父亲是当地的律师。他从小就爱制作各种小玩意，成为行为主义心理学家后，又发明并改造了很多动物实验的装置。像许多心理学先驱者一样，斯金纳在1922年进汉密尔顿学院读书时，并未打算成为一名心理学家，而是专修英文，打算成为一名作家。

在毕业后的两年内，他从事写作，结果感到没有什么可写的，于是开始攻读生物学。在这个过程中，他读了华生和巴甫洛夫的著作，从而开始对人类和动物的行为感兴趣，就进了哈佛大学攻读心理学。1930年他获心理学硕士学位，1931年获哲学博士学位，接着留校从事研究工作。1936年至1944年他在明尼苏达大学任讲师和副教授，1945年任印第安纳大学心理系教授和系主任，1948年返回哈佛大学任心理学教授，直到1974年退休。在这期间，他于1958年获美国心理学会授予的杰出科学奖；1968年获美国政府颁发的最高科学奖——国家科学奖；1971年获美国心理学会基金会颁发的金质奖章。

斯金纳提出了自己的行为主义理论——操作性条件反射理论。他致力于研究鸽子和老鼠的操作性条件反射行为，提出强化的概念以及强化的时间规律，形成了自己的一套理论，并将自己的强化理论推广到教育心理学领域，一时间在教育界掀起轰轰烈烈的程序教学运动。

◆谁是人本主义的创始人？——马斯洛

亚伯拉罕·马斯洛（Abraham Harold Maslow，1908—1970）出生于美国纽约市布鲁克林区。父母是没有受过教育的俄罗斯移民，他是一个生活在非犹太人地区的犹太人，从小在图书馆中度过了孤独的童年。起初，父母想让他学习法律，但是他对法律一点兴趣也没有。他于1926年入康奈尔大学，三年后转到威斯康星大学攻读心理学。在当时著名心理学家哈洛的指导下，1934年取得博士学位。1937年他到纽约布鲁克林学院任教，在那里待了14年。1951年被聘为布兰戴斯大学心理学教授兼系主任。1969年离任，成为加利福尼亚劳格林慈善基金会第一任常驻评议员，其间曾任美国心理学学会主席。

马斯洛毕生致力于对健康人格或

自我实现者的心理特征进行研究，并以独特的人格魅力证明了这一思想，成功地树立了一个具有开创性的形象。如果说弗洛伊德为我们提供了心理学病态的一半，而马斯洛则将健康的那一半补充完整。他的理论中最著名的就是需要层次论，他认为人的需要有五种：生理需要、安全需要、归属与爱的需要、自尊与受人尊重的需要以及自我实现的需要。

◆谁是人本主义的代表人？——罗杰斯

卡尔·兰塞姆·罗杰斯（Carl Ransom Rogers，1902—1987）出生于美国芝加哥郊区的橡树园。父亲是位土木工程师，也是位自由职业者。母亲的观念很传统，父母都信教。童年的罗杰斯虽然容易害羞，但是很聪明。念中学的时候，常在父母的农场上做农活。1919年罗杰斯考入威斯康星大学学习农业，但是学习农业对他来说太没有挑战性了。他于1924年毕业于威斯康星大学，同年前往纽约联合神学院，准备当个牧师。但是在纽约的学习改变了他的人生方向，他转入哥伦比亚大学师范学院学习临床及教育心理学。1928年起，罗杰斯就在美国罗切斯特市防止虐待儿童协会的儿童研究室工作，主要为犯罪和贫困儿童提供咨询和指导。后来辗转在俄亥俄州立大学、芝加哥大学等院校任教。1946—1947年任美国心理学会主席、1949—1950年任美国临床和变态心理学会主席，还担任过美国应用心理学会第一任主席。

罗杰斯主要从事咨询和心理治疗的实践和研究，他对人类自我实现潜能、人的积极自主性十分坚信，以心理治疗和心理咨询的经验论证了人的内在建设性倾向。他认为人的这种内在倾向虽然会受到环境条件的作用而发生障碍，但能通过医师对患者的无条件关怀、移情理解和积极诱导使障碍消除而恢复心理健康。对人的真正关心是贯穿他职业生涯的主线，他把欧洲存在主义心理学和存在主义心理治疗引入美国人本主义心理学，把勇气的培养、焦虑的克服和自我的选择导向光明的未来。

◆谁是中国现代心理学的先驱？——陈大齐

陈大齐（1887—1983），字百年，出生于浙江省海盐县武原镇。14岁，随父亲去往上海，在当时江南制造局附近的广方言馆就读，主学中文和英文，因为当时的新式学堂还没有数理化等自然学科。到了1903年，陈大齐去往日本求学，先是补习了日文，同时补习了各门自然科学。1906年，他考取日本仙台第二高等学校。1909年，陈大齐升入东京帝国大学，学习哲学。受当时心理学的权威元良勇次郎教授的影响，陈大齐对心理学产生了浓厚兴趣，并选心理学为主科，社会学为辅科。到了1912年，陈大齐获得东京帝国大学的文学学士学位。

从日本回国后，陈大齐与当时的海宁望族查氏之女查淑云结婚，同年秋天出任浙江高等学校（浙江大学前身）校长。半年后，他来到北京担任北京法政专门学校预科教授，讲授心理学课程。次年夏天，应北京大学校长胡仁源的邀请，陈大齐转至北大任教。

陈大齐在北大教学期间，主要教学与学术研究以心理学为主。他在心理学领域的主要贡献有：创建了我国第一个心理学实验室，出版中国第一部大学心理学教材《心理学大纲》，运用心理学知识反对宣扬神灵的迷信思想，并翻译了国外心理学著作，等等。

◆谁是中国首位儿童心理学家？——陈鹤琴

陈鹤琴（1892—1982），出生于浙江省上虞县百官镇一个小商人家庭。6岁时，父亲病逝，祖传的小杂货铺也随后倒闭。七八岁时，他与母亲靠替人洗衣服维持生计，并读完了私塾。1911年，他考入上海。一次偶然的机会，得知一所留美预备学校在国内招生的消息，他报名参加考试，并顺利通过。1914年，他前往美国霍普金斯大学，并于1917年获得该校的文学学士学位。随后，他转至哥伦比亚大学师范学院主修教育学。1919年，陈鹤琴学成归国，在南京高等师范学校教育科任教，并担任教授。1925年，商务出版社出版了他的《儿童心理学之研究》，是心理学和教育界公认的学术代表作。

陈鹤琴十分重视家庭教育中父母的重要作用，主张和提倡科学的家庭教育。他的“活教育”主张、他的道德教育的文章等等都产生了深远的影响。

◆谁是中国现代理论心理学的奠基人？——潘菽

潘菽（1897—1988），原名潘淑，字水淑，号有年，出生于江苏宜兴镇的书香门第。1917年，潘菽毕业于常州江苏省立第五中学；1920年，毕业于北京大学哲学系。当时他的名字还是潘淑，他觉得“淑”有点女性化，而且当他知道南北朝宋文帝有个妃子也叫潘淑后，就坚定了改名的决心。改名潘菽，是取“淑”字的谐音，取“啜菽饮水”之意。1921年，他前往美国，在加利福尼亚大学主修教育学，后转入印第安纳大学。他在美国留学期间，生活异常艰苦，他通常在学校食堂做零工，读博士后，他还会利用业余时间去外面餐馆打工。当时，同学们都戏称他为“博士小工”。

1927年，潘菽学成归国，受聘于中山大学（东南大学的前身）担任心理学副教授，半年后又升为教授兼心理系主任。潘菽从事心理学研究数十年，不仅做出了很多独创性的贡献，也为中国培养了大批的心理学工作者。

◆心理学都有哪些流派？——七大学派

公认的七大心理学派包括：内容心理学派、机能主义学派、行为主义学派、格式塔学派、精神分析学派、日内瓦学派和人本主义。而当代心理学的七种心理学观点有：生物的、心理动力学的、行为主义的、人本主义的、认知的、进化的，以及文化的。

◆内容心理学派主张什么思想？——研究心理元素

内容心理学派产生于19世纪中叶的德国，代表人物是冯特。该学派主张对人的直接经验进行研究。所谓直接经验就是人在具体的心理过程中可以直接体验到的，如感觉、知觉、情感等。不过，冯特这里研究的并不是感觉、知觉等心理活动本身，而是感觉或知觉到的心理内容，即感觉到了什么，知觉到了什么。冯特认为，人的这种直接经验（心理或意识）是可以进行分析的。他将心理被分析到最后不能再进行分析的成分称为心理元素。他认为心理元素是心理构成的最小单位，而人的心理，是通过联想或感觉才把这些心理元素综合为人的直接经验的。因此，冯特认为，心理学的任务就是要分析心理的结构和内容，发现心理元素复合成复杂观念的内在原理与规律。

冯特的内容心理理论观点，后来被他的学生铁钦纳带到美国。铁钦纳一方面继承了冯特的心理学体系，另一方面在一定程度上修正和发展了冯特的心理学体系，并于19世纪末在美国发展形成了一个在主要的心理思想上与冯特观点相似但又有所区别的较大学派——构造主义心理学派。由于“内容”与“构造”两个学派在主体思想上是一致的，故后人一般都倾向于将它们视为一个整体的学派。该学派的理论兴盛了二三十年。

◆机能主义学派主张什么思想？——实用主义哲学

机能主义是与构造主义相对立的一个学派，它与实用主义哲学紧密联系在一起，产生于19世纪末的美国。

机能派认为，意识是机体适应环境达到生存目的的工具；心理学的任务是对意识状态“适应功能”的描述和解释。它认为，意识状态是一种连续不断的整体，称之为“思想流、意识流或主观生活流”；人和动物的心理活动都是“本能”冲动的作用。

该学派的主要代表人物是詹姆斯、杜威和安吉尔。詹姆斯的主要观点是：心理学研究的对象是意识，心理学是对意识状态的描述和解释；意识状态是一种川流不息的状态，是思想流、意识流和主观生活流；反对把意识分解为基本元素的做法，认为这种做法容易破坏心理的整体性。詹姆斯关于意识的观点有：

（1）每一种意识都是个人意识的一部分；

（2）意识是经常变化的；

（3）每个人的意识都可以感到是连续不断的，每个人的意识状态都是意识流的一部分；

（4）意识的选择性。安吉尔的主要观点有：心理学的方法是内省法（主观观察法）和客观观察法，尤其看重内省法，认为它是心理学的基本方法；积极主张心理研究的领域应包括一切心理过程及其生理基础和外部行为；看重心理学的应用性研究，如教育心理学、工业心理学和医疗心理学等。

◆行为主义学派主张什么思想？——刺激与反应之间的规律

行为主义学派产生于 20 世纪初的美国，代表人物是华生和斯金纳。这是针对冯特学派理论的不足而在美国进行的一场心理学革命。它一反传统心理学主张对人的意识进行研究的观点，认为心理学不应只是研究人脑中的那种无形的像“鬼火”一样不可捉摸的东西——意识，而应该去研究那些从人的意识中折射出来的看得见、摸得着的客观的东西，即人的行为。他们认为：行为，就是有机体用以适应环境变化的各种身体反应的组合。这些反应不外乎是肌肉的收缩和腺体的分泌，它们有的表现在身体外部，有的则隐藏于身体内部，强度也有大有小。行为主义学派认为，具体的行为反应取决于具体的刺激强度，因此，他们把“S—R”（刺激—反应）作为解释人的一切行为的公式。行为主义理论认为，心理学的任务就在于发现刺激与反应之间的规律性的联系，从而根据刺激推知反应，或是反过来通过反应推知刺激，最终达到预测和控制行为的目的。

行为主义心理学在 20 世纪 20 年代发展到顶峰，从 20 世纪 20 年代到 50 年代的整整 30 年间，行为主义学派在美国心理学研究中一直处于统治地位。这在美国心理学史甚至世界心理学史上都绝无仅有。

◆格式塔学派主张什么思想？——反对把心理现象分解为心理元素

20 世纪初，格式塔学派产生于德国，代表人物有魏特曼、卡夫卡和苛勒。这是在冯特本国因反对冯特的理论观点而产生的一大学派。“格式塔”这一古怪的名称，是由表示“形状、完形、整体”等意思的德文音译而来。

格式塔心理学派认为：构造主义把心理活动分割成一个个独立元素进行研究的方法并不合理，因为人对事物的认识具有整体性，心理、意识不等同于感觉元素的机械总和。因此，它主张从整体的角度来研究整个心理现象以及心理过程。

格式塔心理学既反对冯特把心理

现象分析为各个元素，也反对行为主义用来表示刺激与反应的“S—R”公式。他们认为，任何一个心理现象都是一个完整的整体。整体具有特殊的内在规律的完整的历程，具有具体的整体原则的结构。整体并不简单地等于各部分之和。他们有一句名言：“整体总比部分相加还要多。”比如，把许多单个的音符放在一起，从它们的组合中会出现新东西（一支曲调），而这种新东西并不存在于任何个别的音符中；把四根线段组成一个正方形，它就已是具有一种新的性质的形式，它的含义比四根线段本身的含义要多得多。

格式塔心理学派强调整体的观点，重视各部分之间的综合。这对心理学的研究是一个较大贡献。但其不足是，它的研究只局限于感觉的领域；另外，它的一些原则究竟是否能适用于心理学的全面研究，还有待进一步探讨。这一学派在20世纪30年代达到高峰。

◆精神分析学派主张什么思想？——弗洛伊德究竟说了什么

精神分析学派产生于20世纪20年代，代表人物是奥地利精神病医生弗洛伊德。精神分析学派是弗洛伊德在毕生的精神医疗实践中，对人的病态心理经过无数次的总结和多年的累积而逐渐形成的。它对传统的心理学课题，如意识、感觉、注意力等不感兴趣，主要着重于精神分析和治疗，并由此提出了人的心理和人格的新的、独特的解释。它认为，人内心的生物方面的冲动、情欲等原始本能的东西，是人的个体复杂生存活动和传宗接代的种族生存的主导驱动力。

弗洛伊德认为，外部的一些社会伦理道德的要求在一定程度上约束了人的这种原始冲动的自由表现。所以，他进一步认为，人的心理可以分成两部分，一部分是意识，另一部分是潜意识（无意识）。意识包括个人现在意识到的和现在虽意识不到但却可以记忆的。无意识是不能被本人意识到的，它包括原始的盲目冲动、各种本能以及出生后被压抑的欲望。无意识的东西并不会因压抑而消失，它一直存在并伺机改头换面表现出来。这就是精神分析理论。

弗洛伊德精神分析学说的最大特点，就是强调人的本能的、情欲的、自然性的一面，它首次阐述了无意识的作用，肯定了非理性因素在行为中的作用，开辟了潜意识研究的新领域；它重视人格的研究，重视心理应用。在精神病治疗方面，它不仅提供了一整套治疗的理论和方法，而且成为现代医学心理学之先声。另外，精神分析理论还在艺术创造、教育及其他人文科学方面得到了广泛的应用。弗洛伊德学说的消极方面主要表现为，它过分夸大了人的自然性而贬低了人的社会性。后来，由弗洛伊德的一些学生又发展形成了新弗洛伊德主义，表现为不再那么强调人的本能作用，而开始影响重视人和人之间关系的社会因素。

弗洛伊德的精神分析学派，是心理学史中唯一一个经久不衰的心理学派，它的许多理论至今仍在心理学研究中发挥着重要的作用。

◆日内瓦学派研究什么？——从儿童到老年纵向研究人的心理

日内瓦学派认为，心理学研究不仅不能离开生物学而且不能离开逻辑学，该学派的主要代表人物是皮亚杰。该学派主要研究儿童的认知活动，探索智慧的结构和机能及其形成发展的规律。他们认为，人类智慧的本质就是适应。而适应主要是因为有机体内的同化和异化两种机能的协调，从而使得有机体与环境取得了平衡的结果。

皮亚杰心理学理论的核心是“发生认识论”。这一理论主要就是从纵向来研究人的各种认知的起源以及不同层次的发展形式的规律。在皮亚杰学派以前的各个学派，都是停留在成人正常的意识或病态的意识，以及行为的横断面的研究上，而从未由儿童到老年纵向地、全面地、发展地去考察、去研究人类智慧的产生和发展规律。

因此，皮亚杰学说对心理的研究，不能不说是心理学史上的一个空前创举，它丰富和发展了科学的认识论，拓展了心理学研究的领域，促进了儿童心理学和认知心理学的发展。同时，对其他一些学科如认识论、逻辑学、语言学和教育学等的产生也有很大影响。它的不足主要表现在对人的社会性和实践性活动重视不够，对环境特别是对教育的作用估计偏低，对人类智慧的结构化有些牵强、武断。

◆人本主义学派主张什么思想？——人的需要是分层次发展的

人本主义于 20 世纪 50—60 年代在美国兴起，70—80 年代迅速发展，它既反对行为主义把人等同于动物，只研究人的行为，不理解人的内在本性，又批评弗洛伊德只研究神经症和精神病人，不考察正常人的心理，因而被称之为心理学的第三种势力。

人本学派强调人的尊严、价值、创造力和自我实现，把人的本性的自我实现归结为潜能的发挥，而潜能是一种类似本能的性质。人本主义最大的贡献是看到了人的心理与人的本质的一致性，主张心理学必须从人的本性出发研究人的心理。

该学派的主要代表人物是马斯洛和罗杰斯。马斯洛的主要观点包括：对人类的基本需要进行了研究和分类，将之与动物的本能加以区别，提出人的需要是分层次发展的；他按照追求目标和满足对象的不同把人的各种需要从低到高安排在一个层次序列的系统中，最低级的需要是生理的需要，其次是安全需要、社交需要、尊重需要和自我实现需要。罗杰斯的主要观点是：在心理治疗实践和心理学理论研究中发展出人格的“自我理论”，并倡导“患者中心疗法”的心理治疗方法；人类有一种天生的“自我实现”的动机，即一个人发展、扩充和成熟的趋力，它是一个人最大限度地实现自身各种潜能的趋向。

◆神经生理学派主张什么思想？——生理机制决定心理活动

神经生理学派产生于20世纪40年代前后，代表人物有加拿大的潘菲尔德、瑞典的海登等。该学派主要强调对心理的生理机制的研究。它主要从解剖结构、生物化学组成、电活动等三个方面对脑及神经系统结构进行研究。例如，对脑的蛋白质、核糖核酸化学物质的研究，对大脑皮层机能定位的研究，对大脑的记忆过程的研究，等等。目前国际上有相当多的学者，包括生理学家、心理学家、神经生理学家、生物学家、化学家，他们有的甚至不惜放弃原来已研究多年的课题转而投入对神经生理的研究中。

德国解剖学家加尔提出了大脑皮层功能定位的观点；法国生理学家弗洛仑斯用精确的切除法研究了人脑，发现了脑机能的整体性；法国医生布洛卡通过对患“失语症”的病人的尸体进行解剖，发现了左侧大脑皮层专管“语言”的机能区域的存在；德国医生弗立奇以及法国生理学家形齐格用电流刺激大脑皮层而发现了大脑皮层上的专管人体肢体动作的“运动”机能区的存在；加拿大医生潘菲尔德用微电极探查大脑皮层得到了更精确的机能定位，并首次发现了“记忆”机能区的存在；诺贝尔奖获得者柯贝通过对记忆的研究发现，记忆是通过大量的神经元的触突变化储存在中枢神经的大片网络上的，这种储存是扩布性的，很像全息照相；诺贝尔奖获得者斯佩里通过长期对“裂脑人”的研究，发现人的左右两个脑半球有分工，左半球主管语言、数理和逻辑等抽象思维，右半球主管空间形式、音乐和艺术等形象思维；瑞典生物学家海登在生物学上的DNA和RNA的发现之后，通过对动物的实验发现RNA是记忆物质；美国哈佛大学医学院神经生理学教授休贝尔和威塞尔通过脑电的研究发现，大脑皮层的细胞还有进一步的分工，有的管看线条，有的管看角，有的管看运动等，这项研究于1981年获得了诺贝尔奖。

◆认知心理学派主张什么思想？——意识支配行为

认知心理学派产生于20世纪70年代初，目前正处于高潮。一般认为，该学派的奠基者是美国的耐塞和西蒙。认知心理学是在行为主义失败，而信息论、控制论、系统论以及计算机科学发展起来的条件下产生的。

该学派反对行为主义，认为应承认人的主观意识，并认定，人的行为主要取决于认识活动，包括感性认识和理性认识，人的意识支配人的行为。强调人是进行信息加工的生命机体，人对外界的认知实际上就是一种信息的接受、编码、操作、提取和使用的过程。为此他们认为，认知心理学就是要研究人类认识的信息加工的过程，提供信息加工的模型。

认知心理学强调了意识（理性）在行为上的重要作用，强调了人的主动性，重视了各心理过程的联系、制约，基本上博采了几大学派的长处；并且，认知心理学的研究成果对计算机科学的发展有较大贡献。认知心理学已表现出来的缺陷是忽视了人的客观现实生活条件和人的实践活动的意义，而集中于人的主观经验世界。

第3章 书籍与历史

——流淌在时间里的思想

冯特于1879年在德国莱比锡大学建立的世界上第一个心理实验室应作为心理学开始正式成为一门独立学科的标志。这一年，心理学从哲学、神学、医学等其他学科中分离出来，成为真正独立的学科。因此，1879年也就成了心理学历史的开始。至今，心理学的真正历史只有短暂的100多年，但在这百余年的历史中，它获得了惊人的发展。

在100多年的历程中，整个心理学界出现了它从来没有出现过的学术探讨的繁荣局面。在冯特的心理理论体系形成以后，出现了许多理论，或继承了冯特的理论，或反对冯特的理论，或独树一帜、另辟蹊径，各种各样、大大小小的心理学派多达几十个。而且，这些学派分布广泛，遍布世界各国，真可谓是学派林立、学说各异。

◆心理学史上第一本真正的心理学专著是什么？

冯特是公认的把心理学转变成一门正式独立学科的奠基者，也是心理学史上第一位真正的心理学家。创建一门独立心理学的最早建议见之于他写的《对感官知觉学说的贡献》一书。在这本书里，他明确而系统地阐述了建立独立心理学的思想与方法。后来，冯特又出版了一本名为《生理心理学原理》的重要著作。在这本书里，冯特系统地总结了19世纪中叶以前的所有心理学成果，并详细地阐述了各种心理过程以及神经系统和感觉器官的生理解剖。在这本著作中，冯特把心理学牢固地确立为一门有明确研究对象、任务和实验方法的学科。因此，《生理心理学原理》是心理学史上第一本真正的心理学专著。

◆《心理物理学纲要》是谁写的？

费希纳提出了心理学是研究心理现象与物理现象之间有规律的相互关系的科学构想，且对此做了大量实质性的工作。他提出的感觉强度与刺激强度的对数成正比的基本心理物理规律，已经成为心理学中运用精确方法的典范。这一规律揭示了刺激的效果不是绝对的，而是相对的。例如，在100支点燃的蜡烛中再加上一支蜡烛，我们不会感到它的亮度发生了明显变化。但是，如果在点燃一支蜡烛的基础上再加上一支蜡烛，就会感觉到亮度发生了明显变化。要使感觉强度有所增加，就必须使刺激强度按照一定的比例增加。一般地说，刺激强度增加10倍，感觉强度可以增加1倍。另外，费希纳在心理学的研究中还发展了心理测量方法、最小可觉法、正误法以及均差法。费希纳在他近60岁时还发表了名为《心理物理学纲要》的名著，奠定了心理学的基础学科——实验心理学的基础。

◆《梦的解析》的作者是谁？

《梦的解析》又叫作《释梦》，第一版出版于1990年，是弗洛伊德的一本著作，也是心理学的经典书籍。该书开创了弗洛伊德的“梦的解析”理论，引入本我概念，描述了弗洛伊德的潜意识理论，用于解释梦。作者用梦的材料、梦的伪装、梦的工作、梦的心理过程等来阐述梦的解析方法，是理解潜意识心理过程的捷径。

◆《日常生活的精神病理学》的主要内容是什么？

1901年弗洛伊德出版了此书，书中记录了弗洛伊德的病人、朋友或他自己的实例，约有300多个。本书主要探讨了弗洛伊德对类似语误、读误、笔误、遗忘、记忆的缺失和错误等病状的分析与研究。他发现这些日常生活中的精神病理，都是基于我们的潜意识或无意识。它们之所以发生，是因为那些被遗忘和错记的事情被我们的潜意识或无意识回避。他的这个观点，与他对梦的解析是一致的。不仅是我们的梦，日常生活中的一些遗忘和错记，都源于我们的潜意识或无意识。

◆《性学三论》是谁写的？

弗洛伊德在1905年出版的这本书，主要研究了人类性欲之本质及其发展的过程。这是弗洛伊德继《梦的解析》之后对人性探讨中最富有创见的贡献之一，同时也是最著名的性学理论经典之一。弗洛伊德通过精神分析的技巧，运用治疗病人的实际资料，对性的问题做了一番有系统的分析与研究。书中阐明了他的性学学说，他将性的问题分为性的对象、性的目的、性的表现方法等几个方面，由此展开来探讨，大胆开辟了性研究的新领域。书中提出的很多精辟见解与观念至今仍值得我们借鉴。

◆《社会心理学》的作者是谁？

奥尔伯特（Floyd Henry Allport）在1924年出版此书。该书是社会心理学领域中最早的基本系统性著作之一。全文是从“刺激—反应”的角度撰写的，其内容使社会心理学早期的实验法及其成果广泛为人所用，对社会心理学界产生了广泛而深远的影响。

◆《人类与动物心理学讲义》是谁写的？

冯特在1863年出版该书，这是其早期的著作之一。全书从内容上分为两大部分：人的心理学和动物心理学。全书共30讲，冯特依次论述了心理学与哲学的关系问题、心理学能否成为真正的科学这一问题、心理物理测量与应用、感觉的特征、质量、视知觉理论以及感情和意志的概念及其与观念的关系、梦、催眠等等内容。从第23讲才开始讨论动物心理学的有关问题，可见冯特并不是等量齐观地看待人的心理学与动物心理学这两个部分的。他的指导思想是：任何人在从事动物心理研究之前必须首先了解人类心理学的基本原理，动物心理学的研究是为人的心理学研究服务的。

◆《记忆》的作者是谁？

艾宾浩斯在1885年出版该书，它标志着实验心理学突破了研究“高级心理过程”的障碍，是实验心理学文献中的一个里程碑。全书共分9章，结构严谨，文章风格新颖。内容包括：记忆的知识及其扩大的可能性、研究方法、音节系列的长度和学习速度的关系、记忆的保持和重复次数的关系、记忆的保持与遗忘和时间的关系、复习的影响和记忆保持及音节系列内各项顺序和记忆保持的关系。

◆《寻求灵魂的现代人》是谁写的？

荣格1933年出版此书，此书也是荣格最有影响的著作之一，是荣格脱离了弗洛伊德的精神分析学会后，独创分析心理学派后写的著作。书中对弗洛伊德的理论进行了继承性的批判和根本性发展，对精神分析的基本概念和理论体系都赋予了自己的理解和新的内涵，形成了自己特有的理论体系。书中论述了分析心理学的各个问题，由梦的解析论及潜意识，由人类类型论及与弗洛伊德有根本分歧的焦点，由集体潜意识论及宗教、文艺等社会生活的各个领域的问题。

◆《拓扑心理学原理》的主要内容是什么？

勒温（Kurt Lewin）在1936年出版了《拓扑心理学原理》一书。书中阐述了勒温利用拓扑学概念，系统研究人格等心理学问题的结果，体现了勒温的整体性、完形性和场论等思想。富有独创性的构思奠定了勒温心理学体系的基础，使得勒温成为拓扑心理学的创始人，故而该书在勒温心理学体系中占据重要的位置，是了解和研究勒温学术思想的重要著作之一。

◆历史上第一部教育心理学的系统著作是哪本书？

桑代克1914年出版了《教育心理学》一书。其内容包括人的本性、学习心理学、个性差异及其原因三个部分。桑代克提出了学习的三大定律，包括准备律、练习律、效果律以及个性分别理论。这是桑代克的联结主义在教育工作中的具体应用，也是历史上第一部教育心理学的系统著作。教育心理学之所以成为一门独立的实验科学，应该归功于桑代克。该书的出版也标志着教育心理学作为一门新的独立学科的正式问世。

◆**附：心理学的历史事件**

约公元前 510 年　孔子提出性习论、学知论、发展观和差异观等教育心理学思想。

约公元前 450 年　古希腊的恩培多克勒认为人体由四根（土、水、火、空气）构成；人的心理特性依赖于身体的特殊构造；身体上的四根的配合比例不同造成心理上的差异。

约公元前 429 年　古希腊的德谟克利特认为生活和心理活动都是灵魂的功能，也都是机械的作用，认定心理是物质的派生的存在。

约公元前 400 年　古希腊的希波克拉底认为脑是心理的器官。他将恩培多克勒的人体四根说发展为人体四液说。在《论人的本性》一书中他认为正是这四种体液形成了人的性质，并将心理疾病分为狂躁、忧郁和痴呆三类。

约公元前 380 年　古希腊的柏拉图承认物与观念两种现象，观念除生而具有者外，皆为感官观察的结果。这是心物二元论的基础。

约公元前 350 年　古希腊的亚里士多德提出五种感觉的理论和三条联想律，误认为心脏是心理的器官。他著有《论灵魂》。

约公元前 320 年　孟子主张“性善论”，重视环境和教育在人性发展中的作用，在情意心理方面提出“寡欲”“尚志”等。

约公元前 260 年　荀子认为：“形具而神生”，主张“性恶论”，注重“化性起伪”，所著《劝学》《解蔽》《正名》等专篇，对学习、认识人性和思维等心理问题有较为全面、系统的论述。

约公元 70 年　王充著《论衡》，其中论述了有关感觉、思维、注意力、情欲和人性等心理学思想。

约公元 100 年　刘劭著《人物志》，提出人的才性与其鉴定问题。

约公元 500 年　范缜著《神灭论》，阐明形神关系问题。

公元 1650 年　英国哲学家霍布斯的《人性论》出版，主张机械主义的决定论；法国哲学家、数学家笛卡尔的《论情欲》出版，提出心身交互作用，论及“反射”的概念。

公元 1677 年　英国哲学家、教育家斯宾诺莎的《伦理学》出版，提倡心物平行论。

公元 1689 年　英国哲学家约翰·洛克的《人类理解论》出版，创术语“观念的联结”，即“联想”。

他提出“白板说”。

公元1695年　德国哲学家莱布尼茨提出心身平行论，创术语“统觉”。

公元1709年　爱尔兰哲学家贝克莱的《视觉新论》出版。

公元1734年　德国心理学家沃尔夫的《经验心理学》出版，创“官能心理学”，世界上首次出现“心理学”一词。

公元1739年　英国哲学家休谟的《人性论》出版。他用联想主义、现象主义及科学因果论阐明自然现象的规律。

公元1754年　法国哲学家孔狄亚克的《感觉论》出版。

公元1760年　奥地利医生麦斯麦发表动物磁性论，并提出麦斯麦术用于治疗精神病患者。

公元1765年　德国哲学家莱布尼茨的《人类理解新论》出版。

公元1807年　英国解剖学家贝尔和法国生理学家马让迪发现感觉神经和运动神经在结构和功能上的差异；英国医学物理学家T. 扬提出色觉论，即后由德国生理物理学家赫尔姆霍茨发展的三色说。

公元1808年　德国医生、解剖学家加尔建立颅相学说。

公元1816年　德国哲学家、心理学家赫尔巴特的《心理学教科书》出版。

公元1821年　法国神经学家弗卢朗第一次进行脑功能定位实验。

公元1822年　德国天文学家贝塞尔首先在天文观测上发现反应速度的个别差异。

公元1825年　“普尔金耶现象”被发现。

公元1826年　德国生理学家缪勒发表《视觉比较生理学》，提出神经特殊能量学说。

公元1832年　英国心理学家贝内克提出心理学为自然科学，他的《心理学教科书》出版。

公元1834年　德国神经解剖学家加尔和他的学生施普尔茨海姆提出官能分区的假设，推动了脑功能的研究；德国生理学家韦伯发表《触觉论》，提出韦伯定律。

公元1838年　法国精神病学创始人埃斯基罗尔创术语“幻觉”；惠斯通发明实体镜。

公元1840年　英国生物学家达尔文发表自然选择学说。

公元1843年　英国外科医生布雷德出版《神经病学》，创术语“催眠术”。

公元1844年　德国哲学家洛采提出部位标记说。

公元1850年　德国物理学家、生理学家赫尔姆霍茨首创测量神经冲动传导速率的方法，他最早进行反应时的实验。

公元1852年　德国物理学家、生

理学家赫尔姆霍茨发表色觉论。

公元 1855 年　英国物理学家麦克斯韦首创混色器。

公元 1868 年　德国物理学家、心理学家费希纳的《心理物理学纲要》出版。

公元 1861 年　法国外科医生、神经病学家布洛卡发现大脑言语中枢的部位。

公元 1863 年　德国心理学家冯特的《论人类和动物的心理学讲演录》出版；谢切诺夫的《脑的反射》出版，他用新的反射学说解释各种心理现象。

公元 1865 年　英国哲学家密尔提出联想四法则，即类似律、接近律、多次律和不可分律。

公元 1869 年　英国心理学家高尔顿的《遗传的天才：它的规律与后果》出版。

公元 1872 年　英国生物学家达尔文的《人和动物的表情》出版，他强调人类意识和动物心理在发展上的连续性。

公元 1874 年　德国哲学家、心理学家布伦塔诺的《从经验的观点看心理学》出版，为意动心理学的创立奠定了基础；德国神经学家韦尼克研究失语症，发现大脑听觉言语中枢；德国心理学家冯特的《生理心理学纲要》出版。

公元 1876 年　世界上第一种心理学杂志《心》在英国创刊，由英国逻辑学家、教育家培因主编。

公元 1878 年　德国生理学家缪勒的《论心理物理学的基础》出版。

公元 1879 年　德国心理学家冯特在莱比锡大学建立世界上第一个心理学实验室，标志着现代心理学的诞生。

公元 1881 年　冯特主编世界上第一种实验心理学杂志《哲学研究》；泰勒最先应用心理学方法研究增强工效问题，创立“泰勒制”。

公元 1882 年　德国生理学家、实验心理学家普赖尔的《儿童心灵》出版，这是心理学史上第一部用观察和实验方法研究儿童心理发展的较系统的著作；美国心理学家霍尔在霍普金斯大学建立美国第一个心理学实验室；俄国神经生理学家别赫捷列夫在喀山建立俄国第一个心理学实验室，后来出版《脊髓和脑的传导通路》；美国动物学家罗马尼斯的《动物的智慧》出版。

公元 1885 年　德国实验心理学家艾宾浩斯的《记忆》出版。发表“保持曲线”，创立“节省法”；丹麦生理学家兰格提出情绪学说，即“詹姆斯—兰格情绪理论”；奥地利哲学家马赫的《感觉的分析》出版。

公元 1887 年　美国心理学家霍尔创办了美国第一种心理学期刊《美国心理学杂志》。

公元 1889 年　华人牧师颜永京翻译的《心灵学》出版，这是中国最早的哲学心理学译著；第一届国际心理学会议于8月6—10日在巴黎召开，法国医学家夏尔科任主席。

公元1890年　美国心理学家詹姆斯的《心理学原理》出版；美国心理学家卡特尔出版《心理测验及其测量》，创术语“心理测验”。

公元1892年　美国心理学会成立，美国心理学家霍尔为第一任会长；英国心理学家铁钦纳首次发表心理学研究文章《关于认识的时间测量》和博士论文《单视刺激的双视的结果》，后在康奈尔大学创立构造心理学；美国心理学家詹姆斯的《心理学简编》出版。

公元1893年　美国《心理学评论》创刊，卡特尔任主编。

公元1894年　德国哲学家、心理学家屈尔佩建立符兹堡学派。

公元1895年　法国第一种心理学杂志《心理学年报》创刊。

公元1896年　法国社会心理学家勒邦的《群众心理学》出版，他提出群体心理与群体“暗示说”；英国心理学家铁钦纳的《心理学大纲》出版；美国哲学家、教育家杜威的重要论文《心理学中的反射弧概念》发表。

公元1897年　英国第一个心理学实验室由沃德在剑桥大学建立。

公元1898年　阿根廷第一个心理学实验室由皮涅罗建立，它也是拉丁美洲国家的第一个心理学实验室；美国心理学家桑代克的博士论文《动物智慧：动物联想过程的实验研究》发表，最先用客观法研究动物行为。

公元1900年　德国心理学家冯特的社会心理学巨著《民族心理学》第一卷出版，1920年10月全书完成；奥地利精神病医生及精神分析学家弗洛伊德的《梦的解析》出版；美国心理学家摩根的《动物的行为》出版，他创立术语“尝试错误”。

公元1901年　法国心理学会成立。

公元1902年　英国心理学会成立，迈尔斯为第一任会长。

公元1903年　德国实验心理学会成立；澳大利亚第一个心理学实验室由史密斯建立。

公元1904年　《英国心理学杂志》创刊；美国《心理学公报》创刊，由卡特尔和鲍德温主持；英国心理学家、统计学家斯皮尔曼发表著名论文《一般智力》，首次提出能力的二因素说。

公元1905年　比奈－西蒙量表问世。

公元1907年　王国维译丹麦霍夫丁的《心理学概论》的中译本出版；别赫捷列夫的《客观心理学》出版。

公元1908年　国际精神分析协会第一次会议在奥地利的萨尔茨堡举行；英国心理学家麦独孤的《社会心理学导论》出版；美国社会学家罗斯的《社会心理学》出版；德国实验心理学

家艾宾浩斯的《心理学纲要》出版。

公元 1909 年　蔡元培留德期间在莱比锡大学师从冯特，回国后积极提倡和发展心理科学。

公元 1911 年　德国心理学家斯特恩提出“智商”概念。

公元 1912 年　德国心理学家韦特海默研究似动现象，发表《运动视觉的实验研究》，标志格式塔心理学的建立；俄国第一个心理研究所由切尔帕诺夫在莫斯科大学建立；日本《心理研究》创刊，1926 年改为《心理学研究》；奥地利心理学家阿德勒在《精神病的组成》中提出个体心理学的名称，并创建个体心理学派。

公元 1913 年　美国心理学家华生发表《行为主义者心目中的心理学》，标志着行为主义心理学的建立；德国工业心理学家闵斯特伯格的《心理学与工业效率》出版；美国心理学家桑代克的《教育心理学》出版，他提出练习律和效果率。

公元 1916 年　美国《实验心理学杂志》创刊；奥地利心理学家弗洛伊德的《精神分析引论》出版；特曼修订比奈 – 西蒙量表，称为斯坦福 – 比奈智力量表。

公元 1917 年　陈大齐在北京大学创建中国第一个心理学实验室；美籍德裔心理学家克勒的《人猿的智慧》出版。

公元 1918 年　陈大齐的《心理学大纲》出版，为中国最早的大学心理学教科书。

公元 1919 年　华生的《在行为主义者看来的心理学》出版。

公元 1920 年　中国第一个心理学系在南京东南大学建立；国际应用心理学会成立，瑞士精神病学家、儿童心理学家和教育学家克拉帕雷德为首任会长。

公元 1921 年　中华心理学会在南京成立，它是中国心理学会的前身，首任会长张耀翔；廖世承、陈鹤琴合著《智力测验法》；郭任远在美国《哲学杂志》第 18 期上发表论文《取消心理学的本能说》；德国精神病学家和心理学家克雷奇默的《体格与性格》出版。

公元 1922 年　中国第一本心理学专业杂志《心理》创刊，张耀翔主编。

公元 1923 年　艾伟在美国东乔治 · 华盛顿大学开始从事汉字心理研究；刘廷芳在美国哥伦比亚大学发表博士论文《汉字心理研究》；皮亚杰的《儿童的语言和思维》出版；弗洛伊德的《自我与本我》出版，探讨人格的结构——本我、自我和超我。

公元 1924 年　陆志韦修订比奈 – 西蒙智力量表；美国心理学家奥尔波特的《社会心理学》出版。

公元 1926 年　北京大学建立心理学系；清华大学建立教育心理学系，后改为心理学系；日本心理学会成立；

印度心理学会成立。

公元1927年　俄国生理学家、心理学家巴甫洛夫的《大脑两半球机能讲义》出版。

公元1929年　美国心理学家波林的《实验心理学史》出版；美籍德裔心理学家克勒的《格式塔心理学》出版；美国生理心理学家拉什利发表大脑皮层功能等学说。

公元1930年　国际心理卫生协会成立。

公元1931年　中国测验学会6月21日在北平（今北京）举行第一次年会并宣告正式成立。

公元1932年　中国《测验》杂志创刊，为中国测验学会之会刊；巴特利特的《记忆：一个实验的与社会的心理学研究》出版，提出图式的概念；维果茨基的《思维和言语》出版。

公元1936年　中国心理卫生协会4月19日在南京举行成立大会。

公元1937年　中国心理学会1月24日在南京举行成立大会。

公元1941年　瑞士心理学家英海尔德与瑞士儿童心理学家皮亚杰合著的《儿童数量观念的发展：守恒与原子论》出版。

公元1945年　澳大利亚心理学会成立。

公元1947年　英国心理学家艾森克的《人格的维度》出版；美国医学家墨菲的《人格》出版，发展了人格的生物社会的理论；加拿大生理心理学家赫布在《行为的组织》一书中提出新行为论；美国医学心理学家韦克斯勒发表儿童智力量表。

公元1951年　美国心理学家罗杰斯的《患者中心治疗》出版；国际心理科学联合会成立，法国心理学家皮埃隆为主席。

公元1953年　美国心理学家斯金纳的《科学和人类行为》出版。

公元1954年　美国心理学家马斯洛的《动机与人格》出版，提出他的需要层次论。

公元1967年　美国认知心理学家奈瑟的《认知心理学》出版。

公元1973年　俄国心理学家鲁利亚的《神经心理学原理》出版。

公元1981年　美国神经心理学家斯佩里关于割裂脑的研究获诺贝尔医学和生理学奖。

感知篇

第4章

感觉与知觉

——看、听、说的奥秘

对于每天的所见所闻，我们认为是理所当然的，因为有眼睛所以能看见，有耳朵所以能听见，有舌头所以能品尝……凡此种种，其中变化，也可简单地察觉。但是，如果我们对看、听、闻等知觉世界再稍加观察的话，就会发现不可思议的事非常多。比如，一样宽的铁轨远处的看起来总比近处窄；又如，耳朵能区分发自不同声源的音色，如男声、女声、钢琴声、提琴声；又比如，人在芳香四溢的房间里待久了也会闻不到花的香味。这些都关系到人类的感知觉原理，本章，我们就来看看人类的感知觉的构造与绝妙的功能。

◆什么是感觉？

通常人们说的感觉，是指一种欲望、一种需要，比如需要吃饭，需要排泄，需要睡眠等等。通常这种欲望也可分为心理欲和行为欲，比方说你想考第一名，那么你就会有好好学习这样的行为。心理欲让你产生一种驱动力，行为欲让你专心致志去做。心理学上说的感觉是指感知觉，就是人的身体和大脑如何对我们周围的刺激，如视觉、声音等产生感觉，不同的感觉通道是如何接收和加工信息的，大脑是如何组合不同种类的信息以提供给你一个对世界完整认识的经验。

◆感觉是怎样变化的？

对于城市的上班族而言，无论是乘地铁还是坐公交，上下班的高峰期间是很拥挤的，即便是车内较空时，仍会觉得很拥挤。而对于那些习惯客满的乘车人来说，若车里人少一些人就会觉得相当空荡。对于经常搭空车的人，只要车子稍微一拥挤就觉得透不过气来。这是因为周围的情况变化而导致看法不同。例如下图所示，图中远距离与近距离的卓别林，实际是同样大小的。但当我们从左往右看时，卓别林似乎逐渐变大。这是因为卓别林的背景逐渐深入，而让人感觉大小不同所致。心理常识告诉我们，由于以往的经验或处于某种状态下时，即使是同样的事物，也会有完全不同的感受。

◆什么是视觉的配合性？

请看下图。这是由三个字母所组成的两个单字。

THE HAT

从左开始，或许你会读成是“THE HAT”。但是仔细一看，两个单词中间的字母都是一样的，而我们却能把它们各看成 H、A。心理常识告诉我们，知觉是有一定的组织原则的，在认识事物时，你的视觉系统不用很费力就可以创建一个关于环境信息的整合图形。也就是说，人并不只是分析特征，也受到其他信息的影响，在这里表现为视觉的配合性，综合地将此三个字母组成一个单字。

◆眼睛是怎样看到颜色的？

眼睛是怎样感觉颜色的呢？因为眼睛的视网膜上有三种类型的颜色感受器，红、黄、蓝，其他的颜色都是由这三种颜色相加或相减而得到的，这是三原色理论。尽管我们生活在各种颜色共存的时代，但是大多数颜色都是由三原色构成的。我们的生活也与色彩关系密切，出门时，想着穿什么颜色的衣服搭配，买什么上衣还得和其他的颜色搭配，甚至在服装行业，每年年初就开始推测这年秋天流行什么颜色。所有的颜色都有三种属性：色调、浓度、明度。色调就是什么颜色，各种颜色会因浓度或明度的不同而让人感觉有很大的差异。所以，时下流行的 PS 图片，很多时候就会用明度或亮度的调节来改变图片的视觉效果。

那么人的眼睛是怎样接收颜色信息和加工处理的呢？请看下图眼睛的视觉构造。

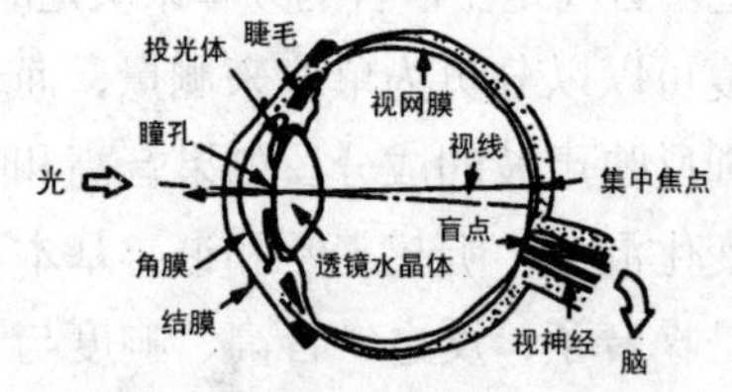

眼睛的视觉构造

我们用眼睛看事物，由大脑来觉察事物。通过眼睛聚集光线，并聚焦，再传给大脑神经信号。因此，眼睛的关键作用在于将光波信号转换为神经信号，从光波信号到神经信号的基本变化是靠视网膜上对光敏感的锥体细胞和杆体细胞完成的，这些光的感受器在不同的活动中发挥不同的作用。例如，当你刚进入电影院的时候，最初好像什么也看不到，过一会儿，你的视觉能力就恢复了，你经历了适应暗的过程——从光亮处到光暗处。这个过程当中，黑暗中的杆体细胞比锥体细胞变得更敏感，能够对微弱的光进行反应。反之，当你从电影院出来，又觉得太刺眼，过了一会儿感觉就好了，因为光亮时的锥体细胞比杆体细胞要敏感，能对较强的光进行反应。

◆耳朵是怎样听到声音的？

声音的种类不可胜数，有音乐声、自然声、人工声或机械声等。虽然是同样的声音，但听者的心理状况不同，听起来也会有不同效果。有些人听起来是美妙声音的风铃声或虫声，在另一些人听来很可能是极不舒服的噪声。因为声音也有三个属性：音高、响度、音色。音高是由声音的频率来决定的，响度可以以分贝为单位来测量，而音色则反映声波的成分。如果音高和响度变化混乱、听起来不和谐，基本上就是噪音了，反之，音高、响度与音色都很悦耳，就是乐音啦。那么我们可以听到声音的原理是什么呢？这是由空气的振动传至耳里振动鼓膜而引起，振动传至内耳，刺激内部的有毛细胞，将物理刺激转换为神经能量并且通过听神经传送到大脑。如下图耳朵的听觉构造。

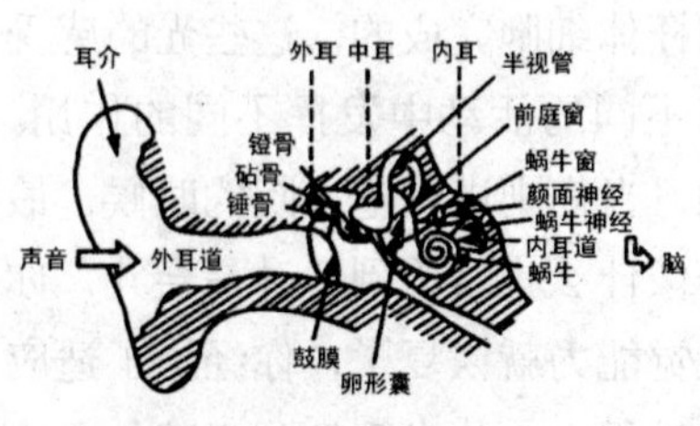

耳朵的听觉构造

◆什么是感觉的代偿性？

美国电影《闻香识女人》中，主人公是退休的军人史法兰，长期的失明生活使得他对听觉和嗅觉异常敏感，甚至能靠闻对方的香水味道识别其身高、发色乃至眼睛的颜色。盲人在日常生活中，虽然看任何东西时眼睛都不聚焦，但他们可能比我们更能敏感地认识这个世界，好像用耳朵也能看见世界。当然他们的经验也源自他们对生活的深刻理解和感悟，更重要的是因为我们的耳朵不仅可以辨识声音的高低，对声音的左右、前后也都可以通过听到声音前后的时间差异而敏锐地感应，进而判断声音的来源。应用听觉的空间知觉能力，可将文字或影像传达给视觉有障碍的人，所谓“以耳代眼”，就是一般所说的感觉代偿性。

◆鼻子是怎样闻到气味的？

英国小说《福尔摩斯探案集》中，福尔摩斯被神秘人蒙住眼睛带到某处，却气定神闲地精确描述出沿途路线和所在地时，我们不禁感叹他通过途中的所听所闻来判断的奇妙。看电影《大侦探福尔摩斯》的观众，也会发出会心的笑声。我们之所以能通过鼻子闻到气味，是因为空气中的有味物质进入鼻内，碰触到位于深处的嗅毛，使嗅细胞兴奋，而将神经信号传递给嗅球，进而传递给大脑产生的。

嗅觉因为可用作侦察和定位的功

能而进化和发展。当然，嗅觉对于不同种类的生物的重要性是不同的。像狗、老鼠和很多以气味为主要生存条件的生物，它们具有相当敏锐的嗅觉。一些美食家或者调香师，也具有辨别微小和复杂气味的超常能力，他们主要依靠的也是嗅觉。

◆味觉有哪些种类？

有些啤酒广告，也许只有很平凡的对话，却让人觉得或感伤，或温馨，或奇怪，或可笑。特别是有些广告片中并没有明确地为该品牌的啤酒进行具体的宣传，却成为人们一时的话题，真可说是不可思议的广告。这是因为它将人生的酸甜苦辣放到一个具体的事物上，将人生的趣味与啤酒的味道结合起来。

那么人们又是怎么感受味觉的呢？物质碰触舌头，进入舌间的味蕾，刺激其中的神经细胞，因而产生味觉。味觉的感受器基本有四种，可分为甜、苦、咸、酸。近些年，也有研究者发现第五种基本味觉，就是对味精的味道的感觉。所以有些食品多半掺入芳香剂，以添加食品的风味。此外还有辣味，但这不是纯粹的味觉。

◆什么是触觉和肤觉？

小孩子用手指在妈妈背上写字，或是情侣之间用手指在掌上写字，只要文字不是很复杂，就能猜出来。这种以触觉代替视觉来传达信息的行为，便称为“感觉代行”。人们也不断研究用皮肤代替眼睛的可能性。例如，让视觉有障碍的人用手指来阅读文字的“点字法”，即盲文，通过皮肤的触觉来感知文字。通常肤觉可分为压、触、热、冷、痛五种，这些感觉的接受器散布于皮肤各处。但触觉无法像视觉那样同时掌握全部的刺激，也就是说，不能同时一一加以区别。因此，对触觉来说，接触皮肤的顺序与接触时间的差距是很重要的，此差距约需六万分之一秒。一般而言，触觉是很容易适应的，一旦习惯某种刺激后，这种感觉就完全麻痹了。这种性质也适用于味觉与嗅觉。

◆什么是平衡觉？

有的人坐车乘船容易出现恶心、呕吐等现象，通常说是晕车或晕船，这是由于前庭感受器受到刺激而产生了不平衡的感觉。前庭器官是根据重力作用确定方向的，当人们来自视觉系统的刺激与前庭系统的信息相互冲突时，例如，人在移动的车厢内看书，视觉提供的是静止的信号，而前庭觉提供的是移动的信号，这时就容易觉得恶心。

前庭的信息感受器位于人的内耳，与小脑也有密切联系。平衡觉的研究在航空、航海方面有着重要意义。例如，为了适应航空及宇航飞行的需要，生理心理学必须研究加速度以及失重、超重等现象对人的心理的影响。

◆什么是痛觉？

如果一个人没有痛觉，那么他的身体上总是有疤痕的，因为大脑没有警告他们这些危险，他们不会感到痛楚，所以痛觉实在是重要的防御信号，警示你远离伤害。当然痛觉也不能像味觉和嗅觉那样容易适应，因为它本身就是人的防御机制，痛觉神经冲动传到大脑，在那里确定痛觉产生的地方和痛觉的强度大小，然后产生行动计划。生活中，人们也希望更好地了解疼痛的产生机制，这样才能用更有效的技术来缓解人们的痛苦。例如，麻醉剂的使用等等。

◆当感觉被剥夺时人类会怎么样？

1954年，加拿大的科学家曾经做过这样的实验，被试者是一些自愿报名的大学生，每天可得到20美元报酬，比当时大学生打工一般每小时挣50美分要多得多，所以大学生都极其愿意参加实验。所有参与实验的大学生每天就是24小时躺在有光的小屋的床上，时间要尽量地长，只要他愿意的话。他们有时间吃饭、上厕所，但是他们需要戴上半透明的塑料眼罩（视觉被限制）；戴上纸板做的套袖和棉手套（触觉被限制）；头枕在泡沫橡胶的枕头上，空气调节器还会发出单调的声音（听觉被限制）。实验前，大多数被试者还觉得可以利用这个机会好好睡一觉，或者考虑论文、课程计划什么的。但后来他们报告说，他们不能集中注意力，对任何事情都不能进行清晰的思考，哪怕是很短的时间。实验进行7天后，被试者出现视错觉、视幻觉、听错觉、听幻觉、注意力涣散、思维迟钝、暗示性增高、对外界刺激过于敏感、情绪不稳定、紧张焦虑、神经症现象等症状。这个感觉剥夺实验的研究表明，有机体与外界环境刺激处于隔绝的特殊状态时，人类会发生某些病理心理现象。

◆什么是知觉？

我们所处的环境中充满了光波和声波的信号，但你看到的不是光波，而是墙上的海报；你听到的也不是声波，而是广播中的音乐。外界刺激作用于人的感官时，人脑对外界整体的看法和理解，为我们对外界的感觉信息进行组织和解释。例如，你看到苹果的红，闻到苹果的香，吃到苹果的甜，这些都是各感官对各种感觉的信息，但是你的知觉对这些信息进行整体的组织和加工，告诉你这是苹果。

◆感觉与知觉有哪些区别与联系？

首先，知觉建立在感觉的基础上，如果没有刺激物给感官的刺激，那么感觉和知觉都停止了。其次，知觉是对所感觉材料的加工和解释。最后，知觉要凭借过去的经验，其过程中还包括思维、记忆等的参与，所以知觉对事物的反应比感觉要深入些，也更完整些。

◆知觉有哪些分类？

知觉有三种：空间知觉、时间知觉和运动知觉。

1. 空间知觉

对物体距离、形状、大小、方位等空间特性的知觉。主要利用双眼的视差，使得视网膜上呈现略有差异的映象，这是观察物体空间关系的重要线索。大小知觉是在深度知觉的基础上对不同远近的物体做出的大小判断。听觉空间知觉，在距离方面主要以声音强度为线索；而要判定声源的方位则必须依据双耳听觉线索。

2. 时间知觉

对时间的客观延续性和顺序性的感知。对于时间的知觉，既来自外部，也来自内部。外部评定可通过计时工具，或者季节环境的周期性变化，如日落日沉；内部评定是通过机体内部的一些有节奏的生理过程和心理活动，如女子的例假等等。

3. 运动知觉

对物体的运动特性的感知，估计物体运动的速度，如交通航行、体育运动及军事射击等等。

◆知觉有哪些组织原则？

1. 接近或相邻原则

人倾向于在视野中，把在时间或空间上相邻或接近的刺激物更易知觉为整体，这是因为当刺激物之间的辨别性特征不明显时，人在知觉过程中经常会借助已有的知识经验，主动寻找刺激物之间的关系，进而获得合乎逻辑或有意义的知识经验。（如图ABC）

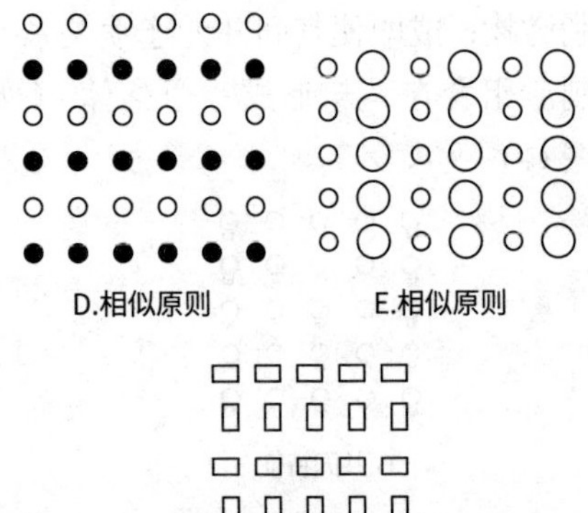

D.相似原则　E.相似原则

F.相似原则

2. 相似性原则

人倾向于把大小、形状、颜色、亮度和形式等物理属性相同或相似的刺激物组合在一起形成一个整体。这种按照刺激物相似特性进行组织的知觉倾向，符合知觉组织的相似性原则。（如图 DEF）

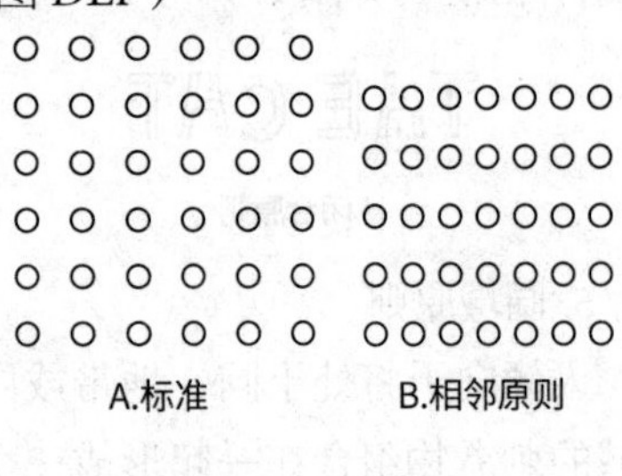

A.标准　B.相邻原则

C.相邻原则

3. 连续性原则

知觉的连续性原则是指个体倾向于把具有彼此连续或运动方向相同的刺激物，或即使其间并无连续关系的刺激组合在一起形成一个整体。（如图 G）

G.共同特征

4. 闭合原则

人会将图形刺激中的特征聚合成形，即使其间有断缺之处，也倾向于形成一个连续的完整形状。在实际图形中它们根本不存在，因为没有线条或轮廓将它们闭合成图形，其实是观察者在心理上将这些线条或轮廓闭合起来，产生了主观轮廓，形成了完整图形的知觉经验，这体现了知觉组织的闭合原则。（如图 H）

THE CAT

H.闭合原则

5. 同域原则

人倾向于将处于同一地带或同一区域的刺激物组合在一起形成一个完整形状，这种知觉组织原则称为知觉的同域原则。

◆什么是错觉？

在知觉的一些组织原则上，通常会产生一些错觉，即对客观事物不正确地知觉。虽然你眼见，但不一定为实，因而，人们能够通过控制错觉来获得期望的效果。比如，服装设计师通过知觉的原理来拉长模特的腿，化妆师或造型师通过知觉的原理来修正脸形，建筑师或室内设计师利用知觉原理创造比实际空间更大或更小的空间等等。目前，在心理学中研究比例多的还是几何图形的错觉，如下图：

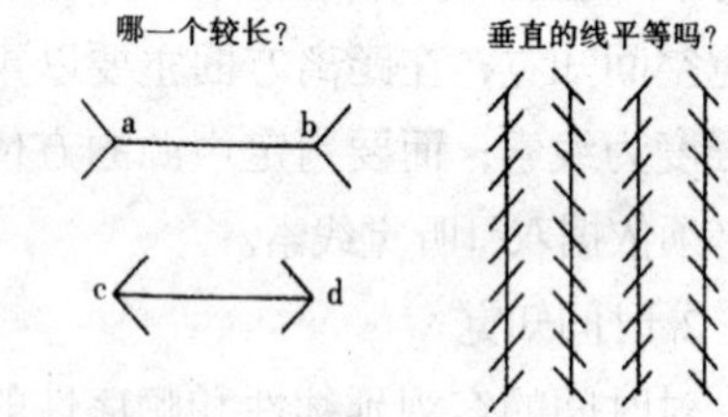

◆什么是站台错觉？

所谓站台错觉（station illusion），是指当我们坐在停靠车站的火车上，观看另一列刚从车站开出的火车时，往往感到站台在移动而那列火车是静止的，这种现象称为站台错觉。这是由于两个对象的空间相对关系的改变，而又缺乏更多的运动知觉的参考体的情况下而引起的错觉性运动效应。

◆什么是月亮错觉？

月亮错觉（moon illusion）是大小错觉的一种，当月亮接近地平线时显得大，当月亮正当顶空时显得小，差别约为 1.5 倍。这是因为当月亮接近地平线时，受到地面上熟悉的参照物的影响，所以看起来比较大；当月亮在正当空时，以天空为背景，所以看起来比较小，其实月亮是一样大的。由此，我们可以想到，在两小儿辩日的故事中，一个儿童说："太阳刚出来时大如车盖，到中午时分小如盘盂，所以早上太阳离我们更近。"另一个儿童说："太阳刚出来沧沧凉凉，到中午时分热如沸水，所以中午太阳离我们更近。"前者之所以产生这样的错觉，原理就在于此。

◆什么是时间错觉？

爱因斯坦晚年时曾对一群青年学生这样解释相对论："如果你和一个美丽的姑娘坐上两个小时，你会觉得好像只坐了一分钟；但如果你坐在炽热的火炉旁，哪怕只坐上一分钟，也会感觉好像是坐了两小时。这就是相对论。"我们不知道爱因斯坦的解释在多大程度上概括了相对论，但我们知道他的话概括了生活中很常见的一种现象，就是对时间的错觉。

时间有客观的长度，但在人心里，它又有相对的长度，这个相对的长度往往和客观的长度有出入。因为人的心理是复杂的，不同的情绪和心态，对时间的知觉会表现为过快或过慢，这种对时间的不正确的知觉叫作"时间错觉"。和美女聊天是甜蜜的体验，人人都希望它能长时间持续下去；相反，在炽热的火炉边烤着，分分秒秒都是煎熬。那么什么时候人们感到时间快，什么时候又感到时间慢呢？一般来说，当所做的事情内容丰富、让人愉快时，感到时间过得快；相反，则感到时间过得慢。因为前者你希望它慢，就觉得实际的快；后者你希望它快，就感到实际的慢。

时间知觉还有一个特点是，在一个时间周期内，人们往往感觉前慢后快。比如，一个星期里，过了星期三，一晃便到了星期天。一个假期，过了一半，后面就特别快。这个规律也体现在人的一生中，童年时觉得时间过得慢，就像歌里唱的："那时候天总是很蓝，日子总过得太慢。"因为你觉得以后的时间还有的是。过了 30 岁以后，就开始感到时间不那么多了，于是便开始着急，也就觉得时间过得快了。这个定律给我们的一个启示是：时间并不像我们想象的那样充裕，任何时候，珍惜时间都是必要的。

第5章 意识与注意

——为什么你总是看到你喜欢的事物

在清醒的状态下，我们知道我们在看什么、听什么、想什么、做什么；也知道自己有没有渴，有没有饿，或者不渴也不饿；也知道自己是高兴还是悲伤，是舒服还是不舒服；我们能够自由支配自己的行为，去达到一定的目标。所有的这些心理活动，包括对自己内部状态的觉知，以及对外部事物的觉知，都是意识范围内的事情。

一个人的意识总是具有一定的特点，所以总是会对一类事物或几类事物比较感兴趣。或许你会发现，当你逛街的时候，你总会发现你喜欢的东西，这是因为那些你感兴趣的事物引起了你的注意，而你把注意力停留在这些事物上，又强化了你对这些事物的认识与喜欢。如果你注意一下便会发现你身边的朋友，他或者她穿衣的风格总体上很雷同，或许有的衣服是同样的，只是颜色不一样。你打开自己的衣柜时，也会发现，啊！原来格子衬衫真的有好多件，或者，原来波西米亚风格的裙子真是好多条了。

◆什么是意识与潜意识？

韩剧《我叫金三顺》里面有这样一个场景：金三顺的前男友闵贤佑在她工作的餐厅里举行订婚宴，订婚宴的前一天，他又突然觉得三顺可爱起来了。第二天，金三顺还是表现出正常工作的样子，可是在蛋糕上本该写的“新婚快乐”被她无意间写成了“浑蛋”两个字。这个让观众忍俊不禁的画面，也反映了金三顺的潜意识，更表现了潜意识的强大。那么什么时候出现潜意识呢？心理学家弗洛伊德提出意识的三个层面，意识、前意识、潜意识。他认为，人类的意识就像是一座冰山，露出水面能看到的部分是我们生活中能够明显感觉到的意识，比如自己的爱好，但是这些我们能意识到的只占整个意识的一小部分，而使我们产生冲突和纠葛的往往是隐藏在水面下的那一部分冰山，也就是潜意识。而前意识是指从潜意识过渡到意识的这部分。潜意识常常使得人们流露出冲突的口误或者笔误等等，人称弗洛伊德失误。

◆什么是无意识？

很多人对心理学的认识，都是从弗洛伊德开始的，他的理论对心理学有极其重要的影响。比如，可能你的所作所为通常受无意识的影响，你自己也承认“我肯定是无意识这样做的”。无意识，也称潜意识，是指那些在正常状态下不能成为意识的东西，比如内心深处被压抑的而没有意识到的欲望。正如上一问中所提到的“冰山理论”，人的无意识就是那些隐藏在水下的却对其余部分产生影响的绝大部分。用一个简单的比喻来说，无意识就像一个很大的客厅，各种冲动的客人都拥挤在此，它们都想进入意识主管的小接待室，以便引起那位叫意识的先生的注意，从而发挥作用。有一些无意识受到关注，而有一些被拒之门外，被驳回的一些无意识并不死心，也许会瞅准机会再伪装混进小接待室，如果总是不能，或许积郁在心就导致了变态心理。

◆什么是个人无意识？

心理学家荣格认为，人格结构由三个层面组成：意识、个人无意识和集体无意识。如果说意识是最上面的能被人觉知的一层，那么个人无意识就是中间那一层被遗忘和被压抑的记忆与经验。荣格认为个人无意识的内容也称情结。日常生活中，我们可能发现每个人都有一种情结，比如恋父情结、恋母情结、权力情结等等。这些情结往往都具有情绪色彩，是一个个被压抑的心理内容聚集在一起而形成的一片无意识丛林。当我们说一个人具有某种情结时，是说这个人沉溺于某种东西不能自拔，简单地说就是上了瘾；或者说是一种深藏心底的情感或纠葛，比如思乡情结、初恋情结、处女情结、完美情结等。很多情结的形成源于童年时期的一些经验，或许是创伤式的，或许是其他形式的。但是荣格觉得也许还有比情结更深邃的东西。于是他发现了另一个层次的人格——集体无意识。

◆什么是集体无意识？

集体无意识与个人无意识的重要区别在于，集体无意识不是后天学来的，而是种族先天遗传的。而这种遗传的经验和记忆又是不被遗忘的部分，而且还是我们一直都意识不到的东西，却又被全人类共同拥有，人人生而具有，婴儿与老人都不例外。在生活中，人们与生俱来的集体无意识有很多，体现在不同的方面，比如对黑暗、蛇、死亡、骗子、魔鬼的恐惧等等。

集体无意识的存在与人类的生理结构同样古老，它记录了人类往昔岁月的所有生活经历和生命进化的漫长历程，而一般情况下人们却无法意识到它的存在。

荣格曾用与“冰山理论”形式差不多的“小岛理论”来解释集体无意识，如果说意识是露出水面的小岛，个人无意识是潮来潮去而露出的水下小岛的部分，那么作为基地的海床岛的最底层就是集体无意识。集体无意识的内容是原型，这些原型都封存于我们的集体无意识当中，当集体无意识被唤醒之后，就会成为个人觉醒的意识。例如，也许从没见过蛇的人，在遇见后也会产生恐惧，就会采取适当的保护和预防措施。

◆什么是弗洛伊德口误？

在生活中，有时会无意中说错话，那些不是原本打算说的话被称为“口误”。喜欢《老友记》的朋友一定会记得这样的故事情节：Ross和Emily在教堂里举行婚礼，Emily跟着牧师宣誓：“我，Emily，愿把Ross当成我的合法丈夫，无论贫穷与富有，健康与疾病，都将厮守一生！”轮到Ross宣誓：“我，Ross，愿把Rachel……”在场亲友顿时大惊失色——Ross居然把Emily的名字错说成原来的恋人Rachel！如果弗洛伊德老人家在场，他一定露出会心的微笑：Ross，你的内心深处依然爱着Rachel！

当然在生活中，由于注意力没有高度集中，或者紧张，或者一些习惯使然等等原因，出现口误也在所难免。例如，中央电视台国际频道播音员鲁健曾在他的博客上列举了一些播音员的口误，有的把“各位好，这里是中央电视台”说成“各位好，这里是中央气象台”，有的把“移动联通小灵通的用户们请发短信至”说成“移动联通的小用户们请发短信至”等等。

◆人睡觉的时候有意识吗？

意识的形态可以划分为很多种，因为从无意识到意识是一个连续体。而且一种意识状态也可转化为其他的意识状态，睡眠就是一种特殊的意识状态。

人的一生有大约三分之一的时间在睡眠中度过，人们在很早以前就开始关注对睡眠的研究。近些年来，科学家用脑电波的变化作为观察大脑活动的指标来研究睡眠。经过实验发现脑电波有变化，并且呈现一定的变化规律：当大脑在清醒、警觉的状态下，脑电波频率比较大，达到14—30赫兹，波幅也较小；当大脑在安静、休息的状态下，脑电波频率比较小，多为8—13赫兹，波幅也较大；而当大脑在睡眠的状态下时，则脑电波频率更低，波幅更高。

◆人做梦的时候有意识吗？

正如上一问所说，睡眠是人的一种特殊的意识状态，梦也是人的一种特殊意识状态。通过用脑电仪提供的脑电波的变化可以观察大脑活动的变化，同理，用眼动仪测定的眼球运动作为指标，也可准确地检测人在睡眠时是否在做梦。

根据脑电波的变化，可以把睡眠分为四个阶段：

频率和波幅都较低的脑电波阶段，时长约 10 分钟。

偶尔出现短暂爆发的、高频率、大波幅的脑电波阶段，时长约 20 分钟。

频率降低、波幅更大的脑电波阶段，时长约 40 分钟。

各功能指标变慢，深度睡眠阶段，时长约 90 分钟。

这四个睡眠阶段结束后，会出现一种特殊的阶段，心理学上称之为快速眼动睡眠阶段。那么，什么是快速眼动睡眠呢？顾名思义就是眼球会开始快速上下左右地移动，而梦境也开始出现，这个阶段大约时长 5 到 10 分钟。然后不断循环睡眠周期，直到醒来。

◆什么是注意？

当你骑车外出，骑到路口时，看到交通灯突然由绿色变成红色，就会引起你的注意，你就停下车来。或者也许你在逛街，有喇叭在喊大减价，你会不会闻声而望？那么，是什么原因使得你注意某物体呢？心理学告诉我们，目的指向的选择和被刺激物的抓获，都会引起我们的注意。也就是说注意是心理活动或意识活动对一定对象的指向和集中。指向，是指感觉器官有容量的限制，不能同时对所有的对象都感兴趣，只能舍弃一些对象，而选择其中的一些对象。集中，是指心理活动聚精会神在所选择的对象上。

平时，我们所说的“注意”，实际上省略了看、听、想这些心理过程，说全了应当是“注意看”“注意听”“注意想”。这也说明注意具有积极的、主动的意义，是人进行心理活动的必要条件。

◆什么是无意注意？

假设你正在听课，教室的门突然被人打开，“哐当”一声响，你会不由得往门口看一眼；假设你走在大街上，突然一个广告牌掉了下来，落地一声响，你会不由得循声而望，确认砸到什么东西没有；假设你在图书馆或者书店看书，突然一个美女从身边走过，留下一阵香风，你会不由得抬头看一下美女。这些就是无意注意，又叫随意注意，就是没有预定目的，不需要个人意志上的努力就能维持的一种注意。那么，什么事物比较容易引起人的无意注意呢？通过以上的例子，我们可以总结出这样的结论：强度大的、突然出现的、对比鲜明的、新颖的刺激比较容易引起人注意，另外，变化运动的、自己感兴趣的、觉得有价值的刺激也比较容易引起人的注意。

◆什么是有意注意？

如果说无意注意是没有预定目的、不需要意志努力就能维持的注意，那么，需要预定目的、需要意志努力才能维持的注意就是有意注意了。例如，你上课要认真听讲，目不转睛；下课复习功课，两耳不闻窗外事，这些都需要人的意志努力才能维持。相对成人而言，儿童的意志力还不够坚定，注意力维持的时间也是有限的，所以学校设定一节课为45分钟也是有心理学根据的。

对于学习和工作来说，有意注意能产生较高的效率，比无意注意更能结出有意义的果实。因而，可以有意识地培养优良的意志品质和抗干扰的能力，充分发挥有意注意的效率。

◆什么是有意后注意?

你或许已经发现，当你刚学自行车的时候，注意力非常集中，两只手握着车把手还摇摇晃晃，稍没注意脚就踩了个空。而当你学会骑自行车后，你不需要怎么注意，就能顺利地骑下去，甚至两手脱开车把手，很帅很酷地骑着车，还可以看着路边的风景，这时骑自行车就成了有意后的注意。所谓有意后注意，指通过学习熟悉了学习对象，又有了兴趣，这时不需要意志努力就可以将活动维持下去。

试想，如果很多活动或者操作都能变成有意后注意的话，那么我们会节省很多的精力，还可以把更多的精力用在更重要的活动上，就可以创造更多的价值。

◆注意的特征有哪些?

小明上小学，在家做作业，没做一会儿便想上网。他一边上网，一边吃东西，一边还听着流行歌曲。上了一会儿网，爸爸回来了，他又开始去做作业了。这一个过程当中，小明的注意力有哪些特点呢?让我们再看看下面心理学上对注意特征的总结，对照一下小明的经历。

注意的稳定性。指在同一对象环境或同一活动上的注意持续的时间。

注意的广度。指注意的范围，在同一时间内能清楚地把握对象的数量。

注意的分配。指同一时间内把注意指向于不同的对象。

注意的转移。是指注意的中心根据新的任务，主动地从一个对象或活动转移到另一个对象或活动上去。

◆什么是注意的集中性?

在激光闪耀、音乐震耳欲聋的迪斯科舞厅里，虽然嘈杂，但只要大声说话，仍可与他人交谈。这是因为人们能对所需要的信息特别加以关注，所以就算在噪音的环境中，对自己想听的说话声，仍旧可以全然入耳。又或者在鸡尾酒会上，人们彼此之间轻松交谈；又或者在说人坏话时，为避免当事人听到而轻声细语，但是还是可以听到。因为人们可以通过声音的方向、说话的嘴唇活动、音质与声调的不同来推测对方所说的话，并以此作为了解谈话内容的线索。所以，心理常识告诉我们，注意是有集中性的，先从很多信息中挑选必要的，再对所挑选出来的信息进行专心致志的处理。

◆什么是注意的选择性？

一位医生、一位房地产商和一位艺术家是好朋友，他们一同去三人共同的朋友——一位医生家吃晚饭。路上他们经过了一条繁华的街道。到了医生家以后，医生的小女儿请他们三个人给她讲故事。艺术家说他沿着街道走，看见在天空的映衬下，城市像一个巨大的穹隆，暗暗的金红色在落日的余晖中泛着微光，像一幅美丽的图画。房产商说他在街上看见两个男孩子在讨论怎样挣钱，一个男孩说他想摆一个冰激凌小摊，想把地址选在两条街道的交会处，因为那里紧挨地铁的入口处，人多密集。他觉得那个男孩具有成为杰出商人的素质，因为他认识到了经营位置的价值。医生说他看见有一个橱窗从上到下都摆满了盛放各种药品的瓶子，这些药品用于治疗各类消化不良，一些人正在挑选。可是医生明白他们所要的也许不是什么药品，而是新鲜的空气与充足的睡眠，但是他却不能告诉他们。

三个人走的是同一条街道，看到的街道却如此不同。这里涉及心理学中关于注意的特征。人们的生活环境，每时每刻都处在变化之中。只要你走出家门，就会在各处碰到或接触到种种事物，比如大街上的商店悬挂着彩色广告，晚上闪烁的霓虹灯吸引着人们去选购商品；当你走到公共场所时，会看到“严禁攀折花木”的标语；在汽车站、火车站、轮船码头时，你会听到广播告诉旅客们开车时间等等。但是每个人所看到的、所听到的，却不一样。心理常识告诉我们，人的注意是有选择性的，而各人的经验、生活方式、文化背景等，会影响到他们对事物的注意选择。

第6章 动机与行为

——了解行为的背后

在《圣经》第一章《创世记》里讲道：上帝按照自己的样子用泥土造了一个人，取名叫亚当，让他主管一切。后来上帝觉得他一个人生活不好，于是取了他的一根肋骨造了一个女人，取名叫夏娃。上帝让亚当和夏娃在伊甸园里生活，园子里有各种各样的花草树木。上帝对亚当和夏娃说园子里的东西随他们管理，只是一棵分辨善恶树结的果子不能吃。亚当和夏娃在伊甸园里过着非常快乐的生活，只是夏娃每当看到那棵分辨善恶树的果子又红又大、讨人喜爱的样子，就非常想尝一尝，但一想到上帝说的话又忍住了。直到有一天，蛇对夏娃说，其实分辨善恶树的果子非常好吃，而且吃了还可以增加智慧。夏娃经不住诱惑，终于偷吃了一个果子，而且还让亚当吃了。吃完后，他们二人的眼睛就明亮了，才知道自己是赤身露体，便拿无花果树的叶子，为自己编作裙子。上帝知道后非常生气，于是将亚当和夏娃赶出了伊甸园。他们来到大地上，开始生儿育女，成为人类的祖先，而且需要劳作才能从地里得到吃的。

如果亚当和夏娃是人类的祖先，我们不难从他们身上找到人类的心理，比如，他们为什么要偷食禁果？因为禁果分外香，越是不让做的事情，越是引起人们的好奇与逆反心理，人们越想做。

◆什么是动机？——你为什么这么做

马路上出现了一起交通事故，大家都围在那里看。有一个人没挤进去，光听见围住的圈里面的人在议论：“真惨，都压成这样了。”“可不是嘛，恐怕活不了了。”他又看不见，只能干着急，一着急就喊：“让我进去，我是死者的弟弟。”这一喊真管用，人群中立马让出一条路来，他进去一看，地上躺着一只狗。可见，人们对事物都有一种好奇心，并且在好奇心的驱使下会去做某事。驱动力驱使人去做某事时，这种驱动力就是动机了。

◆动机有哪些种类？——动机的分类

按照不同的分类方法，动机的分类也不一样。按动机的起源分，可分为生理性动机和社会性动机；按照行为动机的社会价值分，可分为高尚动机和低级动机；按照对动机内容的意识程度来分，可分为意识动机和潜意识动机，等等。由人的自然属性、自然需要引起的动机称为自然动机；由人的社会属性、社会需要引起的动机称为社会动机。社会动机是人的社会行为的直接原因。

◆引发动机有什么条件？——《枪王之王》的杀人动机

电影《枪王之王》讲述了这样一个故事：香港某基金经理关友博在实战射击比赛中夺冠，并结识了亚军、警员庄子维。后来关友博巧遇抢劫案，他连续开枪击毙 4 名劫匪，成为市民眼中的英雄。而心思缜密的庄子维认为事情并非看到的那么简单，根据种种线索他对关友博产生了怀疑，将他锁定为嫌疑人，并且寻找他杀人的动机与目的。看过电影《枪王之王》的观众，一定记得庄子维为了寻找关友博在抢劫案中杀人的动机，连夜看犯罪心理学书《犯罪心理与动机》的画面。

关友博想利用这些不记名的债券洗钱，联合了好友警员和枪具店老板一起作案，但他策划的抢劫案中，不料有交通警察出现，使得事情不像想象中那样顺利。当后来他成功洗钱，别人给的是不能用的连号美元时，他受不了好友枪具店老板的逼迫，又杀死了枪具店老板，最后事情一一败露，这个抢劫案的幕后策划人关友博，最终被庄子维设局围捕。

心理学常识告诉我们，引发动机的两个条件是驱力和诱因，或者简单地说，内在条件和外在条件。内在条件就是需要，动机就是在需要的基础上产生的，只有需要很强烈时，又有满足的对象存在时，才能引起动机，离开需要的动机也是不存在的。外在条件，是指能引起个体动机并满足需要时的外在刺激，也叫诱因。对照电影《枪王之王》，聪明的你，有没有分析出关友博的动机呢？

◆需要与动机有什么区别与联系？——内需与转化

虽然动机是由一些需要转化而来的，但是需要和动机是有区别的：需要是人积极性的根源与基础，而动机是推动人们活动的原因。不是所有的需要都能转化为动机，例如，鲁滨孙漂流在荒岛上，很想与人交往，但是荒岛上缺乏交往对象，所以这种需要无法转化为动机。后来鲁滨孙遇到“星期五”之后，就开始教他各种事情，因为他需要有人与他交往，最好这个人还能明白他表达的意思。

所以，心理学常识告诉我们，需

要转化成动机，必须满足两个条件。首先，需要转化为动机要有适当的条件，有了条件后，才能促使人得到与满足需要。其次，需要必须有一定的强度，也就是说有一种强烈的愿望需要得到满足。

◆哪些需要必须先得到满足？——需要的层次理论

人的一生当中，有各种各样的需要。俗话说，吃喝拉撒，这些都是生理需要。我们还需要爱，需要被爱，需要被人尊重，需要成就感，等等。那么，在满足这些需要的时候，有时间先后的要求吗？答案很明确，有的。如果你连饭都没吃饱，你怎么有力气好好工作、学习、上班呢？也许你会说，那些革命战士被敌人压迫得没饭吃，他们照样革命。是的，这是因为革命战士的需要是一种更高层次的需要。这又怎么讲呢？美国心理学家马斯洛用他的需要层次理论来解释需要，他认为人的需要由低到高的顺序是这样的：

1. 生理的需要
2. 安全的需要
3. 归属和爱的需要
4. 自尊和受人尊重的需要
5. 自我实现的需要

马斯洛认为这五种需要都是人的最基本的需要。这些需要都是与生俱来的，它们构成不同的等级或水平，并成为激励和指引个体行为的力量。需要的层次越低，它的力量越强，潜力越大。随着需要层次的上升，需要的力量相应减弱。在高级需要出现之前，必须先满足低级需要。但同时，追求更高层次的需要动机强烈时，低级需要会服从于高级需要。换句话说，此时的高层次需要的力量比低级需要的力量大得多。

◆什么是最基本的生理需要？——食物、水、睡眠和氧气

食物、饮用水、睡眠和氧气中，任何一种的极度缺乏都会改变一个人。如果一个人极度干渴，那么，除了水之外，他对其他任何东西都会毫无兴趣，他的一切感官将会只为水而存在；他梦见的是水，看到的是水，感觉到的是水，只对水发生感情，只为水而活。

你可以这样想象一下：你被困在沙漠的一个山洞里，山洞里有渗下的泉水，而且你有足够的干粮，这种情况持续了一个星期，你活得还比较滋润。但是突然有一天，你的泉水减少到了平时的四分之一，你焦躁不安，对处境感到绝望，这种情况持续了一个月。又突然有一天，你发现泉水完全断绝了，你没有办法，开始干渴地舔舐每一点洞壁上剩下的水痕，终于连水痕也找不到了。开始你可能试着去挖掘水源，过了两天以后，你受不了了，你只能够躺在那里保持水分。你太干渴了，熬不住睡着了。这时我们走进你的梦里，发现你处在一个满是水的世界。在水中你又是欢呼又是狂饮。对于此时的你而言，乌托邦就是一个充满水的地方，生活的意义对你而言就是饮水，其他什么自由、爱、尊重乃至哲学、艺术则通通地不被考虑。

当然这种情况较为极端，在生活中是很少见的。在我们通常所接触到的实际生活中，“我渴了”的意义仅仅是说一个人所感受到的口渴，他所遭遇的只是短暂的口渴，这与长期的极度口渴有本质的区别。

◆什么是安全需要？——对熟悉的依赖

一个人的生理需要如果得到了相对充分的满足，那么，他就会产生新的需要——安全需要，这具体包括安全、稳定、依赖，免受恐吓、焦躁与混乱的折磨，对体制、法律、秩序、界限的依赖，等等。我们不妨试着观察儿童，这可以加深对安全需要的理解，因为，相对成人而言，儿童身上人为抑制情感的现象较少，而成年人为了达到一定目的，会装模作样地对缺少安全感表现得镇定自若、不动声色。一个普通的孩子面临一个崭新的、陌生的、奇特的、难以对付的刺激或情况，常常会出现恐惧的反应，例如从父母身边走失、短时间内与父母的分离、陌生的面孔等。孩子会依赖于他们的父母以求得安全与保护。孩子需要一种安稳的程序和节奏，一个可预见的有秩序的世界。对于一个孩子来说，他的生存环境便是父亲的呵护、母亲的怀抱。一个在父母整天吵架谩骂的环境中长大的孩子，安全需要是得不到满足的。

在现代成年人的生活中，安全需要得到了很大程度的满足。生活在当前社会的现代人很少再会受到野兽、动乱、暴政等的威胁。如果要清楚有效地观察此类需要的存在，我们需要把目光转向那些神经质的人、经济社会中的穷困潦倒之辈，或转向一个动荡骚乱的社会。

有一种常见情况有助于我们了解到底什么是安全与稳定的需要，这就是对于日常事物的偏爱。人们总是偏爱熟悉的事物，而非不熟悉的事物；偏爱已知的事物，而非未知的事物；偏爱已有的行动规律与秩序，而非无规则的变化。

◆什么是归属与爱的需要？——人人需要爱与被爱

生理需要和安全需要满足以后，归属和爱的需要便凸现了出来。在这个时候，个人会强烈地感到缺乏朋友，缺少一个爱人，他会渴望与人们有一种感情深厚的关系，渴望在团体和家庭中有自己的位置。他是如此地渴望归属感、爱与被爱的感觉，以至于忘掉了他饥饿的时候是怎样把爱情看成一座不现实的海市蜃楼。此时，归属与爱的需要控制了他，他感到孤独，感到遭受抛弃，抬头四顾，举目无亲，他感到深深的痛苦。

关于归属感，我们可以从各种各样的途径理解它。这个需要导致的现象很常见，现代工业化社会引起的频繁流动，传统团体的瓦解，家庭分崩离析不断增多，持续不断的都市化以及由此导致的乡村式亲密的消失，现代社会中那些肤浅的友谊都加剧了人们对归属感的渴望。人们希望能够真正团结起来，共同应对外来危险，共同面对同一件事情。人们会在别人对自己的协助中获得满足。所以战争中士兵们的战友关系会带来终生亲密的友谊。

关于爱的需求，在这里要做一点区分，那就是爱与性是截然不同的两回事。性是可以作为一种纯粹的生理需要来进行研究的，是最低层次的生理性需要，性的需要未必会导致爱的需要，而爱的需要则可导致性的需要。爱不仅仅包括给予别人爱，也包括接受别人的爱。一个人只有曾经接受过足够的爱，起码是在幼年时期享受到足够的爱抚，他才会对别人有爱心，才会对整个世界抱有一种积极的看法。

◆什么是自尊和受人尊重的需要？——自信与成就感

我们都知道，除了少许病态的人，社会上绝大多数人都渴望受到尊重，包括外界对自我的尊重和自己对自我的尊重。相对来说，自己对自我的尊重要更重要一些。自己对自己的尊重即是自尊，自尊需要的满足是指由实力、成就、优势、用途等等自身内在因素而形成的个人面对世界时的自信、独立。外界对自己的尊重需要的满足，则是地位、声望、荣誉、威信等等外界较高评价的获得。自尊需要的满足可以获得一种自信的情感，使我们觉得自己在世上有价值，自己是必不可少的，自己在世上能够发挥一技之长，能为别人所需要。而一旦此类需要受挫，我们就会产生自卑的感觉，觉得自己一无是处。除非经过相当的努力，否则我们会因为自我形象的渺小而愈发感到失败和自卑。

自尊建立的基础也有不同，有基于他人看法的自尊和基于真实能力的自尊。最稳定与健康的自尊应当是建立在真正的能力与胜任之上，依靠外在的名望、别人奉承而获得的尊重很有可能像肥皂泡一样不堪一击。

即使是在自尊内部，我们也可以做出进一步的划分：一种是基于单纯的意志力量、决心和责任感而取得的实际胜任与尊重，从而形成理想化的自我。另一种是凭借人的内在天性与素质，非常自然而轻松地取得的成就。这种划分在许多时候是很有帮助的。

◆什么是自我实现的需要？——超越自我

“自我实现”也就是一个人使自己

的潜力发挥的倾向，成为自己所能够成为的那种最独特的个体，使自己成为自己想成为的那种人。一个人在其他基本需要都得到满足以后，自我实现的需要便开始突出。这时候他会很乐意去工作，对他而言，这时候的工作不是生活所迫，不是为了金钱，也不是为了获取荣誉，而是一种兴趣。这时候他确确实实是以工作为乐，而不是以工作为负担。

即便一个人的生理需要、安全需要、爱的需要、尊重需要都得到了满足，他还是会产生新的匮乏与不安。为什么呢？因为他必须正在做他真正喜欢做的事。一位作曲家必须作曲，画家必须画画，学者必须搞研究，甚至一位老农必须每天到田间地头转一圈，否则他就会躁动不安，难以宁静。一个健康的人天性中能成为什么，他就必须成为什么，他必须忠实于他自己的本性。这就是我们所说的自我实现的需要。这一观点看起来似乎有点浪漫与不切实际，但毋庸置疑，每一个成熟的人，每一个其他需要都得到满足的人，都曾经思考过这个问题：我究竟适合做什么？

不同的个体满足这一需要所采取的途径方式大不相同，有的人会想成为一名体育健将，有的人想当诗人，有的人想当官，有的人想在工商界一展才华等等。在这一需求上，个人的独特性表现得淋漓尽致。

◆动机与学习效率有什么关系？——倒 U 字形的曲线

曾有一位学者对于动机对学习所产生的影响做了一项训练老鼠逃生的实验。老鼠在一个装满水的 Y 形水槽里，通过控制灯的亮度和老鼠沉入水底的时间，来调节实验的难易度和逃生的动机水平高低。结果发现，小老鼠找到亮度出口逃生的成功率和实验要求的难度有关，如果实验要求完成的水平较低时，动机越强，逃生的成功率越高；如果实验要求的目标过高，动机达到一定水平后，正确率不高，反而下降阻碍了成绩的提高，它无法完成目标，进而可能丧失信心。

心理学常识告诉我们动机与学习效率呈倒 U 字形的曲线，过强或过弱的动机，都会带来低效率。因此，保持平和的心态，审视自己的目标，维持在适当的水平，确定可行的目标，就能取得最佳的成绩与效率。因而，在通常情况下，人们把失败的原因归结为努力不够的时候，应该先客观评价一下自己的目标是否过高，然后实事求是对目标进行调整，制订合理的计划与目标。

◆什么是本能？——行为的控制力

可能很多人最早认识三文鱼，是从肯德基开始的。三文鱼又叫鲑鱼，是深海鱼类的一种，其实它也是一种非常有名的溯河洄游鱼类。它能从几千公里外准确地游回到它们的出生地点，然后在那里产卵，产后又回到海洋生活。蜜蜂通过自己的信息系统告诉同伴食物的所在地，蜘蛛天生就能够编织复杂的蜘蛛网。那么，它们的行为方式是由什么来控制呢？你可能猜出是由于物种的基因遗传和生存的本能。是的，每种动物的行为都表现出先天的本能和后天的习得行为的组合。对此，弗洛伊德也曾提出人类感受到的驱力来源于生的本能（包括性欲）和死的本能（包括敌对行为）。因此，本能的选择对我们的生活也有重要的决定作用。

◆人的行为控制力受什么影响？——棉花糖的诱惑

1970年，美国斯坦福大学博士沃尔特·米歇尔做过一个棉花糖实验。参加实验的都是4到5岁的孩子，测试的工作人员在每个孩子的桌子上放了一块棉花糖，告诉孩子们说15分钟后再回教室。并且告诉孩子们说，他们随时可以吃掉那块棉花糖，但是如果谁没有吃掉，将会得到另外一块棉花糖。这是一项通过延迟满足感来了解行为的自我控制力的实验。

对于孩子来说，棉花糖的诱惑真不小。也许15分钟的时间太长了，没能忍住棉花糖诱惑的、自控力相对差点的孩子，没坚持到15分钟就把糖吃了。而自控力比较强的孩子，要么闭着眼睛想别的事儿，要么做别的事情，都尽可能地转移注意力。当然，他们忍住了15分钟的诱惑，得到了两块棉花糖。

通过这个棉花糖的实验，测量到每个人的自控力是有差异的。几年后，这些参加测试的孩子在学习成绩、人际交往、成长方面都表现出明显的差异。自控力较强的，在成长过程中也能善于控制自己，实现自己的目标；自控力较弱的，每每只满足于瞬间的满足。通过棉花糖实验的教训，你学到了什么呢？

◆怎样衡量一个人的意志力？——衡量的四品质

正如上面的故事所说，每个人都需要有自控力，或者换句话说，需要有意志力，那么如何衡量一个人意志品质的高低、强弱、健全与否呢？可参看以下四个品质：

果断：善于迅速明辨是非，合理决断和执行的心理品质。

自觉：即对自己行动的目的和意义有明确认识，并能主动地支配和调节自己的行动，使之符合于预定目的。自觉性强的人既能独立自主地按照客观规律支配和调节自己的行为，又可以不屈从于周围环境的压力和影响，坚定地达成目标。懒惰、盲从和独断是与自觉性相反的意志品质。

自制、自控：是指善于促使自己执行已做出的决定，排斥与决定无关的行为，克制自己的负面情绪和冲动行为。

坚韧：坚持自己的决定，百折不挠、克服困难以达成目标。

◆什么是成就动机？——他为什么成功了

我们常常在书上、杂志上、报纸、电视上，看到某某人的成功故事，或者报道与采访成功者的经历。我们一方面沉浸于这些给人鼓舞的励志故事里，一方面又在想他为什么能成功。所以微软中国公司前总裁唐骏就曾写过一本书叫《我的成功可以复制》，且不说这个成功能不能真的复制，抑或有人调侃能复制不能粘贴，但至少人们都想看看这本书里到底写了什么成功秘诀。那么这里就涉及心理学里说的个人成就动机。

那么，什么是成就动机呢？通俗地说，就是一个人追求他认为重要而有价值的工作，并且使之达到完美状态的动机，或者说用一种高标准严要求，力求取得活动成功的动机。当然，这也取决于每个人对于成功的需要，需要不一样，使得每个人在实现个人的目标与计划上也体现个体差异。例如，有的学生能刻苦努力，战胜学习中的种种困难和障碍，有的遇到困难就退缩，自然各自有不同的结果。

◆什么是行为？——行为的背后

曾经有过这样的报道：一个男子爬上一栋大楼，要从 6 楼纵身跳下去。当时，数百名群众驻足围观，干警们也上楼做他的思想工作，劝他放弃轻生的念头。时间一分一秒地过去，还是没有进展，而楼下围观的部分群众却还不时发出欢呼声，还有“快跳啊”“我都等不及了”等叫喊声。当男子从楼上纵身跌落时，围观人群中竟随之发出热烈的掌声与欢呼声。

从心理学的观点来看，案例中的冷漠行为是可怕的，更可怕的是鼓励他人跳楼的行为。怂恿他人自杀的行为，在一定程度上给社会增加了不安定的因素，逃避道德义务、关爱人的责任，对个人与社会来说，都有负面作用。对于那些麻木冷漠的行为我们可以谴责，但同时也愿更多的人彰显正义与爱心。看到他人遇难，有能力救助的个人或群体，应当责无旁贷、义无反顾、尽力而为，这是最基本的社会伦理，也是每个公民应当具备的正义感与同情心。

◆态度可以改变行为吗？——态度与行为

如果一个儿童想得到自己想要的东西，对这个事物表现出正当的态度时，就容易得到父母的允许，并且得到父母的微笑和赞扬，甚至是鼓励。如果儿童的做法或者态度并不正当，不但得不到父母的允许，反而会受到父母的阻止和规劝，甚至是训斥。这样一来，父母亲用自己的态度来决定了孩子的态度，或者说是评价了孩子的态度。久而久之，父母亲在态度上的影响力，使得儿童建立起最初的行为风格，一旦风格形成，就不容易改变。因为态度是一种心理倾向，是决定行为前的思想和想法，但是态度也不是一成不变的，态度也可以改变，主要源于个人原来的立场和后来的立场的差距。比方说，你觉得你一直是在为老板打工，好像你做的所有事情都是为他所做的，你的态度是为他人做嫁衣的想法，你的行为也是消极的；如果有一天，你忽然觉得你做的所有事情都是为自己做的，是为自己未来的职业生涯添砖加瓦时，你的态度是积极向上的，你的行为也就变得主动而乐观了。

◆如何正确地对失败进行归因？——归因与行为

小张上初中时，尽管父母很少顾及他的学习情况，但是他的成绩总是名列前茅。上了高中以后，他的成绩在中等水平，对此他感到很有压力。平时晚上看书、做作业经常熬到很晚，电视节目也很少看，文体活动更是很少参加，真的非常用功读书。可是第二个学期，依旧没有考出理想成绩。为此，他感到失望与自卑，以致常常失眠。

美国心理学家韦纳在前人海德的理论基础上，提出了成功与失败的归因模式。根据韦纳的归因理论，行为的成败主要归因于四个因素：

能力，也就是评估自己对该项工作是否胜任；

努力，反省自己在工作中是否尽力而为；

工作难度，以自己的经验判定该项工作的困难程度；

运气，自认为此次成败是否与运气有关。

按照这四个方面，又分出三个维度：

因素来源，控制因素是来自内在条件还是外在环境；

稳定性，影响因素是否稳定，在类似情境下是否具有一致性；

能控制性，影响因素能否由个人意愿所决定。

根据以上三个维度，能力、努力是内控的维度，其他属于外控的维度；能力与工作难度是稳定性的维度，而四个因素中只有努力可凭个人意愿控制，其他各项均非个人所能控制。如果把考试失败归因为缺乏能力，那么以后的考试还会失败；如果把考试失败归因为运气不佳，那么以后的考试就不大可能失败。可见，我们对于成功和失败的解释会对以后的行为产生重大的影响。

◆附：意志力测试

1. 你正努力攒钱准备年底去旅行，但你看到了一件价格非常昂贵但很适合与她（他）约会时穿的衣服。你会：

A. 每次经过那店铺时都蒙住眼睛，直至过了约会日期

B. 寻觅其他店铺买一件样式相近的衣服，但价钱便宜很多

C. 不顾一切买下它，宁愿哀求父母或朋友借钱给你去旅行

D. 放弃它，没有任何东西能阻碍你的旅游大计

2. 你深信自己深深爱上了她（他），但她（他）只在无聊时才想起你。在一个狂风暴雨的夜晚，她（他）要求与你见面，你会：

A. 立即冒着雨去找她（他），纵然路上花数小时也是值得的

B. 挂断电话

C. 婉言拒绝，虽然你很不情愿，但你需要一个真正关心你的人

D. 先要她（他）答应以后更好地对待你才答应去，她（他）照例微笑着应允

3. 你对新年所许下的诺言所抱的态度是：

A. 只能维持几天

B. 维持2—3年

C. 懒得去想什么诺言

D. 到适当的时候就违背它

4. 如果你能在早上6点起床温习功课，晚间便有更多时间休闲，并且令你做事更有效率。你会：

A. 虽然每天早晨6点闹钟准时闹醒你，但你仍然赖在床上直至8点才起来

B. 把闹钟调到5点半，以便能准时在6点起床

C. 定在6点半起床，然后淋热水浴使自己清醒

D. 算了吧，睡眠比温习更重要

5. 你要在6周内完成一项重要任务，你会：

A. 在委派后5分钟即开始进行，以便有充足的时间

B. 限期前30分钟才开始进行

C. 每次想动手时都有其他事分神，你不断告诉自己还有6周时间

D. 立即进行，并确定在限期前两天完成

6. 医师建议你多做运动，你会：

A. 只在头一两天照做

B. 按医师的话做，身体变健康后依然坚持

C. 每天跑步去稍远处买雪糕，然后乘计程车回家

D. 依指示去做，待医师说身体变得健康了即放弃

7. 周末朋友想跟你通宵看影碟，但你需要明早7时起床做兼职，你会：

A. 看到晚上9点半回家睡觉

B. 拒绝，好好地睡一觉

C. 视情况而定，要是太疲倦就告退

D. 看通宵，然后倒头大睡

评分标准

题号	1	2	3	4	5	6	7
A	4	1	2	2	4	1	3
B	2	4	4	4	1	4	4
C	1	3	1	3	2	2	2
D	3	2	3	1	3	3	1

得分评价

（1）分数为13分以下：

你并非缺乏意志力，只不过你只喜欢做那些你有兴趣的事，对于那些能即时获得满足感的工作，你会毫无困难地坚持下去。你很想坚持你的新年大计，可惜很少能坚持到底。

（2）分数为14—21分：

你很懂得权衡轻重，知道什么时候要坚持到底，什么时候要轻松一下。你是那种坚守本分的人，但遇到极感兴趣的东西时，你的好玩心会战胜你的决心。

（3）分数为22—28分：

你的意志力惊人，不论任何人、任何情形都不会使你改变主意；但有时太执着并非好事，尝试偶尔改变一下，生活将会充满趣味。

第 7 章 学习与记忆

——冤家路窄的记忆与遗忘

人生在世，大事小事，都离不开记忆；没了记忆，就和没了大脑差不多，生活也就失去了意义。记忆，是许多人关心的问题，可如果问一句，“什么是记忆呢？你了解多少关于记忆的基本知识呢？”恐怕能说得像那么回事的人还真不多。

记忆就是过去的经验在人脑中的反映，是反映机能的一个基本方面。由于记忆，人才能保持过去的反映，使当前的反映在以前反映的基础上进行，使反映更全面、更深入；有了记忆，人才能积累经验，扩大经验；有了记忆，先后的经验才能联系起来，使心理活动成为一个发展的过程，使一个人的心理活动成为统一的过程，并形成他的心理特征。没有记忆，一切心理的发展、一切智慧活动，都是不可能的；即使记忆发生局部的或一时的障碍，如因脑受伤或精神病患而发生的对某一时间阶段以前的经验或某一类经验的全部遗忘，心理活动也要发生极大困难。

◆什么是学习？——见闻模仿、温习练习

学习是在经验的基础上，在认识与实践过程中获取知识，而导致行为和意识、潜能发生变化的过程。孔子说：“学而时习之，不亦说乎？”意思是说学了之后及时经常地温习和实习，不是一件很愉快的事情吗？按照孔子的看法，“学”是指闻、见与模仿，是自学或有人教你学，从而获得信息、技能，主要指接受感官信息与书本知识等等。“习”是巩固知识、技能的行为，指温习、实习、练习。“学”偏重于思想意识的理论领域，“习”偏重于行动实习的实践方面。实质上，学习就是学、思、习、行的总称。

◆什么是条件反射？——巴甫洛夫的狗

人生来就有的先天性反射叫非条件反射，例如膝跳反射、缩手反射、眨眼反射、婴儿的吮乳等等。再比如，

吃梅子就让人直流口水，这些反射活动都是人与生俱来、无须学习就会的，属于非条件反射。狗进食自然引起唾液分泌，这是非条件反射，食物是非条件刺激；给狗听铃声不会引起唾液分泌，铃声无关刺激。但是，如果每次给狗喂食前，都先听铃声，这样多次结合后，当铃声响时，狗就会有唾液分泌。这时，铃声已成为进食的信号，作为信号刺激或者说条件刺激，单独出现时也会引起狗的唾液分泌。这就是巴甫洛夫给狗做的经典条件反射的实验。

可见，条件反射是后天获得的。形成条件反射的基本条件是非条件刺激与无关刺激在时间上的结合，这个过程称为强化。这个心理常识告诉我们，是不是当孩子在哭闹的时候，你为了让他停止哭闹，就给他买吃的买玩的？这样，孩子会在这样的过程中运用哭闹来要挟你，实际上是你自己惯坏了他。

◆恐惧是怎样学习到的？——华生和小阿尔伯特

华生认为恐惧可以通过学习而产生，同样也可以通过学习而消除。他试图在实验室里证明他的理论，他找来一个11个月大的婴儿阿尔伯特做实验。

第一个实验是想让阿尔伯特对大白鼠产生恐惧反应。实验开始时，他发现孩子一听到大的声音和失去支持时，便产生恐惧反应；另外他发现孩子对12英寸之内的东西很感兴趣，无论是什么，他都想法得到并摆弄它，这些反应同其他孩子的反应是一样的。华生开始正式做实验，他先让阿尔伯特玩弄一只大白鼠，孩子玩得很高兴，几周之内毫无惧怕的迹象。后来当阿尔伯特伸手去摸那只大白鼠时，华生就用锤子猛敲一只钢棍（直径1英寸，长3英尺）发出很强的噪声，阿尔伯特产生了很不愉快的感觉。以后华生便重复地这样做，每当孩子伸手触摸大白鼠时，华生便敲击钢棍，孩子便猛然跳起然后跌倒，继而哭泣。一周之后华生又让阿尔伯特玩弄大白鼠，这时孩子对动物不怎么感兴趣，看来有点胆怯。在进行本实验之前，阿尔伯特是不怕大白鼠的，而这种实验重复多次之后，他不但惧怕大白鼠，而且害怕兔子，害怕用海豹皮做的衣服和棉花。

◆什么是习得性无助？——曼谷的大象如此软弱

在泰国曼谷的街道上，常常见到这样的情形：象夫领着大象一面走，一面让大象将象鼻朝路人伸出去，偶尔来点屈膝或摇头摆脑的动作；助手们则在人群中向人们兜售香蕉或甘蔗来喂食大象。旁观的人或出于好心或出于趣味而自掏腰包，因为泰国的古老传统中大象可以带来风调雨顺，甚至有的泰国人会在大象肚子底下走三次来祈求好运。午间气温高的时候，不适合上街工作，象夫和助手们就在空地上用野草搭起了防水布，用长长的链子拴着大象，以免它们在象夫等人打瞌睡时乱走。实际上，除非有人偷，大象一般都不愿意动弹。由于这些大象从小经过严格训练才能在街上做卖艺工作，从小就被链子拴得严严实实，逃到无次数也逃不掉后，就不再主动地逃脱了，这就是习得性无助。

当人或动物经历某种挫折的体验后，在情感和行为上也表现出消极的心理状态，这就是习得性的无助感。再比如，一个学生每次参加考试，每次都考不及格，久而久之他便对学习失去信心，甚至产生厌学情绪。正是由于以往的挫折经历，使得他认为自己无论怎样努力都不能取得成功。当我们了解到这些心理常识的时候，我们就会知道，这是一种正常的心理现象，帮助我们认识到自己的失败并不是天生的，只是因后天不好的经历而习得的。我们可以重新改变认识，可以探讨解决问题的办法。

◆学习有什么规律？——强化学习的效果

在前文中，我们提到桑代克曾用小鸡、猫等动物，设计一些迷宫和箱子，来研究动物的学习能力和逃脱行为。例如，他将小鸡放入迷宫，小鸡在一次次的实验中，慢慢学会了找到出口。他认为成功的行为带来的快乐让小鸡记住了这些行为。这就是桑代克学习定律中的强化定律。

当一个行为出现后，伴随着喜欢的事情，就叫阳性强化。比如，你的宠物狗如果在转圈后得到它想得到的食物，那么它将学会转圈；如果你的孩子自己洗好了袜子后得到你的赞许和表扬，那么他将继续这样的行为，所以，人们常说好孩子是夸出来的。当一个行为出现后，讨厌的事件就解决了，就叫阴性强化。比如，你不喜欢下雨，但是使用雨伞或雨衣，事情就解决了，那么你将继续带着伞。

当一个行为出现后，伴随着讨厌的事情，就叫阳性惩罚。比如，你吃面的时候太着急而烫了嘴，疼痛惩罚了你的着急，下次你可能就不再那么着急了。当一个行为出现后，喜欢的事情就消失了，就叫阴性惩罚。比如，当一个女孩打了自己的弟弟，父母亲就取消了给她的零花钱，运用负面的惩罚让她知道以后不能再打弟弟了。聪明的你，有没有记住以上的心理常识，巧妙地运用强化法来改变生活中的行为呢？

◆什么是记忆？——从回忆和认知中搜寻信息

记忆是一个复杂的心理过程，包括“识记”“保持”“回忆”“认知”四个基本环节。四个环节互相联系、不可分割：识记和保持是回忆和认知的前提和基础；回忆和认知是识记和保持的结果，并能够加强识记和保持。

识记，是识别和记住事物、积累知识经验的过程。识记通常是一个反复感知的过程。例如识记外文单词，常是经过多次诵读，形成它的音、义、拼法间的巩固联系，从而记住它。当然也可能经过一次感知就能记住，所谓“过目不忘”。识记是记忆的第一个环节。识记非常重要，因为要形成记忆、提高记忆效果，必须要有良好的识记做前提。

识记过一个事物后，当那个事物不在你面前时，你的头脑中仍然会出现那个事物的形象，这叫作记忆的表象。表象具有直观性和概括性。比如，一说起大象，你的头脑里就会浮现出大象的样子，有大大的身体、长长的鼻子等等，近在眼前似的，这就是直观性；你或许见过许多种大象，比如亚洲象、非洲象，或是成年象、小象、公象、母象等等，各有各的特点，可事后浮现在眼前的大象形象无非就是身体庞大、鼻子很长，这就是概括性。表象是记忆的主要内容。我们在记忆中能够回忆很久以前看到的人、事以及听到的声音，主要是依靠表象来实现的，因而表象在记忆中的地位极其重要。

回忆，就是说以前感知过的事物不在目前，把对它的反映重新呈现出来。而客观事物出现在眼前，人感到熟悉并确知是以前感知过的，则叫作认知。记忆主要以回忆（再现）和认知（再认）的方式表现出来。回忆和认知之所以可能，是由于经过了识记。

◆记忆都有哪些分类？——感知、逻辑、情绪、运动

人的大脑感知过的事物、思考过的问题和理论、体验过的情感和情绪、练习过的动作等等，都是记忆的内容，并据此可将记忆分为感知形象记忆、逻辑记忆、情绪记忆和运动记忆等四种类型。

感知形象记忆。就是把感知过的事物的形象作为内容的记忆。例如，你看到大街上跑的汽车，就会对汽车的形状有记忆。

逻辑记忆。逻辑记忆就是把概念、公式和规律等逻辑思维过程作为内容的记忆。例如，你对数学公式、物理定理的记忆。

情绪记忆。就是把体验过的情绪和情感作为内容的记忆。例如，你对和好朋友外出游玩时的高兴心情的记忆就是情绪记忆。

运动记忆。就是把做过的运动或者是动作作为内容的记忆。例如，你对游泳、骑自行车的动作的记忆。

在日常生活中，这四种记忆形式不是单独存在的，而是相互联系，你中有我，我中有你。

◆什么是短时记忆？——你记得住电话号码吗？

根据记忆保持时间长短的不同，

可以把记忆分成短时记忆和长时记忆两种。那么什么是短时记忆呢？短时记忆是信息从感觉记忆到长时记忆的一个过渡阶段。它对信息的保持时间大约为一分钟左右。比如，你从朋友那里听来一个电话号码，可以马上根据记忆记录下来，但过后要想用那个号码，则只能看记录了。这个记录靠的就是短时记忆。再比如，听课时边听边记笔记，也是依靠短时记忆。

短时记忆的容量很小，一般只有7±2个单位。一个单位可以是一个数字、字母、音节，也可以是一个单词、短语或句子。利用组块法可以增强短时记忆。例如，现在的移动电话号码共有11位，超出了7位的界限，一个个地记很难短时记下来，而如果把它分为三个组块来记，就容易多了。运用组块法，个人的知识经验很重要。例如，心理学家曾经对象棋大师、一级棋手和业余新手对棋局的记忆能力进行了研究，发现对一个随机设置的棋局，大师、一级棋手和业余新手的回忆正确率没有差别；而对一个真实的棋局，大师的记忆准确性为64%，一级棋手为34%，业余新手却只有18%。为什么会这样呢？主要是因为在真实的棋局中，高水平的大师和棋手可以利用丰富的经验发现和建立棋子之间的关系，形成组块，迅速记忆；如果是随机摆放的一盘散棋，大家都一样，大师和棋手的经验组块优势就不复存在了。

◆什么是长时记忆？——从似曾相识到我认识你

长时记忆是指存取时间在一分钟以上直到许多年甚至终身保持的记忆。与短时记忆相比，长时记忆的信息在头脑中存储的时间长，容量没有限制。其实，长时记忆大部分来自对短时记忆内容的加工，主要是把新的信息纳入已有的知识框架内或把一些分散的信息单元组合成一个新的知识框架，也有小部分是由于印象深刻而一次获得的。

据此，你大概可以知道应该如何正确、高效地运用你的记忆力了。比如，来记“transportation”这个单词，如果一个字母一个字母地记，费劲又容易出错，而如果把这个单词分成“tran”“sport”“ation”三个部分就好记了，这是短时记忆的技巧。你如果想长期地记住这个单词，就要反复进行短时记忆，并且不断将它和其他词比较、联系，才能奏效。

也许你自己有过这样的经历，在大街上看到一个朋友或同学或以前的同事或过去的一个熟人，但是你想不起来他或她叫什么，只觉得似曾相识，而且好面熟。也许，擦肩而过之后，你才想起来那个熟悉的人的名字。也许，对方已经认出你来，叫你的名字，你也不好意思，你只能说：“哎呀，是你呀！”却说不出人家的名字。因为长时记忆都在头脑里存储，但有时提取会受时间和各种原因的影响。

◆怎样把知识记得更牢？——记忆的系统性

有这样一个人，他想要充实自己，想学习掌握整部百科全书。于是他从头开始学，可是从“A”开始学到100多条的时候，就再也学不下去了。这让他很苦恼，不知问题出在哪里。实际上，即使他继续这样学下去，也不会有多大效果，因为他违背了记忆的规律。

记忆不一定是下功夫越大，效果越好，它是有方法可循的。一般来说，死记硬背的效果并不好。那么怎样记忆才能达到最好的效果呢？心理学家认为，一个人要想理解和记忆所学的知识，最好的办法是把知识放到一个体系之中。有了相互的关联和比较，知识才容易记忆。百科全书是一种辞书，它不是按知识体系编排的，所以不好记，甚至因其枯燥，会让人半途而废。

有些人知道得并不少，可是在记忆里他们的全部知识，只是一些死东西，当需要忆起某种东西时，却总是忘记。有些人，知识虽然可能少一些，但全部得心应手，并且能够随时在记忆里再现所需要的东西。两种人的区别就在于，前者脑子里没有一个合理的知识体系，而后者却有。我们在记忆的时候，从一开始，就不要随随便便地、泛泛地学习东西，而是要在学习的同时建立起知识体系，在脑子里把知识和用这些知识的场合联系起来。或者说，材料在识记过程中应当被不断地加以系统化。在此过程中，从事物中找出相同之处和不同之处的能力是很重要的。俄国军事家苏沃洛夫建议说：“记忆是智慧的仓库，但是在这个仓库里有许多隔断，因而应当尽快地把一切都放得井井有条。”

◆什么是遗忘？——冤家路窄的记忆和遗忘

记忆和遗忘既像是冤家，又像是形影相随的孪生兄弟。人从开始记忆的那一刻，遗忘也就开始了。遗忘是正常的生理和心理现象，也是维持大脑正常运转所必需的一步。

德国心理学家艾宾浩斯对遗忘现象做了最早的系统研究，发现遗忘在识记之后就立即开始，最初进展得很快，以后逐渐缓慢。他用无意义的音节做记忆实验材料，根据实验数据绘制出了一条曲线，即著名的艾宾浩斯遗忘曲线。

艾宾浩斯遗忘曲线表明了遗忘发展的一条规律：遗忘进程是不均衡的，在识记的第一个小时内遗忘很快，保存在长时记忆中的信息迅速减少，以后逐渐缓慢，到了相当的时间，几乎就不再遗忘了，也就是遗忘的发展是“先快后慢”。除了遗忘规律，艾宾浩斯的发现还揭示了在长时记忆中保存的信息能够持续多长时间的问题。研究发现，在长时记忆中信息可以保留数十年。所以儿童时期学过的东西，即使多年没有使用，一旦有机会重新学习，都会较快地恢复到原有水平。如果不再使用也可能被认为是完全忘记，但事实上遗忘绝不是彻底的。

除了时间因素以外，遗忘的进程还受其他因素的制约。人们最先遗忘的往往是没有重要意义的、不感兴趣的、不需要的以及不太熟悉的信息。

艾宾浩斯记忆遗忘曲线启示我们，如果想取得理想的记忆效果，便要不断地对记忆材料进行重复，并且最好在理解的基础上记忆——否则，你的遗忘速度会快于你的记忆速度。

◆人为什么会遗忘呢？——大脑储存的信息丢失了

对于这个问题，目前主要有两种解释，即消退和干扰。消退论认为，遗忘是记忆痕迹得不到强化而逐渐减弱以致最后消退的结果。干扰论则认为，长时记忆中信息的遗忘主要是因为在学习和回忆时受到了其他刺激的干扰，而一旦干扰被消除，记忆就可以恢复。许多研究表明，长时记忆的遗忘，自然消退起到一定作用，但主要还是由信息间的相互干扰造成的；一般先后学习的两种材料越相近，干扰作用越大。那么干扰又是如何导致遗忘的呢？研究证明，几乎所有长时记忆的遗忘都是由于某种形式的信息提取失败。

◆什么是记忆障碍？——事物映象被破坏了

所谓记忆障碍，是指人脑受到损伤或在精神因素影响下不能正常反映过去经验中发生的事物的异常心理现象，即由于记忆过程部分或完全受到破坏，使人不能把脑中反映过的客观事物的映像或经验以痕迹的方式保留下来并加以再现。

记忆障碍主要有三种表现：

记忆增强。指人在病态情况下或其他特殊情况下，如患有强迫症、躁狂症和偏执性障碍等，对原来已经遗忘的经验或根本记不起来的事情能十分清晰地记忆起来，甚至包括许多久远的事件细节。

记忆减退。指人的“识记”“保持”“回忆”和“认知”这四个环节的能力比一般人或本人发病之前有不同程度的减退，或某一个环节受到严重破坏，导致记忆能力减退。记忆减退可能是短时记忆减退，也可能是长时记忆减退。一般是由短时记忆减退逐渐发展到长时记忆减退，直至产生遗忘症。

歪曲记忆。又可称为潜隐记忆，指把过去见过、听过、读过甚至梦中体验过的东西与不同来源的记忆混淆起来，相互颠倒，确认这是自己实际体验过的事物。

◆什么是遗忘症？——导致的原因

遗忘症是记忆障碍的一种，通常表现为对过去的经验不能记忆。临床上，通常由心因性和器质性两种原因导致遗忘症。

心因性遗忘症。所谓心因性，是指因情绪因素而导致遗忘症。如长时间的焦虑、注意力涣散、内心矛盾等，均可引起记忆障碍。情绪既能影响识记，又能干扰回忆过程。心因性遗忘的典型表现是，同过去经历的某一特殊时期有关的或与强烈恐惧、愤怒、羞辱情境有关的特定记忆丧失，即遗忘内容具有高度选择性。心因性遗忘症具有暂时性，较易治疗。

器质性遗忘症。器质性遗忘症是指由器质性脑病引起的遗忘，最初往往表现为最近事件的遗忘。遗忘持续时间的长短与脑外伤程度直接相关。通常分为逆行性遗忘症和顺行性遗忘症两种：逆行性遗忘症是指颅脑外伤后患者不能回忆受伤前一段时间的经历；顺行性遗忘症是指器质性脑病患者对发病之后一段时间的记忆缺失，常见于高热谵妄、癫痫性朦胧、醉酒、脑外伤、脑炎等。

◆记忆牢靠吗？——记忆的歪曲现象

在电影《阳光灿烂的日子》里，主人公回忆青春少年时与女主人公相见相识的故事。记忆里的事情都是很美好的，但一些细节，很多时候都受事后自己的想象和英雄主义情结影响。比方说，最后他自己都记不清到底有没有在酒桌上为了女主人公打人。通常记忆也会发生下列现象：

错构。对一个真实事件的追忆中添加了错误的细节。错构在正常人身上有时也会见到，但弥漫性脑病变可使错构倾向更为强烈。

虚构。以想象的、没有真实根据的内容来填补记忆缺陷。谈论这些“经历”时仿佛确有其事。但严重的虚构是器质性脑病的特征之一，与病理性谎言不同，后者并无记忆缺陷，而是由于他们富于幻想，喜欢制造虚假经历以博得别人的注目和同情。

柯萨可夫综合征。又名遗忘—虚构综合征，表现为近事遗忘、虚构和定向障碍。此类患者往往有兴奋情绪，否认患病。柯萨可夫综合征常表明下丘脑尤其是乳头体附近有病变存在，可能是慢性酒精中毒、脑外伤、脑肿瘤等病变。

旧事如新感和似曾相识感。有旧事如新感的人，在感受早已熟知的事物时，有一种初次见面的陌生感。似曾相识感，指人接触完全陌生的事物时，有一种早先经历过的熟悉感。有此体验的多是神经症和癫痫患者，正常人亦可出现这两种体验。

◆不良心理状态有损记忆吗？——谁都免不了压力

为什么说不良心理状态有损记忆呢？下面以压力和紧张为例做出解释：

压力感削弱记忆力。研究发现，处于压力之下的人体释放出来的一种激素可以使储存在大脑中的信息难以提取，极大地损害记忆力。人处在有压力的场合时，如考场、就业面试、做证人等等，记忆力会削弱。瑞士研究人员以36名记忆能力相当的健康成人为实验对象，给他们服用可的松或安慰剂。可的松能够提高一种压力下才产生的荷尔蒙的水平，服用一小时后，人就相当于承受了严重的心理压力。此时，要求他们记住60个德语名词，每个词都在电脑屏幕上显示4秒钟，然后，要他们凭记忆写出尽可能多的名词。结果，吃安慰剂的人记住的名词明显多于吃可的松而产生了压力感的人。

紧张心理损害记忆。据研究，人由畏惧等情绪产生紧张心理，可以释放出一种叫作皮质醇的激素，能够损害长时记忆中搜寻信息的能力。皮质醇激素是造成记忆暂时丧失的罪魁祸首。

研究人员做过实验：给一些人服用皮质醇，他们当时并没什么感觉，也没紧张的迹象；但是大约一到四小时后，就很难回想起事情，可见他们的记忆受到了损害。

这可以解释为什么人在考试中大脑可能会一片空白。人们在考试前已经掌握了知识，但是紧张情绪来临时，激素开始大量释放，导致什么都想不起来；待离开考场不再紧张的时候，激素水平趋于正常，便会后悔莫及："哎呀，我当时怎么就没想起来呢？"

◆附：记忆测验

测验一：综合测验

回答下面的问题，记录答案，算出总分。

1. 记住以下的单词：橘子、电话、灯。
2. 记住这一个名字和地址：玛莉·史密斯，纽约雅典区百老汇路650号。
3. 过去的五位美国总统是谁？
4. 你所在的城市最近的三位市长是谁？
5. 你最近看过的两部电影的名称是什么？
6. 你最近吃过的两家餐馆的名称是什么？
7. 当回忆几周前所发生的事情时，你是否觉得比以前更加困难？
8. 你是否觉得自己记忆账单的能力有所下降？
9. 你是否注意到自己的心算能力有所下降？
10. 你是否越来越容易忘记付账？
11. 你是否越来越难以记住人们的名字？
12. 你是否越来越难以记住人们的面容？
13. 你是否发现想要找到用来表达自己的合适词语越来越难？
14. 你是否越来越难以记住如何操作简

单的工具，如遥控器、手机等？

15. 你的记忆是否会妨碍你在以下场合的正常能力：在工作中、在家中、在社交场合中？

16. 你能记起刚才给你的三个单词吗？

17. 你能记起刚才给你的名字和住址吗？

评分标准

问题3到6：答对一个给1分，共12分；

问题7到15：答案为“否”得1分，共11分；

问题16到17：答对一个给1分，共5分。

得分评价

如果得分在24—28分之间，说明你的记忆力超出常人；

如果得分在18—23分之间，说明你可能需要努力提高记忆力；

如果得分在0—17分之间，那么你可能有必要去咨询医生了。

测验二：对数字的记忆

日常生活中，数字无处不在，电话号码、邮政编码、门牌号、房间号等等都是数字，时刻考验着我们对数字的记忆力。那么，你的数字记忆力究竟怎么样呢？下面这个测验或许会告诉你答案。

要求：记忆下面20个数字，时间为40秒，然后立即进行默写。

1.24，2.78，3.36，4.5，5.58，6.27，7.30，8.15，9.43，10.56，11.61，12.73，13.33，14.96，15.81，16.44，17.92，18.7，19.12，20.83

数字记忆效率公式（%）＝默写正确的数字数／20×100。

测验三：对无逻辑联系的材料的记忆

比如各种术语、指示、命令，各种家用物品的特点等，即可算作无直接逻辑联系的材料。

请记住下列10个词，时间为20秒，之后进行默写。在默写时连同顺序号一起正确默写出来，才算答案正确。

①黏土②黄河③神经元④考试⑤弱⑥油⑦衣服⑧剪刀⑨经济学⑩文身

无逻辑联系材料的记忆效率（%）＝默写正确的词数／10×100。

测验四：对有逻辑联系的材料的记忆

下列短文有六个要点，并进行了编号。请在阅读60秒后依次默写要点。

自我效能感是指人们对自己是否能够成功地进行某一成就行为的主观判断①。这一概念是由班度拉于1977年提出的，他做了经典的恐蛇症患者实验，旨在解释由不同治疗方法所导致的行为改变。知觉到的自我效能与个体在多大程度上可以完成对付未来情况需要的行为构成的自我判断有关。

概括起来，自我效能有个体化、情境化、结果化和多维度四个特点②。其中操作完成是最有力的影响因素③。这是因为它基于主体的经验。成功的操作完成提高自我效能，重复的失败降低自我效能，特别是失败出现在事件出现时和初期④。通过重复成功形成自我效能之后，偶尔的失败带来的负面影响就会减轻。坚强的努力最终战胜了偶尔的失败，个体可以从中体会到，只要努力，就没有克服不了的困难。这反而会增加自我激励的坚持性。因此，失败对自我效能的影响一定程度上依赖于失败发生的时间和总的经验方式⑤。近 20 年来，欧美心理学工作者进行了大量的卓有成效的实验。为了推进心理学的本土化，研究在中国的社会背景下操作完成对自我效能的影响，我们假设：成功的操作完成提高自我效能，重复的失败降低自我效能⑥，并做了这个实验进行验证。

有逻辑联系材料的记忆效率（%）＝默写正确的要点数／全部要点数 ×100。

通过上面对数字、无逻辑联系材料、有逻辑联系材料的记忆效率测验结果，你大概已经了解自己各方面的记忆能力了吧？若想知道综合情况，可以计算三者的平均记忆效率。

测验五：短时记忆力测验

下面列出 3 行数字，两个数字称为一组，每行 12 组。你任选一行，在 60 秒内读完，即平均每 5 秒钟读一组数，然后把记住的数字写出来，数字顺序可以颠倒。

364573298728436275599367

734964834127622938937497

572932479486146775284935

人的短时记忆容量为 7±2 个单位，因此，如果能将一行中的 12 组数字全部默写正确，说明你的短时记忆力超常；如果能默写出 5—9 组数字，你的短时记忆力优良；如果只能默写出 4—7 组数字，你的短时记忆力一般；如果连 4 组数字都没有记下来，你的记忆力就比较差了，建议找一下原因并有意识提高一下。

第8章 人格与性格

——无所不在的人格魅力

在人的一生中，人格对人生的成败具有重要作用，一个人成功的方式和途径很多，但我们不难发现，成功者都具有一种优秀的品质，那就是具有人格魅力。无论你是平凡还是高贵，你都得依赖你的人格魅力在人群与社会中留下美名。有的人可能说了很多，也做了很多，但是没什么吸引人的；有的人可能没做什么，也没说什么，但是却吸引周围人的注意；有的人可能有钱有势，但没得到人们的尊重；有的人好像什么也没有，却让人们肃然起敬。这是为什么呢？——人格魅力。

我们的性格特征是通过日常生活中的态度及行为体现出来的。例如，一个人在待人处世时总是表现出高度的原则性、热情奔放、豪爽无拘、坚毅果断、深谋远虑、见义勇为，那么这些表现就说明了他的性格。只要稍稍注意一下我们周围的人，我们就能对他们的行为方式和生活态度及性格特征有个大致的把握。对社会问题的看法上，是激进的，还是保守的？生活态度上，是乐观的，还是消极悲观的？在对待金钱方面，是大方还是吝啬？在处理生活事务时，是偏颇的，还是正义的？在与他人交往时，是自卑的，还是优越感十足的……

古语道："知彼知己，百战不殆。"每个人都不想在人生路途上遭到失败，每个人都想拥有甜蜜的爱情、美满的婚姻、幸福的家庭、亲密的朋友、信赖的知己、腾达的事业、辉煌的成就、别人的仰慕……这一切的得来，离不开机遇与自己的拼搏。而首先要做和必须要做的，是战胜自己，了解自己！

◆什么是人格？——江山易改，本性难移

人格（personality）一词起源自古希腊语 persona，最初是指古希腊的戏剧演员在舞台演出时所戴的面具，与我们京剧中的脸谱类似。现代心理学

沿用 persona 的含义，转意为人格。意指一个人在人生舞台上所表现的种种言行，遵从社会文化习俗的要求而做出的反应。即人格所具有的“外壳”，如同舞台上的角色需要戴的面具，反映出一个人的外在表现；也指一个人面具后的真实自我，由于某种原因不愿展现的人格成分，即人格的内在特征。

商务印书馆出版的《现代汉语词典》2016 年修订版中，是这样解释人格的：“人的性格、气质、能力等特征的总和；人的道德品质，人作为权利义务主体的资格。”从词典中的解释可以看出，人格所包含的内容小到一个人的个性习惯、能力，大到一个人的人生观价值观，十分丰富。

◆什么是人格面具？——一个人公开展示的一面

一个老酒鬼刚要走进酒吧，一个修女走上劝阻说：“酒是罪恶和毁灭的根源，饮酒会污染你的肉体和灵魂，远离酒精走向正途吧！”

酒鬼看了看修女，问道：“你怎么知道喝酒不好？”修女耸了耸肩没有回答。

酒鬼见状，问修女：“你从未喝过酒吗？”

“没有。”

“那我们一块儿进去。我请你喝一杯，你会知道酒精并不是坏东西。”

修女想了想，说道：“好吧，我试试，不过我要是进去，别人会误会的。这样，你进去给我要一杯，记住要用纸杯。”

酒鬼走进酒吧，对侍者说：“两杯威士忌，一杯用纸杯。”

侍者嘟囔道：“准是那个修女又在外面！”

可以看得出，那个修女是喜欢喝酒的，但受限于她自身的社会角色（修女），为了饮酒的行为不受到其他人的批判，她采取了迂回的方法，以免自己的“人格面具”受到破坏。

“人格面具”是瑞士心理学家和精神分析师荣格提出的精神分析理论之一，指的是一个人公开展示的一面，它是个体内在世界和外在世界的分界点。“人格面具”是靠我们的身体语言、衣着、装饰等来体现，以此告诉外部世界我是谁，用人格面具去表现理想化的我。人们之所以要佩戴“人格面具”，是为了给他人好的印象，得到社会认同，保证自己能够与他人和睦相处。比如，一个朋友让你评价他的新发型，你真实的想法很可能是“太糟糕了”，但是你往往不会这么表达，而是告诉对方“这个新发型很适合你的脸型”。人格面具具有多重性——在家中，我们是父亲、丈夫，在职场上，我们又换上了“领导”“下属”等面具。当所佩戴的面具不同时，我们的行为方式也会出现一定的差异，比如一个出言不逊、看似冷漠、凶悍的部门领导在面对女儿时，便是一副性情温顺的姿态。

人格面具有有利的一面，它使我们的行为更符合社会规范，有助于带来和谐的人际关系，因为真实的我们有时候是不受欢迎的。人格面具对人也会有消极影响，如果一个人过分地热衷和沉湎于自己所扮演的角色，认为自己就是自己扮演的角色，以致受到人格面具的支配，那么就会逐渐与自己的天性疏远而背离。

◆关于人格学说有哪些理论？——人格的类型

解释人格的理论有很多，不同时期不同的人物提出了各种理论，各有各的理论系统，都能自圆其说。如早在公元前5世纪的时候希腊医生希波克拉底的理论，他认为有四种人格类型，包括多血质、黏液质、抑郁质、胆汁质四种。弗洛伊德认为，人格是由自我、本我、超我三个层面构成的。荣格认为，人格主要有四个原型：人格面具、阴暗自我、阿尼玛和阿尼姆斯。较为流行的还有九型人格理论等等。

◆人格成熟有哪些表现？——阿尔波特的六标准

从人本主义自我实现的需求出发，著名发展心理学家阿尔波特提出了健全和成熟的人格标准：

有自我扩展的能力。健康的成人能够积极广泛地参与社会活动，有许多兴趣爱好。

有与他人热情交往的能力。能与他人保持亲密关系，无占有欲和嫉妒心；有同情心，能容忍与自己在价值观念和信息上有差别的人。

在情绪上有安全感和认同感。能忍受生活中无法避免的冲突和挫折，能经得起突然袭来的打击。

具有现实性。健康成人看待事物是根据事物实际情况而非依照自己所希望的那样行事，是看清情境和顺应它的“明白人”。

有清醒的自我意识。对自己所有的或所缺的都知晓清楚、准确。理解真实的自我与理想的自我之间的差别，也知道自己与他人对于自己认识的差别。

有一致的人生哲学。有符合社会规范的、科学的人生观，为一定的目的而生活。在意识形态、信念和生活方面能够对他人产生创造性的推动力。

◆什么是四人格类型？——《武林外传》的四个代表人物

不同的心理学家在人格的理论上有不同的学说，依据不同的特点对人们进行分类。希波克拉底认为人体内含有四种基本的体液，并据此分为四种人格类型。

多血质：快乐、好动，这类人情感和行为动作发生得快，变化得也快，总体上较为温和。

代表人物:《武林外传》中的白展堂,《红楼梦》中的王熙凤。

黏液质：缺乏情感、行动迟缓，这类人情感和行为动作进行得迟缓、稳定、缺乏灵活性；情绪不易发生，也不易外露，遇到不愉快的事也不动声色。

代表人物:《武林外传》中的佟香玉,《三国演义》中的曹操。

抑郁质：悲伤、易多愁善感，这类人情感和行为动作进行得都相当缓慢，柔弱；容易产生情感，而且体验相当深刻，隐而不露。

代表人物:《武林外传》中的吕轻侯,《红楼梦》中的林黛玉。

胆汁质：易激怒、易兴奋、性情开朗、热情坦率，情感和行为动作发生得迅速而且强烈。

代表人物:《武林外传》中的郭芙蓉,《三国演义》中的张飞。

在现实生活中，并不是每个人的气质都能归入某一气质类型。除少数人具有某种气质类型的典型特征之外，大多数人都偏于中间型或混合型，也就是说，他们较多地具有某一类型的特点，同时又具有其他气质类型的一些特点。

◆不同人格遇事的不同反应？——看戏迟到的故事

上文说到的四种人如果遇到相同的事情，他们的表现会如何呢？苏联心理学家曾巧妙设计了“看戏迟到”的特定问题情境，对四种典型气质类型的人进行观察研究。结果发现，四种气质类型的观众，在面临同一情境时表现的行为反应截然不同。

多血质的人知道检票员不会放他进去的，他也不与检票员发生争吵，而是悄悄跑到楼上另寻一个合适的地方看戏剧表演。

黏液质的人看到检票员不让他从检票口进去，心想反正第一场戏也不大精彩，先暂且到小卖部待会儿，等幕间休息时再进去。

抑郁质的人遇此情况便觉得自己老是不走运，偶尔来看一次戏，就这样倒霉，想着想着就垂头丧气地回家了。

胆汁质的人会与检票员吵得面红耳赤，甚至企图推开检票员，冲过检票口，径直跑到自己的座位上去，还埋怨说戏院时钟走得太快了。

◆什么是三人格类型？——冲动与教养的博弈

弗洛伊德认为人格由本我、自我、超我三种类型组成。

本我，是人格结构中的最原始部分，出生之日就已存在。构成本我的成分是人类的基本生理需求和冲动，比如饥、渴、性等。本我产生需要时，要求个体立即满足。通俗地说，就是支配本我的是快乐原则。例如，婴儿饥饿时就要立刻喂奶，毫不考虑母亲是否有困难。

自我，是个体出生后，在现实环境中由本我中分化发展而产生的。本我产生各种需求时，如不能在现实中立即获得满足，它就会迁就现实的限制，并学习如何在现实中获得需求的满足。通俗地说，支配自我的是现实原则。另外，自我介于本我与超我之间，对本我的冲动与超我的管制具有缓冲与调节的作用。

超我，是人格结构中居于管制地位的最高部分，也是人格结构中的道德部分，是个体在生活中接受社会文化道德规范的教养而逐渐形成的。超我有两个部分，一是理想，要求自己的行为符合理想标准；二是良心，规定自己的行为免于犯错的限制。因此，通俗地说，支配超我的是完美原则。

简单地说，弗洛伊德认为，人的行为是一场自我的冲动和超我的教养的博弈，冲动在往前冲，而教养在后面拉住它，中间是本我这个调节裁判做仲裁。

◆什么是九型人格？——性格型态学

如今有很多人格类型的理论，其中九型人格常常为人津津乐道，因为九型人格是有关性格分析和心理学理论中最典型的一个。九型人格的英文 Enneagram，来源于两个希腊词汇 ennea 和 grammos。ennea 代表数字 9，grammos 意思是尖角，九型人格的图表正好是九角星。依据九型人格，把人格气质分为以下九种：

完美型。这一类型倾向于完美主义，对自己与他人都有较高的要求，追求不断进步，追求崇高的理想。代表人物：张艺谋、撒切尔夫人。

助人型。这一类型倾向于助人，富有同情心，要求获得他人的好感与认同，愿意满足他人的需要。代表人物：雷锋、麦当娜、周华健。

成就型。这一类型倾向于追求成就感，乐于接受竞争，希望通过自己的行动和成就来获得他人的肯定。代表人物：克林顿、李小龙、里根。

自我型。这一类型倾向于追求独特，悲情浪漫主义，性格敏感，具有艺术气质，热衷于美的事物。代表人物：雪莱、李云迪、亚里士多德。

思考型。这一类型倾向于追求知识，喜欢思考分析，条理分明、爱观察，生活不追求享受。代表人物：爱因斯坦、比尔·盖茨、李嘉诚。

忠诚型。这一类型倾向于忠心，做事小心谨慎，常用怀疑的眼光看待一切，愿意自我牺牲，而且忠诚。代表人物：罗斯福、曹操。

欢乐型。这一类型倾向于追求快乐，像孩子一样天真，多才多艺，乐观，精力充沛，迷人好动。代表人物：梭罗、曾志伟、迪士尼。

领袖型。这一类型具有很强的保护能力，积极好斗，喜欢挑战，不拘小节，独立自主，绝对的行动派。代表人物：叶利钦、毕加索。

和平型。这一类型倾向于追求和平，考虑各方面观点，为人亲切，不会直接发脾气，避开冲突与紧张。代表人物：老子、艾森豪威尔、甘地。

◆我到底有几个"我"？——周哈里窗，原来如此

一对年轻夫妇去看画展。妻子是一个高度近视眼，她站在一幅大画前仔细地看了老半天，然后大声地喊了起来："我的天哪！这位妇人怎么如此难看？"

"亲爱的，别大惊小怪，"丈夫连忙走上前去悄悄地告诉妻子，"这不是画，是镜子！"

如果借用"周哈里窗"（Johari Window）模式来解读上述笑话的话，"妇人难看"的事实信息便属于"盲目我"的区域。心理学家鲁夫特与英格汉提出"周哈里窗"模式，用"窗"喻指一个人的心。普通的窗户分成四个部分，人的心理也是如此，人的内在可以分为四个部分：开放我、盲目我、隐藏我、未知我。

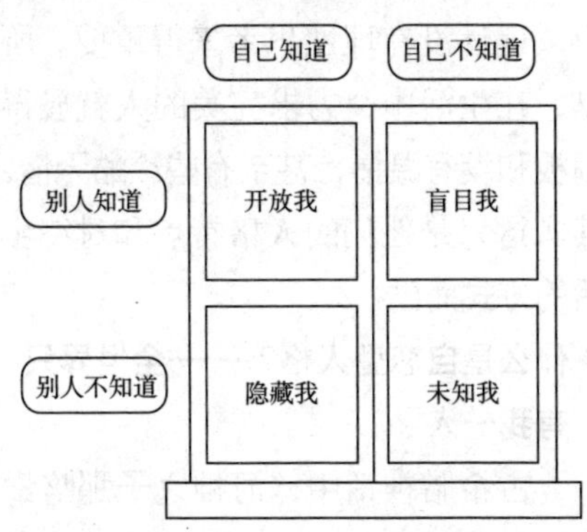

开放我。左上角那一扇窗，也称公众我，属于自由活动领域。这是自我最基本的信息，也是自己清楚别人也知道的部分。比如，我们的性别、外貌，以及某些可以公开的信息，如婚否、职业、工作生活所在地、爱好、特长、成就等。开放我的大小取决于自我心灵开放的程度、个性张扬的力度、人际交往的广度、他人的关注度、开放信息的利害关系等。

盲目我。右上角那一扇窗，也称背脊我，属于盲目领域。这是自己不知道而别人知道的部分，可以是很突出的心理特征，比如有人轻易承诺却转眼间忘得干干净净；也可以是不经意的一些小动作或行为习惯，比如一个得意的或者不耐烦的神态和情绪流露。盲目我的大小与自我观察、自我反省的能力有关，通常内省特质比较强的人，盲目我比较小。

隐藏我。左下角那一扇窗，也称为隐私我，属于逃避或隐藏领域。这是自己知道而别人不知道的部分，也就是我们常说的隐私，不愿意或不能让别人知道的事实或心理。比如身份、缺点、往事、痛苦、愧疚、尴尬、欲望等等。相比较而言，心理承受能力强的人，隐忍、自闭、自卑、胆怯、虚荣或虚伪的人，隐藏我会更多一些。

未知我。右下角那一扇窗，也称为潜在我，属于处女领域。这是自己

和别人都不知道的部分，有待挖掘和发现。通常是指一些潜在能力或特性，比如一个人经过训练或学习后，可能获得的知识与技能，或者在特定的机会里展示出来的才干。其中也包含着弗洛伊德提出的潜意识层面，潜意识仿佛隐藏在海水下的冰山，巨大却又容易被忽视。

◆什么是表演型人格？——凤姐有错吗？

打开网页，总能看到一些惊人的语录：我天生就是一个焦点女孩，长了一张妖媚十足的脸和一副性感万分的身材，穿着大胆性感，个性叛逆嚣张，在各种场合都出尽风头，自然被我勾引来的男人数不胜数……看到这，大家一定猜到描述的是芙蓉姐姐了。还有更惊人的语录：我9岁开始博览群书，20岁的时候达到顶峰，没有任何人能够超过我。我现在看的都是社会人文类的书，比如说《知音》杂志或者《故事会》，以我的智商和以我的能力，往前面推三百年，往后面推三百年，六百年之内，不会有人超过我。可能大家对这个语录也耳熟能详，是的，这是曾经的凤姐。

不难理解，她们都是具有表演型人格的典型人物。她们的这些令人匪夷所思的话语和行为，不过是为了吸引大众的注意，她们眼里看到的，只有别人的关注，至于负面评价，早已被她们强大的自我暗示能力屏蔽掉了。别人的任何评价不过是用来证明自己成为焦点的证据，因而她们的表演也就永远停不下来。对于表演型人格的人来说，别人的赞赏或贬低都不重要，重要的是他们得到了关注，成为焦点人物。

◆什么是强迫型人格？——力求完美

有一个笑话：牧师、医生、工程师三个人去俱乐部打高尔夫，不知什么原因，他们前面的四人组，打球的速度太慢而严重地影响了他们打球的速度。他们找到高尔夫球场的工作人员询问原因，工作人员说那四个人是消防员，因救俱乐部的火灾而失明，所以让他们在场地里免费打球。听完解释后，牧师说他要为这些可怜的人祷告；医生说他认识著名的眼科专家，看看能不能帮上忙；而工程师说，看在上帝的分儿上，为什么不让他们晚上玩呢？虽然工程师的说法有点缺乏人情味，但正是体现了强迫型人格的特点。牧师和医生的反应完全是建立在情感因素上的，而只有工程师的反应是纯理性的。对于强迫型人格的人来说，那些掺杂着哭哭啼啼的情感反应，远远没有理性思考来得重要。所以，在生活中，力求完美的人就显得刻板和没有温情，甚至有些冷酷无情，其实这只是他们的人格特点和对待生活的方式而已。

◆什么是自恋型人格？——全世界只有我一人

古希腊神话中，河神之子那喀索

斯是个相貌俊美的少年，是很多女子的爱慕对象。但是那喀索斯生性孤傲，对这些爱慕无动于衷，只对自己的水中倒影爱慕不已，成天顾影自怜，最后抑郁而死。他化作水仙花，仍留在水边守望着自己的影子。后来，他的名字 Narcissus 就成了“自恋”的代名词。

现实生活中也有不少自恋型人格的人，在他们的眼里，他们简直是地球上的优秀人种。事实上，他们当中的确有很多人比较优秀，或者有某方面的非凡能力。他们中的很多人都会成为领导者，如果作为他们的下属，对他们的特点丝毫不理解的话可能会感到压力很大。因为他们从来不会站在别人的角度上看问题，让你心力交瘁的是好像无论自己多努力，也不会在自恋型的上司眼里有什么值得赞赏的地方。所以，你应当了解，问题不是出在你身上，而是你的上司根本不会感受别人的情绪。

◆什么是偏执型人格？——猜疑他人

张妍最近要辞职，而且一刻也不愿意再留在公司了。对于她的想法，她的朋友都一致反对，因为她所在的是外企，无论是工作还是待遇都是很不错的。可是张妍说不辞职简直能让她发疯。原来事情是这样的，张妍的主管上司是个非常干练的中年女性，履历表上令人羡慕的成就一大堆。但是她这个上司对下属的工作要求十分苛刻，哪怕是工作 5 年的老员工，也会因为微不足道的小事而被训斥半小时。大家都常常绷着一根神经在工作，因为不知道上司什么时候会突然发作。

最近，张妍因为外公去世了，想请假回老家看看，一开始上司还表示同情，接下来就开始拐弯抹角地怀疑请假理由的真实性。张妍终于再也受不了这样的上司了，她要求辞职。很明显，张研遇到了一个有着偏执型人格的上司。对于拥有偏执型人格的人来说，“怀疑”是他们字典里的关键词，他们会用怀疑的眼光看待周围的一切。如果你想在这种类型人格的领导下过上相对安宁的日子，你就要与他多沟通，你要让他相信，你所要完成的目标，其实就是他的目标。

◆什么是性格？——性情品格

性格，用说文解字的方法拆开来说就是性情品格。心理学家认为：性格是个人对现实的稳定的态度和习惯化了的行为方式，是人的心理的个别差异的重要方面。人的个性差异首先表现在性格上，就像恩格斯说的：“刻画一个人物不仅应表现他做什么，而且应表现他怎样做。”“做什么”和“怎么做”其实就是一个人的性格写照。

一个人的性格特征是比较稳固的，因而当对一个人的性格有了比较深切的了解后，我们就可以预测到这个人在一定的情境中将会“做什么”和“怎样做”。如有必要，我们就可以制订对应策略。假如你是一个领导，你就可以根据下属的性格制订不同的教育方法和给予不同的工作任务。

我们已经形成的性格特征具有一定的稳定性，但这并不意味着我们现有的一些状况根本无法改变。积极地自我改造，再得益于生活中的偶然事件，我们就能改变性格、改变现状。

◆为什么要认识自己的性格？——认识自己

认识自己的性格，主要了解自己是不是内向的、封闭的、自卑的、懒惰的、虚荣的、偏执的、浮躁的、狭隘的、贪婪的、怯懦的、多疑的。无论哪种性格，不要惧怕，你能够克服！歌德说过：“人人都有惊人的潜力，要相信自己的力量与青春，要不断地告诉自己，万事全仰赖我。”性格是可以塑造的！自己是外向活泼的？开朗乐观的？坦率的？勤奋的？稳重的？坚毅的？不要太过自信，仔细找找自己的缺陷！

我们生来与众不同，世界上只有一个自己，绝对不会有第二个人和你一模一样。我们的性格各不相同，但没有谁的性格绝对优越，也没有谁绝对一无是处。同一种性格特征，从不同的角度看，可能会有不同的利弊结论，关键是你在确定了自己的目标后如何去发挥性格的长处和力量。比如你可能是孤僻偏执的，因此你的朋友会很少，生活乏味，没有快乐，但你却可能会超乎寻常地专心研究某个科学问题或刻苦工作，而在事业上更易成功。

因此，要正确认识自己的性格，要找出长处和缺陷；长处要保持，缺陷应克服。只有这样，才能在生活和工作的各个方面获得成功。

◆性格有什么结构特征？——理智与情感，态度与意志

理智特征。性格的理智特征是指人在感知、记忆、想象、思维等认知过程中表现出来的认知特点和风格的个体差异。比如，有的人对客观世界主动观察，有的被动观察，有的思维细腻，有的思维简单，等等。

情感特征。性格的情感特征是指人在情感活动的强度、稳定性、持续性等方面表现出来的个体差异。比如，有的人特别容易激动，有的人则和石佛一般，有的人情感真挚，有的则十分冷漠，等等。

态度特征。性格的态度特征，是指人对客观事实的稳固态度的个体差异。主要有三种：

（1）对社会、集体和他人的态度特征。如，爱国与不爱国、爱集体与不爱集体、待人真诚与虚伪等等；

（2）对学习、工作和生活的态度特征。如，努力与懒惰、认真与马虎、节约与浪费、热爱生活与悲观厌世

等等；

（3）对自己的态度特征。如，谦虚与骄傲、自尊与自贱、自信与自卑等等。

意志特征。人对自我行为的控制水平、目标明确度以及在长期工作和紧急情况下表现出来的个体差异，就是性格的意志特征。

◆性格、气质与能力有什么差别？——先天禀异与后天培养

性格比气质容易被人们认识和把握，有更大的可塑性。父母及老师常要求我们从具体小事做起、规规矩矩做人、认认真真做事。常听说“培养孩子的性格”，而很少听说“培养孩子的气质”。气质主要是先天决定的，在我们幼年时就“一是一，二是二”了。性格则不同，教育可以使其改变。比如通过教育、培养可以使一个人从缺乏责任心变得责任心很强，从胆小怯懦变得非常勇敢，从心胸狭窄变得胸怀宽阔……

性格受社会标准和规范的束缚，而气质不受束缚。生活中，我们通常都用一些公共标准去评判别人的行为及态度，评价别人性格的好坏，进而体现出不同的情感反应。例如，我们喜欢那些热情、诚恳、有干劲、易于合作、责任心强的人，不喜欢那些冷漠、伪善、孤僻、不负责任的人。那些具有不讨人喜欢的性格特征的人不得不有所顾忌。气质则不受这些评判标准的限制，具有不同气质类型的人也不会承受来自他人评价的压力。

性格与气质又是密切联系的。人的性格通常都会受到其气质类型的制约，所不同的只是表现明显与否而已。比如，胆汁质气质类型的人通常具有易冲动、攻击性明显、凭感情办事、工作精力充沛、认真负责、缺乏耐性等性格特点；多血质的人在生活中则表现出乐观开朗、对人亲切、干劲足、吃苦耐劳、易感情用事等性格特点。

性格和能力都是个性心理特征，但两者又有不同：能力是决定心理活动效率的基本因素，人的活动能否顺利进行，与能力有关；性格则表现为人的活动指向什么、采取什么态度、怎样进行。例如，某人思考一些问题总是很深刻、很有逻辑性，这表明了这个人的一种智能特点；如果他考虑问题总是很细心、很周到，处事很谨慎，行动很坚定，那么这就在言行态度上反映了这个人的性格特点。

◆健康的性格结构特征有哪些？——11 个特征

不良性格对人体健康十分有害。比如，性格忧郁会抑制大脑机能，造成免疫功能失调，使人体虚弱早衰；性格暴躁容易导致胃肠功能紊乱，甚至造成器质性损伤；性格脆弱者会因一次精神上的打击而得精神病，性格坚强者则容易平安挺过去；高血压、

冠心病会因患者性格急躁、容易激动而加剧，也能因心境平和、情绪稳定而好转；胃溃疡会由于患者性格忧郁、焦虑而使疼痛加剧甚至恶化，而若性格乐观开放则溃疡面愈合得较快。

因此，我们必须改变不良性格，使性格趋于健康。那么什么样的性格才是健康的性格呢？健康性格的结构如下：

1. 独立性：独立自主，办事稳重、负责任，不独断专行。

2. 爱别人：爱自己的家人、亲戚和朋友，并能从中得到乐趣。

3. 现实性：无论现实如何，都勇于面对；脚踏实地，不幻想。

4. 懂得求助别人：困难之时坦白地求助他人，不硬撑；乐于接受别人的帮助与爱。

5. 目光长远：不会只顾及眼前利益。

6. 张弛有度：会工作，也会休息。

7. 自控怒火：不可避免地生气时，能够自我控制、把握尺度。

8. 稳定工作：很喜欢自己的工作，不见异思迁，即使需要调换，也会非常谨慎。

9. 喜爱孩子：喜爱孩子，肯花时间去了解孩子的特殊要求。

10. 不断学习和培养情趣：不断地增长学识，广泛地培养情趣。

11. 宽容和谅解：善于宽容和谅解他人，不苛求。

◆如何培养性格？——四个方面的力量

家庭是一个人性格最初形成的主要决定力量。家庭是社会、经济的基本组成单位，浓缩着各种社会道德观念。所以说，社会环境对儿童性格形成的影响首先是通过家庭发生的。具体说来，主要是通过家庭中人与人之间的关系、儿童在家庭中所处的地位及家庭成员的言行举止对儿童的影响实现的。

学校教育对人的性格也具有重要的塑造作用。在一个学校班集体里面，教师的性格、行为和班集体的风气对学生性格的形成具有重要的影响。走出班集体，整个学校的风气也会潜移默化地影响学生性格的形成。老师对学生的性格教育要注意“量体裁衣”“因材施教”，只有这样才能收到良好的效果。

社会信息影响人的性格形成。直接观察或别人间接传授的社会信息，会影响人的性格形成。对社会信息的直接观察能够更为迅速地影响人的性格。影视节目、书刊或现实中的英雄榜样或模范人物，能够激起人的共鸣，引起模仿趋势。

个人对性格的自我培养具有重大意义。每个人都可以在一定程度上自我塑造性格。青少年在形成世界观之后，能根据世界观来调节他们的行为，在性格形成中从被控制者变成了自我控制者，能产生一种“自我锻炼”的独特动机。在这种动机支配下，他们力求了解自己的优缺点，主动寻找榜样、确定理想，并给自己规定发展某方面品质的行动计划，有意识地注意行为的练习。

◆附：性格的自我测试

测试一：菲尔测试

这个测试是美国知名心理学博士菲尔在著名黑人女主持欧普拉的节目里做的，挺准确。回答问题时一定要依照你目前的实际情况。这是目前很多大公司人事部门实际采用的一个测试。

1. 你何时感觉最好？
   A. 早晨
   B. 下午及傍晚
   C. 夜里
2. 你走路时是：
   A. 大步地快走
   B. 小步地快走
   C. 不快，仰着头面对着世界
   D. 不快，低着头
   E. 很慢
3. 和人说话时，你：
   A. 手臂交叠地站着
   B. 双手紧握着
   C. 一只手或两手放在臀部
   D. 碰着或推着与你说话的人
   E. 玩着你的耳朵、摸着你的下巴或用手整理头发
4. 坐着休息时，你的：
   A. 两膝盖并拢
   B. 两腿交叉
   C. 两腿伸直
   D. 一腿蜷在身下
5. 碰到你感到发笑的事时，你的反应是：
   A. 欣赏地大笑
   B. 笑着，但不大声
   C. 轻声咯咯地笑
   D. 羞怯地微笑
6. 当你去一个派对或社交场合时，你：
   A. 很大声地入场以引起注意
   B. 安静地入场，找你认识的人
   C. 非常安静地入场，尽量不被注意
7. 当你非常专心工作时，有人打断你，你会：
   A. 欢迎他
   B. 感到非常恼怒
   C. 在以上两极端之间
8. 下列颜色中，你最喜欢哪一种颜色？
   A. 红或橘色
   B. 黑色
   C. 黄或浅蓝色
   D. 绿色
   E. 深蓝或紫色
   F. 白色
   G. 棕或灰色
9. 临入睡的前几分钟，你在床上的姿势是：
   A. 仰躺，伸直

B. 俯躺，伸直

C. 侧躺，微蜷

D. 头睡在一手臂上

E. 被盖过头

10. 你经常梦到你在：

A. 落下

B. 打架或挣扎

C. 找东西或人

D. 飞或漂浮

E. 你平常不做梦

F. 你的梦都是愉快的

评分标准

1.（A）2（B）4（C）6

2.（A）6（B）4（C）7（D）2（E）1

3.（A）4（B）2（C）5（D）7（E）6

4.（A）4（B）6（C）2（D）1

5.（A）6（B）4（C）3（D）5

6.（A）6（B）4（C）2

7.（A）6（B）2（C）4

8.（A）6（B）7（C）5（D）4（E）3（F）2（G）1

9.（A）7（B）6（C）4（D）2（E）1

10.（A）4（B）2（C）3（D）5（E）6（F）1

得分评价

（1）低于21分者：内向的悲观者

人们认为你是一个害羞的、神经质的、优柔寡断的人，是需要人照顾、永远要别人为你做决定、不想与任何事或任何人有关的人。他们认为你是一个杞人忧天者，一个永远会看到不存在的问题的人。有些人认为你令人乏味，只有那些深知你的人知道你不是这样的人。

（2）21—30分者：缺乏信心的挑剔者

你的朋友认为你勤勉刻苦、很挑剔。他们认为你是一个谨慎的、十分小心的人，一个缓慢而稳定辛勤工作的人。你做任何冲动的事或无准备的事，都会令他们大吃一惊。他们认为你会从各个角度仔细地检查一切之后仍经常决定不做。他们认为你的这种反应一部分是因为你小心的天性所引起的。

（3）31—40分者：以牙还牙的自我保护者

别人认为你是一个明智、谨慎、注重实效的人，也认为你是一个伶俐、有天赋有才干且谦虚的人。你不会很快、很容易和人成为朋友，但却是一个对朋友非常忠诚的人，同时要求朋友对你也有忠诚的回报。那些真正有机会了解你的人会知道要动摇你对朋友的信任是很难的，但相等地，一旦这信任被破坏，会使你很难过。

（4）41—50分者：平衡的中庸者

别人认为你是一个有活力的、有魅力的、好玩的、讲究实际而永远有趣的人；你经常是群众注意力的焦点，但你是一个足够平衡的人，不至于因此而昏了头。他们也认为你亲切、和蔼、体贴、能谅解人，是一个永远会使人高兴起来并会帮助别人的人。

（5）51—60 分者：吸引人的冒险家

别人认为你具有令人兴奋的、高度活泼的、相当易冲动的个性；你是一个天生的领袖、一个做决定会很快的人，虽然你的决定不总是对的。他们认为你是大胆的和冒险的，会愿意试做任何事至少一次；是一个愿意尝试而欣赏冒险的人。因为你散发的魅力，他们喜欢跟你在一起。

（6）60 分以上者：傲慢的孤独者

别人认为对你必须“小心处理”。在别人的眼中，你是自负的、以自我为中心的、是极端有支配欲和统治欲的。别人可能钦佩你，希望能多像你一点，但不会永远相信你，会对与你进行更深入的交往有所踌躇。

测试二：四种性格类型的测试

美国心理学家弗洛伦斯·妮蒂雅将性格分为四种基本类型：活泼型（简称为 S 型）、完美型（简称为M型）、力量型（简称为 C 型）及和平型（简称为 P 型）。这四种性格已经成为我们日常交流中非常自然的一部分，特别是对于了解自己和他人有着前所未有的作用。

你属于四种基本类型中的哪一种呢？下面每种性格类型对应着 40 个描述，仔细阅读一下，在每个适合你的描述后面做下记号，最后统计一下在哪种性格类型中你的记号最多，那么你就是属于这种类型的。

C——力量型：

1. 冒险性——对新事物下决心一定要做好，并且要做得尽量完美。
2. 说服性——从不无理取闹，用逻辑与事实让人信服。
3. 自我意识性——决心依自己的方式去做事。
4. 竞争性——几乎把一切都当作竞赛，总有很强的求胜欲望。
5. 机智性——对任何情况都能很快做出理智有效的选择。
6. 自立性——独立性很强，并且很机智，凭自己的能力判断局势。
7. 积极性——相信自己有扭转颓势的能力，并且跃跃欲试。
8. 自信心——很自信，极少优柔寡断。
9. 坦率性——直言不讳，毫不保留，坦率地说出自己的想法。
10. 强迫性——命令别人时，别人不敢违抗不从。
11. 勇敢——敢于冒险，不会知难而退。
12. 自我肯定——肯定自己的能力与成功。
13. 独立性——自给自足，自我支持，无需他人帮忙。
14. 果断——对任何局势都能够很快做出判断与结论。
15. 行动者——总是闲不住，工作很努力勤奋；做领导时是个拥有很多跟随者的领导。

16. 固执性——不达目的誓不罢休。
17. 领导者——天生的首领，不相信别人比自己强。
18. 首领型——喜欢做领导和受别人的拥戴。
19. 工作者——不停地工作，不愿休息。
20. 勇敢性——什么也不怕，敢于冒险。
21. 专制——喜欢命令和支配别人，有时候有点傲慢。
22. 无同情心——不能也不愿理解别人的问题和麻烦。
23. 逆反性——抗拒或犹豫接受别人的意见，固执己见。
24. 率直——直言不讳，不介意把自己的想法直接说出。
25. 耐心——难以忍受去等待别人，觉得是浪费时间。
26. 不善言辞——很难用语言或肢体当众表达自己的想法，不善于和别人交流。
27. 固执——坚持依自己的意见行事。
28. 自负——自我欣赏，认为自己最强。
29. 爱争吵——喜欢和人争论，永远觉得自己是正确的。
30. 莽撞——做事鲁莽，常犯错误。
31. 工作狂——为回报或自己的成就感，不断地工作，对休息感到反感。
32. 不世故——常用冒犯或未斟酌的方式表达自己。
33. 乱指挥——经常冲动地指挥别人或做事情。
34. 排斥异己——不接受他人的态度、观点及做事方法。
35. 喜操纵——处事精明，喜欢控制事物。
36. 顽固不化——决心依自己的意愿行事，不易被说服。
37. 统治欲望——毫不掩饰地表示自己的控制能力。
38. 易怒——当别人不合乎自己的要求时，容易发怒。
39. 烦躁——喜新厌旧，忍受不了长时间做相同的事情。
40. 狡猾——很聪明和精明，总是有办法达到目的。

S——活泼型：

1. 不稳定——注意力不集中，兴趣短暂，需要各种变化，很怕寂寞和无聊。
2. 轻率——经常不经三思，草率行事。
3. 不专注——无法专心做事，不能集中注意力。
4. 嗓门大——说话声和笑声总是令人吃惊。
5. 爱表现——喜欢做引人注意的焦点人物。
6. 无序性——生活没有秩序，经常找不到自己的东西。
7. 反复——善变，做事经常矛盾，表里不一。
8. 紊乱——缺乏有条理地生活的能力。

9. 啰唆——总是滔滔不绝，不喜欢当听众。
10. 需要肯定——渴望别人的赞赏，如同演艺家需要观众的掌声、笑声。
11. 天真——单纯得像个孩子，懒得去理解深刻的事情。
12. 易怒——容易激动，但来得快去得也快。
13. 放任——为了使人喜欢自己，讨好别人，容许别人或自己的孩子去为所欲为。
14. 心血来潮——做事情不依照既定的方法去做，常常冒出新想法。
15. 难预测——时而兴奋，时而苦恼，喜允诺，却不能实现。
16. 好插嘴——不在意别人是否也在讲话，只管自己说东说西。
17. 健忘者——不愿去记些自己不感兴趣的事情。
18. 重复——不断地找话说，即使同一件事已经讲了很多次。
19. 散漫——生活杂乱，工作懒散。
20. 华而不实——好表现，声音大，华而不实。
21. 活力——每天都生机勃勃，充满活力。
22. 受欢迎——每次聚会都是中心人物，受人欢迎。
23. 可爱型——非常讨人喜欢，令人羡慕。
24. 生趣——充满生机，精力充沛。
25. 发言者——很喜欢当众发言。
26. 结交者——喜欢人多的场合，爱好交朋结友。
27. 不掩饰——常常忘情地表达自己的情感和喜好，和人一起时无意识地接触别人。
28. 鼓励性——喜欢激励别人参与自己的游戏。
29. 感染性——自己的快乐可以感染周围的人。
30. 娱乐性——能够带给别人快乐，别人喜欢与其接触。
31. 趣味性——时时表露幽默，喜欢将小事说成是不得了的大事。
32. 乐观——相信事情会好转。
33. 随意性——不喜欢制订计划来约束自己或受别人牵制。
34. 推广——运用自身魅力鼓励和推动别人的参与。
35. 生机——充满生气，兴致勃勃。
36. 清新振作——给别人以清新感，振奋众人精神。
37. 信服性——个人魅力或性格使人信服。
38. 社交性——与人交际往往不具有其他目的，仅仅是为了好玩。
39. 娱乐性——充满乐趣与幽默感。
40. 生动性——讲话时往往表情生动，手势多多。

P——和平型：

1. 适应性——很容易融入新环境。
2. 冷静——在无论多么嘈杂的环境中都能够不受干扰，保持冷静。

3. 容纳性——容易接受他人的观点，不固执己见。

4. 自制性——能够控制自己的感情，很少流露在外。

5. 保守性——有意识地压制自己的情绪和热忱。

6. 满足性——容易满足现状，容易适应新环境。

7. 耐心——做事情很有耐心，冷静，容忍度大，不急躁。

8. 腼腆——喜欢自己待在一边，不易和人主动讲话，说话腼腆。

9. 妥协性——容易改变自己以适应别人的需要。

10. 友好——待人友善，坦率。

11. 真诚——待人很得体，友善，有耐心。

12. 专一性——情绪稳定，感情专一，处事作风一成不变。

13. 无攻击性——从不背后说人坏话或当面攻击别人。

14. 幽默——有时候也会幽默一下，为了缓和气氛。

15. 调解者——经常调和他人之间的矛盾，避免一切冲突。

16. 容忍者——容易接受别人的意见，不愿看到别人不高兴。

17. 好听众——愿意聆听别人的说辞。

18. 知足型——满足自己已经拥有的，很少羡慕别人。

19. 和气型——好相处，好说话，平易近人。

20. 模范性——时刻不忘记使自己的举止合乎认同的道德规范。

21. 单调性——表面很少流露感情，生活少变化，从一而终。

22. 不热忱——很少激动不已，时时感到好事多磨。

23. 回避性——不愿意参与复杂的事情。

24. 忧虑——经常感到忧虑、担心、悲戚。

25. 优柔寡断——很难下定决心。

26. 不愿参与——对集体活动不感兴趣，懒得参与，懒得理会别人的事情。

27. 犹豫不决——遇事犹豫，难以决断。

28. 平淡乏味——总是不瘟不火，情绪没有起伏，很少表露感情。

29. 无目标——不喜欢制定目标，只喜欢一日复一日。

30. 漠不关心——对外界的事情毫不关心，关起门做自己的事，以不变应万变。

31. 担忧——时时感到不确定、不安全、焦虑不安。

32. 胆怯性——遇到难事就退缩，没有毅力。

33. 多疑——事事不肯定，对一切缺乏信心，怀疑别人。

34. 弃权——常常投弃权票，持不参与原则。

35. 含糊不定——说话声音很低，不管

别人是否能够听清楚。

36. 迟钝——言行缓慢，懒于行动。

37. 懒惰——总是先估量每件事情要耗费自己多大精力，避重就轻。

38. 拖拉——遇事反应迟钝，言行拖拖拉拉，不干练。

39. 勉强——经常不得已勉强参与一些事情。

40. 软弱——经常放弃自己的立场以避免矛盾。

M——完美型：

1. 挑毛病——不断地衡量和斟酌，经常反复提出矛盾的想法。

2. 报复——情感不稳定，记仇，想办法严惩得罪自己的人。

3. 猜疑性——怀疑一切，不相信别人。

4. 孤僻——喜欢躲避人群，喜欢独处。

5. 怀疑——不轻易相信别人，总是力图找出所谓的背后阴谋。

6. 情绪化——稍有不如意就闹情绪。

7. 内向——思想兴趣藏在内心，喜欢活在自己的小世界里，不喜欢与外界沟通。

8. 抑郁——经常莫名其妙地情绪低落，没精打采。

9. 敏感性——对事情常常反应过度，过分敏感。

10. 孤独离群——喜欢独处，不喜与人共事。

11. 冷落感——容易感到被人冷落，经常无安全感，担心别人不喜欢自己。

12. 悲观——总是喜欢从不利的角度看待事物，只看到可能的失败，只觉察到存在的缺点。

13. 很难取悦——判断事物或做出选择的标准很高，很难满意，很难被人取悦。

14. 不受欢迎——太过要求完美，太过苛刻，所以不太讨人喜欢。

15. 无安全感——时常处于忧虑、担心的状态，担心种种或明或隐的缺点。

16. 挑剔——对自己和别人都很挑剔，容不得半点缺陷。

17. 怨恨——总是怨来怨去，喜欢发牢骚，喜欢记恨曾经冒犯过自己的人。

18. 不宽恕——对于自己或别人的错误，不会轻易宽恕。

19. 躲避——害怕别人看到自己身上的缺点而躲避别人。

20. 平衡型——走中间路线，避免犯一点儿错误。

21. 完美——对己对人高标准，一切事情井井有条。

22. 图表性——喜欢用图表、数字来说明问题、安排生活及工作。

23. 忠心——对上司、朋友、亲人等都很忠心，兢兢业业做好有关他们的每一件事情。

24. 细心——善解人意，乐于助人，能记住特别的日子。

25. 喜音乐——肯定音乐的价值，喜欢聆听或演奏音乐。

26. 深沉——不轻易做出结论，耻于肤浅论调。

27. 理想主义——总是希望自己的生活和工作处于极其理想的状态。
28. 细节——做事情秩序井然，对细节记忆清晰。
29. 忠诚——保持可靠、忠心、稳定。
30. 有序——安排事情系统、有条理。
31. 程序性——一切事情要依计划表进行，不喜欢干扰和杂乱无章。
32. 策划性——每一件事情都有详尽计划，喜欢策划。
33. 敏感性——对周围的人或事物的每一个细节都很在乎，喜欢追究。
34. 敬仰——对卓越的人很是尊敬和敬仰。
35. 体贴性——关心别人的感受与需要。
36. 敢于牺牲——能够为了帮助别人牺牲自己的利益。
37. 持久性——喜欢完全做完一件事情后再插手其他的事。
38. 逻辑性——喜欢将每件事情的逻辑搞得清清楚楚，受不了不清不楚。
39. 艺术性——特别喜欢学术、艺术，喜欢鉴赏美。
40. 消极——往往看到事物的反面，做事不积极。

第 9 章

情绪与健康

——为自己的心理状况把脉

“祝您身体健康！”这是人们最常用的祝福语，可见健康之重要。健康是人类生存和发展最基本的条件，也是人生第一财富。可人们是否知道究竟怎么样才算健康呢？大多数人会说“无病无灾、身体棒棒，就是健康”。其实，健康的科学含义远远超出了人们的一般理解。

联合国世界卫生组织对健康下的定义是：健康不仅是没有疾病，而且是身体上、心理上和社会上的美好状态或完全安宁。而心理学专家告诉我们，其实每个人都有一些需要打开的“心结”。这些心理盲点，如果及时调节，可能很快会恢复正常，如果任其积聚，超过了一定界限就会造成心理疾病。但是长期以来，中国人似乎更关心自身的生理环境，对营养保健、锻炼强身投入了极大热情，却忽视了对健康同样重要的心理环境——稳定的情绪、愉悦的精神、坚定的意志。

我们生活在一个复杂而且不断变化的时代，不论这些变化是否是我们所追寻的，现实的压力迫使我们不停地向前运行。人们在各自的领域里被社会异化，人群中充满了焦虑、烦躁、愤怒、失落、紧张、恐惧，人类陷入了一场前所未有的心理危机。你是否发现，现代社会人与人之间的关系越来越建立在各自利益的基础上，兄弟般的友情日渐稀少，人们整日包裹在强烈的孤独感之中？你是否感到，竞争的社会压得人透不过气来，而我们还必须遵循传统文化所推崇的“喜怒不形于色”，压抑着自己沉重的心情？你是否觉得，人们就像一群刺猬，充满敌意地竖着满身的“武器”？专家认为，孤独、压抑、敌意已经成为现代人普遍存在的心理危机。

◆什么叫心理健康？

心理健康包括两层含义：首先是没有心理疾病，这是心理健康最起码的要求，就像没有身体疾病是身体健康的最基本条件一样；其次是保持一种积极发展的心理状态，这是心理健康的本质含义，意味着要消除一切不健康的心理倾向，使一个人处于最佳心理状态。

光有一个概念是不够的，心理健康需要有具体的标准作为衡量依据。目前，许多心理学家都试图提出或已经提出了一些标准，有七项标准、十项标准等等，并不统一，但各有特色。给心理健康定标准的确不是一件简单的事情。心理健康不比身体健康，人类迄今还很难像检查躯体健康那样检查心理健康。躯体健康不健康可以通过完整、清晰、科学的客观数据说明问题。这些数据通过体温、脉搏、血压、心电图、肝功能等一系列的科学检查可以得到。而许多心理现象和规律尚处于未知或知之不多的阶段，并且由于不同的社会文化背景、经济水平、意识形态、民族特点和学术思想等导致的不同认知体系、价值观念的影响，至今尚无世界各国公认的科学的心理健康标准体系。

◆心理健康的七项标准有哪些?

正常的智力水平。正常的智力水平是一个人生活、学习、工作的最基本的心理条件。智力不是某种单一的心理成分，而是人的观察力、记忆力、注意力、想象力、思维能力以及实践活动能力的综合，是大脑活动整体功能的体现，其中思维能力是核心。

健全的人格。健全的人格是指构成人格的诸要素，如气质、能力、性格、理想、信念、人生观等各方面均平衡、健全地发展。

较强的社会协调性。较强的社会协调性，是指一个人能够根据客观环境的需要，不断调整自己的身心行为，达到与客观环境和睦相处的协调状态。

稳定适中的情绪和情感。愉快的情绪，有益于身心健康和调动心理潜能，有利于人们充分发挥其社会功能。而激烈的情绪以及长时间的消极情绪可导致人的心理失衡。因此，保持稳定适中的情绪和情感以及良好的心境，也是心理健康的重要标准之一。

健全的意志，协调的行为。每个人都有或大或小的理想，自觉地确定你的理想目标，并支配自己的行动，努力实现这个目标的心理过程，就是意志。意志与行为是一体的：行为受意志支配和控制，称为“意志行为”；通过行为，可以看出一个人意志活动的实质。

和谐的人际关系。这是心理健康的重要标准，也是维持心理健康的重要条件之一。

心理特点符合心理年龄。

◆心理健康的十项标准有哪些?

下面的十项心理健康标准，也是比较受大家认可的。

1. 具有十足的安全感

安全感是人的基本需要之一，如果惶惶不可终日，人便会很快衰老。

抑郁、焦虑等心理，会引起消化系统功能失调，甚至会导致病变。

2. 充分了解自己，对自己的能力做出恰如其分的判断

如果勉强去做超越自己能力的工作，就会显得力不从心。超负荷地工作，会给健康带来麻烦。

3. 生活理想和目标切合实际

社会生产发展水平与物质生活条件总是有一定限度的，如果生活理想和目标定得太高，必然会导致产生心理挫折感，不利于身心健康。

4. 与外界环境保持良好的接触

因为人的心理需要是多层次的，与外界环境接触，一方面可以丰富精神生活，另一方面可以及时调整自己的行为，以更好地适应环境。

5. 保持个性的健全与和谐

个性中的能力、兴趣、性格与气质等各种心理特征必须和谐而统一，方能充分发挥个性能量。

6. 具有一定的学习能力

现代社会知识更新很快，为了适应新的形势，就必须不断学习新的东西，使生活和工作能得心应手，少走弯路。

7. 保持良好的人际关系

人际关系中，有正向积极的关系，也有负向消极的关系。而人际关系的协调与否，对人的心理健康有很大的影响。

8. 适度的情绪发展和控制

人有喜怒哀乐等不同的情绪体验。不愉快的情绪必须释放，才能达到心理上的平衡。但不能发泄过分，否则，既影响了自己的生活，又加剧了人际矛盾，于身心健康无益。

9. 有限度地发挥自己的才能与兴趣爱好

人的才能和兴趣爱好应该得到发挥和满足，但不能妨碍他人利益，更不能损害集体利益，否则，会引起人际纠纷，徒增烦恼，无益于身心健康。

10. 在不违背社会道德规范的前提下，个人的基本需要得到一定程度的满足

当然，个人的需要必须合情合理又合法，否则将受到良心的谴责、舆论的压力乃至法律的制裁，更无益于心理健康。

◆影响心理健康的内在因素有哪些？

顾名思义，内部因素是影响一个人心理健康状况的内在原因，是一个人自身所具有的一种内在和主观的因素，主要包括生物遗传因素和心理状态因素两大类。

1. 生物遗传因素。生物遗传因素又可以细化为遗传因素、化学中毒或脑外伤、病菌或病毒感染及躯体疾病或生理机能障碍等类型。

（1）遗传因素。人的心理活动或心理健康状况是不能遗传的。

（2）化学中毒或脑外伤。有害化学物质侵入人体，导致心理障碍或精

神失常。

（3）病菌或病毒感染。人如果患了斑疹伤寒、流行性脑炎等中枢神经系统的传染病，就会由于病菌、病毒损害神经组织结构而导致器质性心理障碍或精神失常。

（4）躯体疾病或生理机能障碍。例如，如果患有内分泌机能障碍，尤其是甲状腺机能混乱、机能亢进，患者往往出现暴躁、易怒、敏感、情绪冲动、自制力减弱等心理异常表现。

2. 心理状态因素。一个人的心理状态一旦成型，就可预测其以后的心理发展和变化。心理状态因素包括认知因素和情绪因素等类型。

（1）认知因素。认知过程就是信息的获得、贮存、转换、提取和使用的过程。人类个体的认知因素涵盖范围很广，包括感知、记忆、注意、思维、想象、言语等。

（2）情绪因素。人的情绪体验是维持身心健康的重要因素，是一个人机体生存和社会适应的内在动力，它是多维度、多成分和多层次的。经常波动而消极的情绪状态，往往使人心情压抑，精力涣散，身体衰弱；稳定而积极的良好情绪状态，则往往使人心境愉快，精力充沛，身体健康。所以，培养良好情绪，排除不良情绪，对人的身心健康是十分重要的。

◆影响心理健康的外部因素有哪些？

外部因素是影响心理健康的外在的、客观的因素。主要包括家庭因素、社会因素和学校因素三大类。

1. 家庭因素

人的心理健康状况，尤其是对儿童来说，受家庭因素的影响很大。大量研究表明，不良的家庭环境因素，容易造成家庭成员的心理异常。

家庭因素主要包括：家庭关系不良，如父母关系、婆媳关系、兄弟姐妹关系不和谐，家庭情感冷淡，矛盾冲突迭起等；家庭成员残缺，如父母死亡、父母离异或分居、父母再婚等；家庭教育存在误区，如专制粗暴，或溺爱娇惯等；还有家庭变迁以及出现意外事件等。

2. 社会因素

政治、经济、文化教育、社会关系等属于影响心理健康的社会因素。其中的各种不健康的思想、情感和行为，会严重腐蚀人的心理健康。社会因素对一个人的生存和发展几乎起着决定性作用，尤其在今日，人与人之间的交往日益广泛，各种社会传媒的作用越来越大，生活紧张事件增多，矛盾、冲突、竞争加剧，所有这些都会加重人们的心理负担，不利于身心健康。

3. 学校因素

学校因素主要是针对学生来说的，主要包括学校教育条件、学习条件、生活条件，以及师生关系、同伴关系等。学生的大部分时间是在学校中度过的，学校是学生学习、生活的主要场所，所以学校生活对学生的心理健康影响极大。学校因素中的种种条件和关系，如果处理不当，就会影响学生的心理健康发展。比如，如果校风学风不良、教育方法不当、学习负担过重、师生情感对立、同学关系不和等，都会使学生的心理抑郁、精神焦虑，若调适不及时，就会造成心理失调，甚至导致学生的心理障碍。

◆什么是心理年龄？

每个人都有三种年龄：实际年龄、生理年龄和心理年龄。实际年龄是指人们的自然年龄。生理年龄是指人生理发育成长所呈现出来的年龄特点，与实际年龄往往有差别。例如，如果人营养不良，那么其生理发育就迟缓，将导致生理年龄小于实际年龄。

心理年龄是指人的整体心理状况所呈现出的年龄特征，与实际年龄也不完全一致。人的一生可以分为八个心理年龄期：胎儿期、乳儿期、幼儿期、学龄期、青少年期、青年期、中年期、老年期。人在不同的心理年龄期具有不同的心理特点。比如人在幼儿期天真活泼；青少年期自我意识增强，身心飞跃突变，心理活动往往动荡剧烈；到了心理老年期，心理倾向成熟稳定、老成持重，但身心功能弹性降低，情感容易变得忧郁。

心理特点符合心理年龄，主要有两方面的标准：

（1）个体的实际年龄应当与心理年龄、生理年龄相符；

（2）个体在不同心理发育期应表现出相应的心理特征。

◆身体健康，心理就健康吗？

此为对心理健康的典型误解之一。国际卫生组织（WHO）早在 1981 年就指出健康不仅指身体健康，还包括心理健康和良好的社会适应能力。所以仅仅身体健康不等于健康，也不等于心理健康，它们是相互独立又相互依赖的。只有两者都具备，一个人才能算作健康。

◆心理不变态就算心理健康吗？

心理不健康有许多种形式，心理变态只是其极端形式而已。根据状态，人的心理可用三区来表示：白色区、灰色区和黑色区。人处于心理白色区就是心理健康，处于黑色区则心理变态，而处于灰色区则介于上述两者之间。它们之间是可以相互转换的，灰色心理调节得当就会恢复为白色心理，不当则会发展为黑色心理。所以仅仅心理不变态的人不一定心理健康。

◆有心理问题就是有精神病吗？

许多人对“心理问题”十分敏感又不屑一顾，认为有心理问题的人是十分可笑和可耻的，认为有心理问题就是有精神病。这是一种很伤害人的误解。人经常会有心理困惑，调解不当就会形成心理问题，长久得不到解决就会发展为心理疾病。几乎每个人都会有一般的心理问题，但不会都发展为精神病，所以一般心理问题与精神病没有必然的联系。

◆心理健康与心理问题是不可变化的吗？

许多人认为心理健康就永远不会有问题，心理有问题就永远健康不了。这是一个误区。其实心理健康与心理问题是相对而言的，这二者是动态的、可逆的、可转换的。

◆心理问题只发生在少数人身上吗？

人一生中的不同时期都可能产生心理问题。其实，几乎人人都有心理问题，只是程度有轻有重，或是自己没有意识到。

◆纪律、道德问题与心理健康有关系吗？

实际上，两者之间是有密切联系的。例如，学生一到上课时就咳嗽不止或喜欢东张西望，老师往往以为是纪律或品德问题。事实上，这也可能是过重的学业负担产生的心理压力引起的躯体反应或心理逆反。

◆心理问题只能出现后再进行治疗吗？

心理问题是能被早期发现、早期调适的，对心理问题同样应贯彻预防为主的原则。

◆去看心理医生是丢人的事情吗？

很多人觉得去看心理医生是很难为情的事情，认为看心理医生的人都是心理变态。这是很大的误解。心理咨询在中国是个新生事物，人们对它的了解还不够，这可能是造成这种误解的原因之一。另外，许多人对心理咨询不信任，认为是骗人的东西。这也是误解。其实，正如哈佛大学博士岳晓东所说的："心理咨询是一种享受而不是痛苦，是明智的选择而不是愚蠢的做法。"

◆心理上有"病"不用去看？

长期以来只重视身体健康而忽视心理健康的宣传，致使人们身体有病大大方方地去看医生，但心理有问题却不好意思去看心理医生，小问题逐渐成了大问题。

◆一次心理咨询可以解决问题吗？

对心理咨询的不了解也导致了人们过高的期望值，认为通过一次半次的心理咨询就可以解决所有心理问题。其实，心理问题和身体疾病一样，"冰冻三尺，非一日之寒"，不可期望很快就能痊愈。而且，不同于身体疾病，心理问题的治疗需要患者和心理医生互动交流，这自然也不是一次可以完成的。当然，也不是所有的心理问题都需要多次咨询和治疗，简单的问题一次足矣。

◆什么是心理平衡？

在西方心理学的字典里，是没有"心理平衡"这一术语的，这可谓是中国人的独创。通俗地讲，心理平衡就是指人们用升华、幽默、外化、合理化等手段来调节对某一事物得失的认识。心理学家认为，心理平衡是指个体在观念认识、情绪反应、行为倾向等方面的和谐反应状态。心理平衡应表现为没有欲望和观念的冲突或冲突被调匀；心平气和，没有紧张、焦虑、畏缩等不良情绪反应等。

中国人之所以用“心理平衡”一词来形容这一心理调节过程，离不开我们“阴阳对立、福祸转换”的遗传“文化基因”。自古以来，中国人深受道家思想的影响，在看待个人的荣辱得失时，很讲究内心的平衡之道。可以说，中国人用“心理平衡”一词形容自我的心理调节是个必然。实际上，心理学中的“内向”“外向”的概念即含有阴阳平衡之意，是瑞士心理学家荣格在读了老子《道德经》之后创造的。

◆心理平衡与心理健康是什么关系？

心理平衡是心理健康的重要标志，但并不等于心理健康。

心理学家对心理健康标准的规定并不是一成不变的，它可以随着社会及个体的变化不断地调整。另外，心理活动形式丰富多彩，绝非千篇一律。心理活动本身是一个动态的过程，不是僵死的。心理健康就是不断向良好心理特征变化的过程，是人通过不断的心理调整达到的一种良好状态。不断调整的过程，就是把种种原因造成的心理失衡调适为心理平衡的状态。心理平衡是心理健康过程的终点和心理健康状态的表现。因此可以说，心理平衡是心理健康的重要标志。

虽是重要标志，但如果认为心理平衡就代表着心理健康，那么你就走入了误区。通常人们会认为心理健康是平衡与适应，并把平衡理解为内心无冲突，把适应理解为对周围环境的顺从。但这两种理解都不能说是心理健康的表现。例如，一个满足现状、没有追求、不思进取的人，由于不会有挫折感、不会有冲突，其内心一般颇为平衡，但能说他心理健康吗？再比如，今日社会上到处都是见人说人话、逢鬼说鬼话，左右逢源上下讨好的人，实在不能说他们心理健康。实质上，心理健康应该是一种积极的人生态度。

◆什么是心理失衡？

在心理学上，心理失衡是指人的心理失去和谐而处于理念、情感和行为的冲突状态。其实，在多数情况下人们的心理是处于失衡状态的。在不同的人身上，心理失衡有不同的表现。有的表现为不分是非地逆反和抵触、不问对象地疯狂报复、不遗余力地谩骂攻击等，有的人则表现为情绪消沉、悲观厌世、自怨自艾、自我封闭等，否定自己的价值，进而否定人生的意义。还有的人心理失衡，为求得内心的宁静，无论什么问题都无原则地顺应别人，以致形成了逆来顺受的庸人性格。

◆造成心理失衡的原因有哪些？

造成心理失衡的原因很多，因人而异，非常复杂。愿望不能实现、需要得不到满足、处理不好人际关系、经受不了挫折、适应不了环境、恶疾缠身等等，都是心理失衡的诱因。心理学研究认为，这些原因可以归结为两类：外界压力，为客观原因；心理调控失败，为主观原因。

外界压力主要是生活压力，对于我们中国人尤其复杂繁重。我国学者通过对1000多名各种行业人士的调查统计，编制了《中国人生活事件量表》，其中每项事件都赋予了压力分数。

该表表述了中国人生活压力事件总体的、共同的特征。当然，个体之间是有差异的，对表中项目及分数进行适当调整后，该表仍是适用的。

根据下表列出的事件，不妨把自己的近期状况对照一下，可以认识自己目前的心理压力状况，以及时把握调控心理失衡的时机。

中国人生活事件量表

生活事件	压力均分	生活事件	压力均分	生活事件	压力均分	生活事件	压力均分
丧偶	113	政治冲击	47	友谊决裂	36	工作成绩变化	25
父母去世	110	开始恋爱	45	子女学习困难	34	工作变动	25
子女死亡	102	退学	44	子女结婚	34	流产	25
父母离异	73	怀孕	44	中额借贷	32	小额贷款	23
婚姻破裂	65	家庭成员获刑事处分	43	法律纠纷	32	家庭成员纠纷	23
夫妻感情破裂	64	大量借贷	43	领养寄子	32	搬家	22
子女出生	62	成就突出	43	家庭成员行政处分	31	和上级冲突	21
工作状况有变	61	严重外伤或病痛	42	丢失重要物品	31	参军复员	20
家庭成员去世	60	严重差错事故	42	夫妻严重争执	30	入党入团	20
家庭成员重病	56	复婚	42	子女就业	29	受惊	20
失恋	55	性生活障碍	42	财产损失	29	业余培训	19
子女行为不良	51	升学或就业受挫	41	晋升	28	退休	18
结婚	50	亲友去世	40	收入显著变化	28	邻居纠纷	18
获刑事处分	49	名誉损失	37	学习困难	26	同事纠纷	18
婚外恋	48	免职	36	入学或就业	26	睡眠重大改变	17

◆怎样自我调节，保持心理平衡？

心理失衡的危害是严重的，不但会造成人心理上的病变，还可能带来身体上的疾病，严重影响人们的正常生活。因此，必须学会自我调节，保持心理平衡。怎样解除心理失衡呢？

1. 遗忘不快法

如果我们终日生活在对往事痛苦的回忆中，心情就会越发忧郁，对现实就越发不满，心理就更加不平衡。如果忘却那些琐碎之事，就能使自己的心灵获得安慰；忘掉心中的不快，就能把自己从痛苦中解脱出来，激发出新的力量。因此，我们要学会有意识地遗忘不快。

2. 自我解嘲法

所谓自嘲法，就是当遇到令自己尴尬或难堪的场合或突发事件时，不要逃之夭夭，也不要手足无措，更不要埋怨他人，要自我解嘲、缓和气氛、避免冲突。自我解嘲法是一种自我调侃、自我贬抑的方法。

3. 泪流满面法

俗话说“男儿有泪不轻弹”，科学研究却发现，强忍泪水容易造成情绪压抑，而痛快地流泪则可以减轻乃至消除情绪压抑。因此，为了使自己心理平衡，我们应当放弃有泪不轻弹的传统戒条，让自己因情绪冲动、波动而哭泣，不必为哭泣而难为情。

4. 聊天转移法

研究发现，找个人聊聊天具有心理调节的功能。闲聊可以缓解紧张、消除隔膜，能使处于困境中的人很快平静下来，能营造被劝说者良好的心理状态，从而有利于劝说的顺利进行。现在生活节奏日益加快，人们越来越重视闲聊了：电视上有“闲话俱乐部”，报纸上有“闲话专栏”，“闲话”书籍也在满大街地卖。

5. 激励法

要走出心理失衡，最好的办法是给自己一个激励，即给自己确立一个追求的目标，并付诸行动。采用激励法时，首先目标要确立得适宜，既不能太高又不能太低：太高的目标会使心灵受挫折而变得垂头丧气；不费吹灰之力就可以实现的目标，不能给内心带来喜悦。

◆保持心理平衡的秘诀是什么？

美国心理卫生学会提出，保持心理平衡有以下几个秘诀：

1. 不要斤斤计较

有些人心理不平衡，完全是因为他们斤斤计较，处处与人争斗，使得自己经常处于紧张状态。俗话说“将心比心”，只要你不敌视别人，别人也不会与你为敌。

2. 适当让步

处理工作和生活中的一些问题，只要大前提不受影响，在非原则问题上无须过分坚持，以减少自己的烦恼。

3. 对自己不要太苛求

每个人都有自己的抱负，可是并不一定合适。有些人把自己的抱负目标定得太高，根本实现不了，于是终日郁郁寡欢，实为自寻烦恼；有些人对自己所做的事情要求十全十美，有时近乎苛刻，往往因为小小的瑕疵而自责，结果受害者还是自己。

为了避免挫折感，应该把目标和要求定在自己的能力范围之内。懂得欣赏自己已取得的成就，心情自然就会舒畅。

4. 知足常乐

有时候荣与辱、升与降、得与失，

是不以个人意志为转移的。荣辱不惊、淡泊名利，才能做到心理平衡。

5. 对亲人期望不要过高

妻子盼望丈夫飞黄腾达，父母希望儿女成龙成凤，这似乎是人之常情。然而，当对方不能满足自己的期望时，很多人便容易大失所望。其实，每个人都有自己的生活道路，何必要求别人迎合自己？

6. 暂离困境

在现实中，受到挫折时，应该暂时将烦恼放下，去做你喜欢做的事，如运动、打球、读书、欣赏美景等，待心境平和后，再重新面对自己的难题，思考解决的办法。

7. 对人友好

生活中被人排斥常常是因为别人有戒心。如果在适当的时候表示自己的善意，诚挚地谈谈友情，伸出友谊之手，自然就会朋友多，隔阂少，心境也就变得平静。

8. 找人倾诉烦恼

生活中的烦恼是常事，把所有的烦恼都闷在心里，只会令人抑郁苦闷，不利于身心健康。如果把内心的烦恼向知已好友倾诉，心情会顿感舒畅。

9. 积极娱乐

积极、适当的娱乐，不但能调节情绪、舒缓压力，还能增长知识，获得乐趣。

10. 帮助别人做事

“助人为快乐之本”，帮助别人不仅可使自己忘却烦恼，而且可以表现自己存在的价值，更可以获得珍贵的友谊和快乐。

◆附：测试一：心理是否衰老的自我测定

国内外众多心理专家通过对各种心理现象的归纳总结，提出三种自测心理是否衰老的方法，你不妨试一试。

1. 第一种方法

以下列出的15种现象中，如果你具有13—15种，则为心理极度衰老；具有10—12种，为心理很衰老；具有7—9种，为心理比较衰老；具有4—6种，为心理有点衰老；仅具有3种以下，为心理基本无衰老。

①老是记不住最近的事。

②总是不自觉地提及过去的事。

③对过去的生活总是后悔。

④如有急事在身，总感到心情焦急。

⑤事事总好以我为主，以关心自己为重。

⑥对眼前发生的任何事情都感到无所谓。

⑦愿意自己一个人生活。

⑧很难接受新事物。

⑨不喜欢接触陌生人。

⑩对社会的变化感到不安。

⑪很关心自己的健康。

⑫总是固执己见。

⑬很喜欢讲自己过去的本领和功劳。

⑭喜欢收藏东西。

⑮ 对噪音十分烦恼。

2. 第二种方法

以下列出30种心理现象，请你逐个对照：如果具有了其中的26—30种，为心理极度衰老；具有21—25种为心理很衰老；具有16—20种为心理比较衰老；具有11—15种为心理有点衰老；只有10种以下为心理基本无衰老。

① 害怕外出。
② 没有一个年轻的朋友。
③ 别人和你说话非得凑在耳边大声讲才行。
④ 不喜欢看报刊的“智力园地”这类内容。
⑤ 不能一下说出“水”的五种用途。
⑥ 不能一下顺背7位数或倒背5位数。
⑦ 做事情不能坚持到底。
⑧ 看小说中有关爱情的描写一跳而过。
⑨ 喜欢一个人静静地坐着。
⑩ 即使戴了眼镜也看不清东西。
⑪ 在两分钟内不能从100开始连续减7直至减到2。
⑫ 不能想象出天上的云块像什么。
⑬ 常常和别人吵架。
⑭ 吃任何东西都感到味道不好。
⑮ 不想学习新的知识和技能。
⑯ 常常把一张立体图看成平面图。
⑰ 不喜欢下棋等要动脑子的消遣。
⑱ 总以为自己比别人高明。
⑲ 以前的许多兴趣爱好现在都没有了。
⑳ 记不清今天是几号，也记不清今天是星期几。
㉑ 钱几乎都花在吃的方面。
㉒ 老是回顾过去。
㉓ 常常无缘无故地生闷气。
㉔ 不喜欢听纯粹的音乐。
㉕ 看了书、电影、戏剧后，回忆不起来它们的内容。
㉖ 别人的劝告一点也听不进。
㉗ 常常看错东西或听错话。
㉘ 走路离不开拐杖。
㉙ 对未来没有计划和安排。
㉚ 喜欢反复讲一件事。

3. 第三种方法

以下列出20种心理现象，如果你具有其中的17—20种，为极度心理衰老；具有13—16种，为心理很衰老；具有9—12种，为心理比较衰老；具有5—8种，为心理有点衰老；仅具有4种以下为心理基本无衰老。

① 别人稍有冒犯就火冒三丈。
② 别人做错事，自己也会感到不安。
③ 有时感到生不如死。
④ 脾气暴躁，焦虑不安。
⑤ 别人请求帮助时，会感到不耐烦。
⑥ 经常会感到坐立不安，情绪紧张。
⑦ 看见生人手足无措。
⑧ 一点不能宽容别人，甚至对自己的亲友也如此。
⑨ 感情容易冲动。
⑩ 曾进过精神病医院。
⑪ 经常感到胆怯和害怕。
⑫ 在别人家吃饭会感到别扭和不愉快。

⑬不听别人的劝告，一味地干某一些事或想某一些事。
⑭没有熟人在身边会感到恐惧不安。
⑮总是愁眉不展，忧心忡忡。
⑯常常犹豫不决，下不了决心。
⑰经常独自哭泣。
⑱紧张时会头脑糊涂。
⑲会无缘无故地想念不熟悉的人。
⑳希望别人和自己闲聊。

◆测试二：心理健康测试

下面的测验，对你了解自己的心理健康情况、进行自我指导具有参考意义，请仔细阅读每一个问题，在你认为“没有”的题目上记0分，在你认为“有时”的题目上记1分，在“经常”的题目上记2分。

1. 上床之后很难入眠，就算睡着了，也是浅睡，总是做梦。
2. 心情经常焦躁不安，注意力难以集中，健忘。
3. 不管做什么事情都觉得很烦，没什么劲头。
4. 觉得和别人见面或交际是一件很麻烦的事。
5. 经常在意自己是不是有缺陷，如“身上发出狐臭”“有口臭”等。
6. 某个观念一旦扎根脑中，便很难加以更改。
7. 总是觉得自己做了些见不得人的事，或是犯了什么罪。
8. 总是挂虑着一些鸡毛蒜皮的小事，想摆脱又无法控制。
9. 经常害怕留给别人不好的印象，或是在人前害臊。
10. 一紧张就出冷汗，什么话也说不出来，只是不停地颤抖。
11. 害怕高的地方、宽的地方、上了锁的小房间，电梯、隧洞、人群等。
12. 恐惧动物、交通工具、尖尖的物体。
13. 不断地意识到有人在监视自己，或说自己坏话。
14. 曾觉得有人想加害于自己，或是阴谋陷害自己。
15. 上楼梯时一定要上两阶，否则就觉得不安心，或有些类似的情形。
16. 上街时不自觉地数电线杆，或汽车牌照，并成为一种习惯。
17. 每天从早起床到晚就寝，把所有过程都像仪式那样照顺序来完成，否则就不安心。
18. 一天非得洗上很多次手，总怕什么都不干净。
19. 在寂静的重要场合时，有大喊大叫的冲动，或其他与此类似的情形。
20. 站在大楼顶上、悬崖边时，觉得头晕目眩。
21. 碰到为难的场合时，会发生想吐、拉肚子、头痛、发热等症状。
22. 白天突然觉得很想睡，而且无法抗拒地沉沉睡去。
23. 经常担心自己在工作上会产生令人困扰的征候。

24. 非常注意自己的心脏跳动声音及呼吸，并为此失眠。
25. 曾经觉得自己的心脏快要停止跳动似的，呼吸困难或好像昏倒了。
26. 有幻想自己“碰到灾难”或“遭遇不幸”的倾向。
27. 总是怀疑自己心脏坏了，脑子坏了，得了癌症或不治之症。
28. 反复进医院检查，检查结果没问题，仍不放心。
29. 不自主地生气，自己也觉得不对，但无法克制。
30. 认为自己没用了，只会给周围的人添麻烦，就算活下去也没什么意义。

得分评价

0—5 分，请放心吧！你拥有一个极为健康的心理。

6—13 分，还是属于健康领域中的，但不算真正的健康。

14—25 分，你在精神上太疲惫了，建议你找心理医生进行适当处理。

26—60 分，你的状况呈现危险信号，你可能患上了神经症，应找精神卫生医生进行心理和药物治疗。

生活篇

第10章 恋爱与婚姻

——不只是一场风花雪月的事

两个年轻人在恋爱时，非常和谐，很少吵架红脸，他们总是一起做饭、洗碗，非常温馨。结婚以后情况就变了，男人的精力更多放在了事业上。因为他认为，男人应该事业第一。于是，他越来越缺少女性想要的那种浪漫感觉了。

恋爱中的甜蜜感觉会在一定程度上冲昏头脑，让你将未来设想得过于美好。其中尤以女性为多。女性天生比男性浪漫，更爱幻想，更缺乏理性和面对现实的勇气，所以当她们在遭遇变化的时候，很难一下子适应过来，因此造成家庭不和。

所以，在结婚之前，你一定要认识到：恋爱是浪漫的，而婚姻是现实的。你必须有勇气面对现实生活里的各种问题。理解到“相爱容易相处难”的生活哲学之后，才能走进婚姻的殿堂。在结婚以后，双方要互相理解和体贴，不要强迫对方按照自己的意愿行事。

于是，有人说“婚姻是爱情的最高潮”，有人说“婚姻是爱情的坟墓”。我们究竟应该如何正确对待婚姻呢？面对婚姻，你是否做好了心理准备？

◆初恋是什么味道？

初恋是美好的，常常是幻想式的美好。世界名著《飘》的主人公郝思嘉的初恋，就是幻想式的单相思：郝思嘉爱上了希礼，可她从来没有主动地向希礼表示过，只是沉醉于自己的幻想中，主观地推断希礼的一言一行都是爱她的，等待希礼主动向她求婚，可事实上她的推断是完全错误的。

在青春期发育的初始阶段，少男少女们情窦初开，常常选择生活中或者影视中的突出异性作为自己仰慕、暗恋的偶像。这时候的单相思带有很大的盲目性，一旦确立了心中追求的偶像，就会陷入想入非非之中，总是一厢情愿、顽固不化地爱恋对方，而全然不顾对方的感受。初恋中的人很容易把爱全部倾注于对方身上，而不管此人的优缺点到底是什么，甚至认为缺点也是对方的魅力所在，这是初恋中所特有的心理现象，也是很正常的。

大多数人在懵懂的初恋时期，都会冲动、盲目地向意中人直抒胸臆，并且会死缠烂打，一旦受了挫折则很容易一蹶不振。初恋的失败让人终生难忘，会给年轻人的心理造成很大的压抑，甚至会给以后的恋爱和婚姻蒙上阴影。举个案例说吧：

有个小伙子叫涛，在中学时就暗恋同班女生雨，总是在雨的身边默默地为她做事。高考后，雨考入了某名牌大学，而涛落榜了。为了追求雨，涛发奋补习了一年，第二年也考上了雨所在的大学。两人在共同的学习中慢慢地建立起了感情，涛终于如愿以偿。但好景不长，接触一段时间以后，雨觉得涛唯唯诺诺，男子气不足，便与他分手了。涛经受不住初恋失败的打击，万念俱灰，甚至想一死了之。他无法安心学习，最后不得不辍学回家。不仅如此，涛在此后的很多年里都没有走出痛苦，最后随便找了村里的一个姑娘结婚了事，放弃了自己的前程。

初恋的失败有时候也并非坏事，它可以使人成熟起来。失恋者不应沉溺于失恋中而痛不欲生，应该采取积极的态度化解内心的痛苦，要总结经验教训，以便在面对以后的爱情时不会再犯同样的错误。大多数人都能顺利地度过初恋的痛苦期，然后进入到下一次甜蜜的热恋中，直到走入婚姻殿堂。

◆如何对初恋的孩子进行正确的疏导？

一个正常人，包括那些阻止孩子初恋的家长们，谁没有过年少时朦胧的初恋或者对初恋的渴望与幻想？虽然初恋往往都像梦一样迷幻而短暂，但它是培养人美好情操的动力，也是提高爱情智商的必备步骤。孩子毕竟是孩子，处理感情的能力不够，经受不住爱河旋涡的冲击，甚至会出现怀孕、私奔或辍学等不可收拾的情况。作为家长，要对孩子们与异性的交往加以指导，但无端的禁止和阻挠往往会使孩子们的异性交往情况发生畸变，正确地疏导才是明智的态度。

一个 16 岁的高一男孩与同班一个女孩相恋，而且爱得挺认真。男孩的爸爸不赞成他们的事，但并没有棒喝儿子，而是与儿子进行了一次真诚的、朋友式的对话：

父：儿子，你觉得她怎么样？真的很好吗？

子：我觉得她是我认识的女孩里最好的。

父：爸爸相信你的眼光。但是，你才上高一，你认识的女孩有多少？

子：……

父：你说你将来要出国上名牌大学，想成为一名律师或金融家。你知道你将来会遇上多少好女孩？爸爸并不反对你现在谈女朋友，但是爸爸最反感的是见异思迁。你16岁就有了女朋友，这女朋友是你到目前为止认识的最好的女孩，可是，等将来你遇到更好的，你会不会后悔？你敢保证一辈子都守护她一个人吗？

子：……可是，现在让我离开她，我很痛苦。

父：去年给你买的那个彩屏手机呢？

子：您不是给我买了个更好的吗？我把原来那个送人了。

父：儿子，这就叫喜新厌旧、见异思迁。今天好好学习，你明天的世界只会比今天更精彩，到时候你的选择只会比今天更好，更适合你。如果真的放不下，那就先把与这个女孩的情缘放一放，等将来读了大学再让它开花结果多好。儿子，一个人一生不可能不做几件错事，但是，人生大事只有几件，做错了就会遗憾终生。

子：爸爸，我明白了。我会处理好的。

当孩子恋爱了，为人父母的应该和这个男孩的爸爸一样，给孩子们的心灵加以导航，指导他们学会把初恋的纯情珍藏在心底，并把它转化为一种学习奋进的动力，更好地把握人生。

◆恋爱男女择偶标准有什么心理差异？

现代女性择偶时，当然要看外表，但更注重的是男方的才华、职业、家庭、经济条件等状况，男性则更注重女子的体貌、性情、趣味等条件；女性的择偶心理比较实际，具体条件比较多，而男性的择偶心理则比较浪漫，幻想成分多一些。总的来说，“郎才女貌”的传统择偶观仍是适用的。

◆恋爱男女追求爱情的形式有什么差异？

追求爱情的时候，男性往往比较主动和强烈。男性择偶的时候更注重异性的外表，所以一张美丽的面孔、一个动人的微笑或一个醉人的眼神，都可以让他很快坠入情网。在对女性的追求中，男性不喜欢搞“马拉松”，而往往在初期就表现出强烈的占有欲望。

女性则不同。她们寻觅恋人，往往希望找到一个可以终身信赖、依靠的伴侣，因此更注意恋人的内在品质和实际本领。虽然女性的家庭责任感、对爱的热情和专注强于男性，但那是在她们认为对方的确可以托付终身之后。所以在恋爱的初期，女性对恋爱往往显得非常谨慎小心。

◆恋爱男女的态度有什么差异？

女性一般认为亲密的感情是爱情最重要的因素。女性在恋爱中渴望和男性建立起亲密的关系，即在感情上的高度融合。因此，女性只要爱上一个男性，用情就很投入和专一。

在爱情生活中，男性往往把自己的才学、能力与异性的美貌、柔情的相互吸引作为支柱。他们希望女方对自己一往情深，但却觉得如果自己柔情蜜意会有失男子的气度，所以即使热情如火，也不愿过于外露。

◆恋爱男女对爱情的感受有什么差异？

男性往往有些粗心，不能体察女性细微的爱情心理。他顾及大的方面，而不注意小的细节，发现对方情绪变化时，经常百思不得其解，不知所措。

女性的情感很细腻，善于体察对方的心理。她们追求爱情的亲密，要求男子的言谈举止都要称心。马马虎虎、粗心大意的男友不经意的一句话、一件事，就常常会搞得她们伤感不已或大发脾气。

◆恋爱男女的爱情挫折承受力有什么差异？

爱情挫折包括恋爱过程中的摩擦和失恋两种基本情况。

对待恋爱过程中的摩擦，男性较随意和坦然，不愿矛盾扩大而张扬出去，容易主动让步。女性则往往为一点小事就大为不快、大闹不休，甚至哭泣不停。因为她们最希望得到男子的体贴、关心，而无论什么原因的摩擦，都使她们产生一种被辜负的危机感。

失恋对于男女双方来说，都是痛苦的事情。但面对失恋，男性的承受力却低于女子，常常表现得消沉、哀伤，甚至绝望。这是因为男子恋爱中的感情浪漫色彩较重，对失恋缺少理智的分析和考虑。另外，男子的忍受力较差，在失恋这种重大挫折面前易于消沉、哀伤。女性失恋后自然也非常痛苦、伤感，但她们忍受力比较强，又喜欢憋在心里，所以看起来就不是那么痛不欲生。

◆恋爱男女的情感表现有什么差异？

男女在恋爱中的情感表现大不相同，即使到了感情白热化的热恋阶段也是如此。

男性一般反应迅速强烈、意志坚强、勇敢大胆、感情洋溢，但情绪不稳定。这种个性特点，使他们对爱的感受容易溢于言表、喜形于色，易冲动，受到刺激时不善控制自己，如急于用亲吻、拥抱等亲昵形式表达爱意。

女性一般沉稳持久、灵活好动、情绪多变、感情充沛而脆弱。体现在恋爱过程中，则是她们感情羞涩而少外露，善于掩饰自己，表达爱慕常感到难以启齿，喜欢用婉转含蓄、暗示的方法而不喜欢过早用动作、行为的亲昵来表达。

◆女性择偶有什么心理？

择偶条件具体、现实。女性择偶条件比较具体、苛刻，更多考虑和关注现实问题尤其是经济方面。女性找男朋友时就考虑到了结婚及结婚之后的生活，男性则注重目前的恋爱感受。

择偶的理性色彩比较重。对男性的个性、气质、才华、品行等内在素质比对他的容貌、身材更感兴趣。女性希望她的恋人具有才华出众，个性开朗、幽默、风趣、诚实，有事业心，性格刚强等优点。女性喜欢可以信赖和依靠的男性，喜欢能在精神、情感和心理上给她抚慰的男子汉。

择偶条件苛刻，过于追求完美。择偶条件有时显得很苛刻，有的甚至脱离现实，如要男友的身高在一米八以上，差一厘米也不行，这样就人为地缩小了自己的择偶范围。她们在择偶时挑挑拣拣，高不成，低不就，有的“剩女”坚持择偶条件的既定标准而不肯降低要求，显得比较任性和好钻牛角尖。另外，女性由于受影视作品的影响，常将爱情过于理想化，在择偶时要求十全十美，也是不好的。

◆男性择偶有什么心理？

较好的外在形象，如容貌神韵、身材体态、肤色等。男性择偶大都很在意对方的外在形象，即看重对方的性吸引和体吸引，若感觉不好，往往就不愿再了解下去。

有较强烈的性欲。男性的性欲比较强烈，择偶自然看重性的吸引。择偶中的男子一闭上眼睛，就满脑子都是女方的最佳动作、服饰及面部表情，这就是体内性冲动使然。恋爱过程中，男性多数会有强烈的性要求，如果得不到满足，就会感到很压抑和失落。

温柔贤惠。具体来说，就是在夫妻关系上，对丈夫温柔体贴；在待人接物上，温文尔雅；在对待长幼上，贤淑大度。温柔贤惠的女性，尽管可能缺少一些爱恋激情，但大多数男性还是会比较喜欢的。

女方年纪较自己小。一般说来，年龄较小的女性对男性的爱有较强的依恋感，而男子又最易被年轻女子所吸引和征服，两者相辅相成，会爱得比较持久。

会体谅人。为爱恋的姑娘费尽心机，要讨她欢心，哪个小伙子不希望姑娘说一句情意绵绵的关心话？为了家庭在外面劳碌一天的丈夫回到家，哪个不希望得到妻子的体谅和照顾？爱人的体谅和关心，始终是男人们最渴望得到的财富。

有学识又含蓄。没有哪一个男人会喜欢一个没什么学识的老婆，但也不喜欢老婆太过炫耀。女方要懂得隐藏自己的学识和智慧，要懂世故又要守本分，这样的老婆，丈夫即使不明言夸奖，也自然心悦诚服，喜欢和敬重得不得了。

◆如何克服爱情中的嫉妒？

嫉妒也是爱情的一大敌人。嫉妒在某种程度上是爱的体现。假如自己对恋人所做的一切都感到无所谓，看到自己的恋人与别的异性去跳舞，一点反应也没有，这实在不能说你是爱他（她）的。

小小的嫉妒还能促进爱情发展。例如，一个男孩对一个女孩可能开始没有很强烈的好感，但若发现另一个男孩正在苦苦追求这个女孩，那么他就会开始吃醋，并立刻加入追求的行列中。

但是嫉妒毕竟是一种不健康的心理，要注意控制嫉妒的倾向。首先，要认识自我，分析自己是否过于敏感、缺乏自信。自卑的人容易产生嫉妒心理。其次，嫉妒心的产生往往是由于误解所引起的，要搞清楚是不是误解了自己的恋人。最后要学会控制情绪，尊重对方的感情。尤其是恋爱时，要允许对方有自己的人际交往空间。

◆什么是分手必杀武器?

阿云是一个温柔体贴的女人，曾经和丈夫很是恩爱。可是，她却有一个喜好胡乱猜疑的坏习惯，最终毁了自己的爱情与婚姻。

结婚前，她的丈夫曾经有过一个女朋友，是他的大学同学。他们曾经深爱着对方，可是由于女方家人的反对和异地工作的原因，两人最终忍痛分手。后来，她的丈夫在工作期间认识了阿云，并在朋友的撮合下，与她结了婚，两人也很恩爱。后来，丈夫的前任女友又调回到这个城市，阿云听说后非常紧张，害怕丈夫旧情复燃。于是，她开始仔细研究丈夫的一言一行，疑虑重重。她经常偷偷检查丈夫的钱包、公文包，想找到蛛丝马迹；经常往丈夫办公室打电话，以确定丈夫在不在工作；丈夫外出时，她还经常偷偷跟踪。丈夫逐渐觉察到妻子的种种猜疑行为，很是反感，觉得自己受了侮辱，对妻子的挚爱渐渐淡去。他开始讨厌妻子的关心，讨厌回家听到妻子的盘问，于是向单位主动要求长期出差，回来后也找借口不回家。妻子的疑心自然为此越来越重，最终，他们选择了离婚。

再真挚的爱情也经不起猜疑的折磨。阿云无休止地盘问、调查丈夫，全然不顾丈夫的反抗，把丈夫的离家当作印证猜疑的证据，最终导致婚姻破裂。猜疑是一个可怕的心理误区和一片阴暗的沼泽地，一旦陷入，几乎不能自拔，使人失去理性，失去爱情与婚姻。在猜疑者看来，自己的猜疑总是正确的，对方对猜疑保持沉默则被认为是默认或理亏，对猜疑进行解释则被认为是狡辩，这是一个死胡同。培根说过："心思中的猜疑就像鸟中的蝙蝠，永远在黄昏里飞。猜疑的确应当制止，至少应当节制，因为这种心理使人精神迷惘，疏远朋友，而且扰乱事务，使之不能顺利有恒。猜疑，使君王易施暴政，为夫者易生嫉妒，有智谋者寡断而抑郁。"

◆为什么白流苏和范柳原会产生"倾城之恋"?

张爱玲有一部爱情名篇《倾城之

恋》，故事所发生的地点为香港。来自上海的白流苏经历了一次失败的婚姻，回到白家后，受尽了亲戚的冷嘲热讽，由此看尽了世态炎凉、人情冷暖。一个偶然的机会，白流苏结识了潇洒而又多情的钻石王老五范柳原，便准备拿自己做赌注，远赴香江，博取范柳原的爱情，要争取一个合法的婚姻地位。

白流苏和范柳原均是情场高手，他们在浅水湾酒店互相斗法博弈。原本白流苏以为自己要输了，然而就在范柳原即将离开香港时，日军开始轰炸浅水湾。范柳原奋不顾身地折回寻找白流苏，在这种生死关头，两人发现了彼此的真情，决意要天荒地老。

为什么经由一次轰炸，白流苏和范柳原原本不确定的爱情就得到了印证和昭示，从而成就了一段刻骨铭心的“倾城之恋”？原因在于，人越感到不安，便越会产生强烈的与别人在一起的动机，这为爱情存在的因素之一——彼此互相依恋——提供了萌发的前提。日军轰炸香港无疑让白流苏和范柳原产生了恐惧心理，白流苏的恐惧出于对于生死的未知，范柳原的恐惧则来自失去白流苏的潜在可能性。在这种危险的情况下，他们都产生了与对方在一起的强烈愿望，一座城市的沦陷让他们发现了彼此之间的爱情。一般而言，当个体感到恐惧时，他们所选择的同在一起的伙伴都是自己真正在乎的人——“倾城之恋”由此而来。

观察周围的婚姻伴侣，我们也常会发现，那些共同经历过一些灾难事故和危险情况的男女，他们的爱情更能经得起岁月和外在诱惑的挑战，因为曾经共同依恋的经历让他们坚信：对方就是自己一直在寻找、值得携手一生一世的人。

◆为什么婚前是王子，婚后却成了癞蛤蟆？

人们遇到让自己怦然心动的异性后，为了赢得对方的喜欢，多会把自己最好的一面展示给对方。与对方约会时，很多人会煞有其事地整理自己的外表，比如做头发、穿新衣等。同时，在对方面前也总是一副彬彬有礼的样子，女士表现得非常淑女，男人则做出一副绅士派头。他们不惜花大量时间和金钱来包装自己。但是随着亲密度的增加，尤其是进入婚姻的城堡后，很多人则彻底卸下了自己的完美伪装，面对伴侣时，他们不修边幅，爆粗口，斤斤计较，上卫生间不关门，穿着邋遢。

通过婚姻的洗礼，女人常会感慨曾经的“王子”降级成了一只“癞蛤蟆”，男人则伤感那个昔日有着标致身材的美人变成了大吃特吃的“肥婆”。为什么呢？因为人们确认已经赢得了伴侣的喜欢，失去了让自己迷人的动机。其次，天长日久，人们认为伴侣已经十分了解自己，如果自己仍然在伴侣面前“伪装”，对方会很容易拆穿自己的真面目，反而有些矫揉造作之态。最后，当亲密关系建立后，人们自觉地把伴侣视为“自己人”，所以宁愿展示出最原始的自己，比如当着伴侣的面放屁、挖鼻孔，用最恶俗的语言攻击隔壁的邻居。

虽然建立亲密关系是寻找“完美之我”的过程，在这个过程中，伴侣合二为一，似乎进入了不分你我的境界，但是人们还应该认清这样一个事实：你与伴侣始终是两个分开的个体，你无法控制对方的心理、情绪以及行为，你无法保证伴侣对你的爱至死不渝。因此，即使已经建立了亲密关系，你仍然有必要做出积极的印象管理，不忘时时展示自己的魅力。很多男人之所以移情别恋，便是因为相对家中的黄脸婆，外面的女人更加风情万种，对他们产生了较大的吸引力。爱情永远处于进行时，而没有完成时。

◆不幸的婚姻有哪些心理诱因？

太过追求外在美。择偶时太过注重对方的外在因素是心理误区之一。有的甚至制定身高必须多少、身材必须怎样、容貌必须如何等硬性标准，不达标准不罢休。忽视了人的内在素质会给将来的婚姻埋下隐患，性格不合、兴趣迥异会使美丽的外貌顿失色彩。

太注重社会地位。太注重对方的政治地位、经济地位、学历等因素而忽视了内在素质，也是择偶的误区。要知道，人的地位是不断变化的，因为地位而维系在一起的婚姻，当地位丧失的时候，该如何是好？忽视品行、个性等心灵因素是不可取的。

太在乎别人的看法。太在乎别人的看法也是不可取的。毕竟是你自己的终身大事，一定条件下听取他人意见是有必要的，但最终决定权还是在你自己，不要被他人的错误意见所左右。

过于相信一见钟情。一见钟情而定终身的美丽浪漫爱情故事，似乎在文学作品中更为多见，现实中实际上是很少的，这是因为一见钟情往往是不可靠的。一见钟情只是被对方的某一优点所强烈吸引，而并没有仔细考量其他因素，就草率结合。一见钟情的婚姻，往往会因为婚后生活中才暴露出来的个人缺陷而导致矛盾重重，甚至过早终结。

补偿心理。恋父恋母情结会导致爱情上的补偿心理。有些人从小缺少父母的爱护，为了弥补这种感情的缺失，择偶时就会无意识地选择在某些方面与父母相似的人。与父母相似，并不代表婚姻上就会融洽，所以，婚后生活也很可能会不幸福。

自卑心理。有的人自卑心理严重，反映在择偶上，会比较随意地选择跟一个条件不如自己的人在一起，而且往往不会主动去追求对方。婚后夫妻生活里，这种自卑心理会有所缓和，不满足的心理就会凸现出来，婚姻也不会幸福。

因此，避免以上择偶误区，才能尽可能避免婚后的不幸。

◆男女婚后有什么心理差异？

婚后，夫妻虽然朝夕相处，但并未见得能够“知己知彼”。夫妻之间的心理差异不可忽视，了解这种差异有助于夫妻生活的和谐、美满。

丈夫持家意识比较弱，妻子比较强。大部分妻子在家总是忙个不停，洗衣服、做饭、收拾碗筷，然后擦地板。其次，妻子的持家意识还体现在对家庭收支的管理上。

丈夫通常刚毅、精力充沛，有意志力，情绪强烈、易冲动，有时候还很暴躁。妻子则往往表现得温柔、细腻、内向、含蓄。当孩子因为淘气而惹爸爸生气时，爸爸会大声斥责孩子，妻子则赶紧出面护着孩子，细声细语地埋怨孩子两句后还会埋怨丈夫不疼孩子。

丈夫的情绪较为稳定，而妻子的情绪容易波动。无论在外面遇到什么事，丈夫回家后比较沉得住气，喜怒往往不溢于言表，不急于向妻子述说。而妻子遇到高兴的事回家后就会喜形于色、手舞足蹈，会把事情从头到尾说一遍，甚至还重复好几遍。

丈夫自尊心比较强，而妻子虚荣心有些强。丈夫往往有意或无意地表现出男子汉的尊严，而妻子特别愿意别人欣赏自己的穿着、容貌或者夸奖自己的孩子、丈夫。

丈夫有时候显得反应比较迟钝，而妻子敏感又喜欢联想。有时因为一句话，妻子心里会翻江倒海，好几天不理丈夫，而丈夫往往不知道是何缘故。

丈夫遇事通常比较冷静、理智、有主见，而妻子则容易受外界的影响，容易情绪化。比如，在买东西的时候，丈夫比较理智，想买就买，不容易受外界干扰。妻子则不同，买东西喜欢挑来拣去，老拿不定主意，容易受他人左右。

丈夫胸襟比较豁达，而妻子遇事往往想不开。妻子细致的心理特点，往往也表现为度量狭小，遇到什么不顺心的事，一想起来就会唠叨，甚至会无缘无故地冲丈夫发无名火。这时丈夫最好采取忍让的态度，并适时加以劝导，如果丈夫针锋相对，结果只会引火烧身。

无论具体差异如何，夫妻双方都应该互相取长补短，促进夫妻生活的美满。

◆如何对待婚姻的“七年之痒”？

婚后第七年夫妻关系往往遇上严峻考验，据此，国外婚姻心理学家惊呼结婚的第七年为“七年之痒”。“七年之痒”的坎儿在哪里？分析某地区两年内发生的婚后七年离婚的案件，发现首要原因是性格不符与感情不投合；其次，是“另有新欢”。此外，诸如男方提出的精神失常、无生育能力、“白痴”等，女方提出的被虐待、赌博不听劝、嗜酒成性、残废、劳改等，比率都不大。婚姻心理学研究表明：性格不符与感情不投合，是一对孪生姐妹，在“七年之痒”中都是常见现象，其本质是对婚姻的厌倦心理。“厌倦”，是单调引起的消极情绪。因此，要避免“七年之痒”，只有从消除对婚姻的厌倦入手。

一方面，从强化家庭职能入手，通过夫妻的合力实现家庭的生产、消费、生育、赡养、感情港湾等职能，使家庭的综合素质如同芝麻开花，节节升高，促进夫妻感情的不断升华。另一方面，从强化婚姻责任入手，切忌任性，切实做好整合个性与消除感情障碍的工作。“整合个性”，即从彼此迁就、彼此接纳到彼此应心，使夫妻两个不同的个性模式彼此相嵌，整合为一；“消除感情障碍”，即凡事多替对方着想，不妨调换位置，理解对方，竭力通过满足对方的感情需要来增进心理和生理上的融洽。

另外，必须指出有些夫妻的“七年之痒”，源于性的厌倦。性的厌倦必然扩散至家庭生活的方方面面，导致个性失调和感情破裂，他们又羞于启齿，只好以“性格不符和情趣不投”为借口。如果是这样，那就应当从激活性的活力入手。怎样激活呢？精神分析学家何德勒提出了要对性吸引力进行“改造”。怎样改造？一句话：夫妻必须了解性差异（即男女的性差异），摸着石头过河，探索一条适合双方要求的性爱之路，使夫妻双方都能达到完美的性享受。

◆如何面对婚外恋？

男女携手步入婚姻的殿堂后，应该互尊互敬、互亲互爱、互帮互助，为了家庭并肩战斗，共同提高对婚姻的道德意识和对家庭的责任意识，共同致力于夫妻关系的调适和婚内爱情的保鲜。如此一来，可以尽量减少婚外恋滋生的土壤。

如果爱人一旦发生了婚外恋，要保持冷静，妥善处理，尽量争取最好的结局。

冷静分析。到底是如何发生的？他们两个人的关系到了什么程度？

不要到处哭诉。那样只会让你的爱人甚感羞辱，更坚定了离开你的决心。

不要一哭二闹三上吊。尤其是女性通常会大肆哭闹，可是哭不仅没有实际效用，而且可能使对方厌烦而产生反作用。

不要以牙还牙。有些人在发现配偶有外遇后，自己也找婚外情以“报复”和“惩罚”配偶。这是处理婚外恋问题的最愚蠢的行径，不仅不能解决问题，两人关系也会更加恶化。

不要轻易有成人之美、放弃婚姻的想法。如果你主动放弃婚姻，那么家庭破裂不可避免，日后最不幸的是你自己和你的孩子。你的轻率决定会害了孩子一辈子。

学会宽容，以退为进。掌握了证据，如果摆出宽容的姿态，则较能使配偶有“愧疚感”，深觉对不起你，不忍心再伤害你。

“出口转内销”。和风细雨地交流思想、解决问题。回忆当初，检讨当前，分析矛盾与冲突的根由，各自做自我批评；展望未来，探讨夫妻重新契合的途径。

不要把孩子当作砝码。针对婚外恋的夫妻争吵，请不要让孩子看见或听见，更不要将孩子拉来扯去，当作谈判的砝码。那样只会让孩子学会要挟大人以取得物质利益的不良行径，更会造成孩子的困惑、自卑及无所适从等心理，对孩子的成长贻害无穷。

清醒认识，当离则离。如果已经尽了最大努力来挽回婚姻，但背叛者就是屡教不改，视配偶的宽容为无能，则配偶要清醒认识，当离则离，不可一味姑息纵容。女方要先做好在经济上、心理上不依附于丈夫的准备，尽可能减少因离婚对自己的物质和精神生活造成的伤害。

◆老年夫妻如何恩爱？

俗话说“少年夫妻老来伴”，患难与共大半辈子的生活伴侣对一个老年人来说尤为重要。但生活伴侣不意味着可以忽略感情，老年夫妻更需要恩爱。只有这样晚年生活才会幸福美满。以下是一些老年夫妻的恩爱艺术。

彼此应常说“我爱你”。不要认为老夫老妻说这话没多大意思。一句简单的话语，可以唤起双方对最幸福的时光的美好回忆，不知不觉地神清气爽，对身体健康也大有好处。

朝夕相伴。幸福的夫妻奉行“活到老，爱到老”的座右铭。只有朝夕相伴，才能让对方更多地了解自己，也加深对对方的了解，尤其是只有老年夫妻单独生活的家庭更应当如此。

相互宽容。老年夫妻朝夕相处，难免有时意见相左，凡遇到这种情况，一定要以夫妻情意为重，多谅解、多忍让，千万不要埋怨指责，更不应算老账、揭伤疤。

相互尊重。老年夫妻在家庭生活中应该互相平等和尊重，重大事情要共同商量，耐心说明、解释可能出现的分歧，不要独断专行。在子女和外人面前，要注意尊重对方。

相互体贴。老年人的生理和心理机能逐渐衰退，自理能力也随之减弱，因此需要在生活上有人照应。而老伴的照顾往往是最周到、最贴心的，也是真正的生活依靠和精神支柱。

相互信任。老年夫妻的感情虽然经历了长时期的考验与磨砺，但仍需通过相互信任来加以巩固和发展。夫妻双方应当襟怀坦荡，有了疑虑要及时交换意见，认真消除误会与隔阂。

相互恩爱。相互恩爱是老年夫妻巩固感情、保持身心健康的重要条件。许多老年夫妻的感情不仅没有随着岁月的流逝而逐渐冷淡，反而爱更浓、情更笃，真正做到了“霜叶红于二月花”。

◆附：测试一：合格丈夫测试

请你对下列问题回答“是”或“否”：

1. 你还偶尔用鲜花作礼物纪念妻子的生日吗？你常用些妻子没有想到的温柔话向妻子“求情”吗？是（ ）否（ ）
2. 你小心地始终不在别人面前批评妻子吗？是（ ）否（ ）
3. 在家庭费用以外，你给她钱，完全随她用吗？是（ ）否（ ）
4. 你尽力去了解她的各种属于女性的身心特点，并帮助她度过疲乏、不安、好怒的时期吗？是（ ）否（ ）
5. 你至少有一半的消遣时间同她共处吗？是（ ）否（ ）
6. 除对她有利的之外，你巧妙地避免将妻子的烹饪或家务水平与母亲的或别人妻子的进行比较吗？是（ ）否（ ）
7. 你对她所读的书、她对于公众问题的见解，发生过兴趣吗？是（ ）否（ ）
8. 你能让她与别的男子跳舞而不说嫉妒的话吗？是（ ）否（ ）
9. 你机警地寻求机会赞美她吗？是（ ）否（ ）
10. 对她为你所做的小事，如缝纽扣、补袜子或洗衣服，你感谢她吗？是（ ）否（ ）

得分分析

选“是”得10分，“否”为0分。

分数为40—100：你是个合格的丈夫。

分数为0—30：抱歉，你不懂得做丈夫的学问，还得从头学起。

◆测试二：夫妻关系测试

准备好计算器，按照选项后面的数字计算你的得分，然后根据分数段查看答案分析，看看你们的夫妻关系吧！（测试结果仅供参考）

1. 在你看来，最为理想的夫妻关系应该是：
   A. 双方事事如意（5）
   B. 多数情况下如意（3）
   C. 介于两者之间（1）
2. 你和你妻子（丈夫）的生活属于：
   A. 常年不在一起，难得一见（5）
   B. 从没分离（3）
   C. 时有短暂分别（1）
3. 你认为夫妻之间由于某些分歧而吵架、怄气、不理睬等是：

A. 很大的不幸（5）

B. 最好别发生（3）

C. 这不要紧，重要的是赶紧和好（1）

4. 闲暇时间，你们总喜欢这样度过：

A. 夫妻一起度过（1）

B. 和亲友一起度过（5）

C. 介于两者之间（3）

5. 对于繁重琐碎的家务劳动，你们总是：

A. 争着做（1）

B. 推给对方（5）

C. 合理分担（3）

6. 你们夫妻对性生活的要求是：

A. 在可能的情况下质、量兼顾（1）

B. 只注重量（5）

C. 只注重质（3）

7. 引起夫妻之间争吵最多的话题通常是：

A. 经济支出（3）

B. 对一些事情的认识以及处理方法（1）

C. 猜疑一方不忠诚（5）

8. 夫妻怄气后言归于好的一般过程是：

A. 一方让步（3）

B. 互有让步（1）

C. 都不想让步，求助于外力（5）

9. 在教育孩子的基本方向和采取的方法上，你们：

A. 认识一致（1）

B. 分歧严重（5）

C. 少数情况下不一致（3）

10. 你感到当初选她（他）做配偶的决定是：

A. 一个失误（5）

B. 聪明的选择（1）

C. 说不好（3）

得分分析

A.10—17 分；

B.18—37 分；

C.38—50 分。

A：关系很理想

对你们来说，婚姻不是爱情的终结，而是更深的依恋。就算偶尔会有点小别扭，也不过是平静生活中爱的插曲。

B：关系较理想但还需努力

你们之间的关系还算理想，但还存在着不理想的因素，请不要忽略。要看到，即使双方起点相同也不等于有相同的归结点，因而有不理想的成分也不应苦恼，应视为正常现象。关键是要培养共同的价值取向。

C：关系不理想

你们的夫妻关系缺乏爱情基础，即使相安无事，也不过是在委曲求全，宜做出努力予以改变。长期夫妻关系失调、感情难以沟通，即使终日相处也感觉不到快乐和幸福，还容易导致“婚外恋”，请慎重。

第 11 章

成长与发展

——从呱呱坠地到耄耋之年

香港演员刘德华从十几岁演到八十几岁的电影《童梦奇缘》讲述了这样一个故事：光仔的母亲自杀后，光仔成天闷闷不乐，不喜欢待在家里。最难过的是妈妈去世后，光仔再也没有长高，而他一直把这件事归咎于爸爸与新妈妈的错。他千方百计地离家出走，并希望能快快长大，他一心要长大的想法一直在脑海中徘徊，直到有一天他在公园里遇上了一个捡破烂的老头。那个老头有一种神奇的可快速成长的药水——能让人在一夜间变成一个二十多岁的年轻人，光仔便设计偷了过来。光仔终于实现了梦寐以求可以长大的理想，但药水的作用使他一直不停地猛长，每天变老 10 岁，因此在短短一个星期内他就成了 83 岁的老爷爷。刚开始，光仔还决心追求他的梦中情人、他的老师，而当他的生长速度变得超快后，他只能放弃了。这时他才得知不能去寻找解药了，不过他也明白了自己在家人心中是多么重要。

很多影片都有一夜长大的情节，也许每个孩子儿时都有这样的童梦吧，就像哆啦 A 梦一样有任意门，可以随便穿越时空到想去的地方。但是每个人在每个人生阶段看生活和世界的方式都是不一样的。人的一生是不可逆的过程，但每一站都有每一站的精彩，正如在该电影中冯小刚客串的操着北京话的流浪教授说的那句话一样：生命是一个过程，可悲的是它不能够重来，可喜的是，它也不需要重来！

◆三岁看小，七岁看老？

心理学家埃里克·埃里克森（Erik Eriksen，1902—1994）认为人的一生需要经历八个阶段，每个阶段都有各自的任务。他的理论为不同年龄段的教育提供了理论依据和教育内容，它告诉每个人你为什么会成为现在这个样子，你的心理品质哪些是积极的，哪些是消极的，大多在哪个年龄段形成，给你以反思的依据。弗洛伊德认为，人的个性在最初的几年就已经形成了，关于这一点，与中国古话“三岁看小，七岁看老”的思想基本一致。

婴儿期（0—1.5岁）：基本信任和不信任的心理冲突。这期间孩子开始认识人了，当孩子哭或饿时，父母是否出现则是建立信任感的重要问题。

幼儿期（1.5—3岁）：自主与害羞和怀疑的冲突。这时期的儿童掌握了爬、走、说话等技能。儿童开始“有意志”地决定做什么或不做什么，这时父母必须承担起控制儿童行为使之符合社会规范的任务，即养成良好的习惯，按时吃饭、节约粮食等。

学龄前期（3—6岁）：主动对内疚的冲突。如果这时期的幼儿表现出的主动探究行为受到鼓励，幼儿就会形成主动性，为他将来成为一个有责任感、有创造力的人奠定了基础。反之，如果受到讥笑，那么幼儿就会逐渐失去自信心。

学龄期（7—12岁）：勤奋对自卑的冲突。这一阶段的儿童都应在学校接受教育，接受训练，掌握今后生活所必需的知识和技能。如果他们能顺利地完成课程学习，他们就会在今后的独立生活和承担工作任务中充满信心。

青春期（12—18岁）：自我同一性和角色混乱的冲突。青少年本能冲动的高涨会带来问题，另外，青少年面临新的社会要求与冲突，会感到困扰和混乱。因而，青少年时期的主要任务是建立一个新的同一感或自己在别人眼中的形象，以及他在社会集体中所占的情感位置。

成年早期（18—25岁）：亲密对孤独的冲突。个体把自己的同一性与他人的同一性融合为一体，与他人发生爱的关系。具有自我牺牲或损失，才能在恋爱中建立真正亲密无间的关系，从而获得亲密感，反之将产生孤独感。

成年期（25—65岁）：生育对自我专注的冲突。在这一时期，人们不仅要生育孩子，同时要承担社会工作，这是一个人对下一代的关心和创造力最旺盛的时期，人们将获得关心和创造力的品质。埃里克森认为，生育感有生和育两层含义，一个人即使没生孩子，只要能关心孩子、教育指导孩子也可以具有生育感。反之，没有生育感的人，其人格贫乏和停滞，是一个自我关注的人，他们只考虑自己的需要和利益，不关心他人（包括儿童）的需要和利益。

成熟期（65岁以上）：自我调整与绝望期的冲突。由于衰老，人的体力和健康每况愈下，对此他们必须做出相应的调整和适应。

埃里克森认为，在每个发展阶段中解决了核心问题后所产生的人格特质，都包括了积极与消极两方面的品质，如果各个阶段都保持向积极品质发展，就算完成了这阶段的任务。

◆婴儿有哪些心理特点?

婴儿期是指人从出生到一岁半的时期。婴儿刚出生后主要依靠皮层下中枢来实现非条件反射，如食物反射、防御反射及定向反射，以保证内部器官和外部条件的最初适应。婴儿期由于神经髓鞘不完善，兴奋特别容易扩散，故婴儿易激动。

出生后两周左右，随着脑的不断发育，新生儿出现明显的条件反射。出生两个月以后，婴儿的情绪开始发展：当吃饱、温暖时，婴儿就露出活泼而微笑的表情；反之，婴儿就会哭闹。因此，这一时期父母应经常和婴儿交流，多给予关心、照顾和抚爱，提供适当的玩具和安静舒适的生活环境，积极培养儿童良好的情绪状态。

出生 4 个月后，婴儿就开始能够分辨出成人的声音，并开始发出一些声音以回答成人，听到母亲说话的声音就兴奋地咿呀起来；5—6 个月婴儿由于条件反射的建立和发展，出现了短暂记忆的表现；7—8 个月起，婴儿逐渐能够将某些词的声音与相应的实物或动作联系起来；10—11 个月起，婴儿开始“懂得”词的意义、对词的内容发生反应、模仿成人说话，词开始成为信号。所以，这个时期成人在与儿童接触时应尽可能不断地给予儿童语言刺激，尽快开发儿童的语言能力。

◆婴儿妈妈如何避免误区?

不要对婴儿忽冷忽热

忽冷忽热的妈妈，往往在婴儿不断哭闹的情况下才给予食物和呵护，没有给孩子充分的安全感。于是婴儿害怕被遗弃，总是想努力哭闹，以吸引妈妈的注意，逐渐形成了依恋心理。依恋儿成年结婚后，强烈的依恋倾向便会倾泻到配偶身上：占有欲极强，要求配偶时时刻刻关注自己，无休止地需要亲密；对配偶爱恨并存、怨气冲天；总在埋怨对方辜负了自己的爱，试图用生气、吵闹和威胁迫使对方关心自己；他们嫉妒、猜疑，无论对方如何表白，就是不信任；不能忍受被忽视，害怕被遗弃。这样的夫妻生活不会幸福。

不要对婴儿持续冷漠

如果不幸降生到冷漠妈妈身边，婴儿对享受妈妈呵护的渴望就会变成失望和痛苦，逐渐形成了回避亲密接触的自我保护方式。他们不常哭闹，似乎很容易满足，给什么吃什么，没有更多要求，不在乎别人是否关心。这样的婴儿看起来很独立，实际上是否定自我的需要。妈妈或许还会为孩子早早表现出的“独立性”而骄傲呢。可是，当孩子长大成人，这种“独立性”便会发展成孤独型人格。他们否认自己的情感甚至物质需要，面无表情、性格冷漠甚至冷酷，没有情趣。恋爱的时候，刚开始可能表现出一些热情，但是亲密关系确立后，因为恐惧亲近，他们又会冷漠和退缩。他们较少有物质需要，富于独立和忍耐性，在事业上往往很成功，可是内心的孤独和痛苦始终挥之不去。

◆婴儿的动作有什么发展规律？

婴儿期的动作发展有一定的规律，具体表现为：

从整体动作向分化动作发展。例如，手指的抓握动作已经能从一把抓发展到能用两个手指来捏事物等。

从不随意动作向随意动作发展。

具有一定的方向性和顺序性，同时具有三种原则：

①头尾原则，就是从头部开始向脚部发展。

②近远原则，就是从身体的中轴部位向周边部位转移。

③大小原则，就是从粗的动作向精细的动作发展。

◆婴儿的感知觉发展有什么特点？

人的感知觉包括视觉、听觉、味觉、嗅觉、肤觉和空间知觉。

视觉的发展特点：婴儿具备了一定的视觉技能，如视觉集中、视觉追踪运动、颜色视觉和对光的觉察等。例如，出生12—48小时的新生儿有四分之三可以追视移动的红环。

听觉的发展特点：婴儿从外部环境间获取信息，并开始适应环境，包括听觉辨别能力、对语音和音乐的感知力和视听协调能力等。例如，婴儿对母亲的声音尤为偏爱。

味觉、嗅觉和肤觉的发展：能以面部表情对酸甜苦辣做出反应；表现对母亲气味的偏爱以及有痛觉反应、对水温的感觉等。

空间知觉发展的特点：婴儿期开始对形状、深度、方位都有知觉。例如，3岁能辨别上下，4岁能辨别前后，5岁能以自身为中心辨别左右，7到8岁能以他人或物体为中心辨别左右。

◆婴儿的思维发展有什么特点？

依照儿童心理学家皮亚杰的理论，婴儿期的思维处在感知运动阶段。这个阶段典型的特征就是直觉行动思维，简单地说，就是指婴儿的思维依靠动作进行，离开动作就离开思考活动。婴儿期的直觉行动思维的特点表现在：

直观性和行动性。动作是思维的起点，也是解决问题的手段。他们的活动停止或转移，思维活动也就停止或转移。

间接性和概括性。对遇到类似的情境与事物可采取同样的行动。时常依赖个别食物的具体形象，概括性小。

狭隘性。思维活动仅限于与动作有联系的范围，思维内容也狭隘。

缺乏对行动结果的计划性和预知性。例如，婴儿在绘画时就不能先想好画什么，而是拿起笔就画，画得有点像什么就说是什么。

◆婴儿的情绪发展有什么特点？

人类天生就具有对情绪的反应能

力，例如，或哭，或笑，或闹，或静。婴儿的这种情绪反应是先天遗传的本能，也是最初的原始情绪反应。这里主要讲述婴儿的三种基本情绪：笑、哭和恐惧。

笑的发展。0—5 周的婴儿的笑的反应是一种自发性的微笑，也是反射性的一种微笑；5 周至 4 个月时期的婴儿的笑是无选择性的社会性的微笑，对熟悉或陌生的人都报以微笑；4 个月后，婴儿的笑是有选择的社会性微笑，对熟悉的人比对不熟悉的人有更多的微笑。

哭的发展。婴儿的哭是一种不愉快情绪或生理需求的消极反应。通常有 5 种原因：饥饿、瞌睡、身体不适、心理不适、感到无聊。

恐惧的发展。常见的有本能的恐惧，比如对大声响的恐惧；与经验相联系的恐惧，比如被开水烫过所引起的惧怕反应；怕生引起的恐惧，一般发生在婴儿 6—8 个月时；预测性恐惧，例如害怕“吃人的狼外婆”。

◆学龄前期儿童有哪些心理特点？

儿童的学龄前期是指儿童从 3 周岁到 6 周岁这个年龄时期。这一时期是儿童进入幼儿园接受教育的时期，也就是正式进入学校学习之前、为接受学校正规教育做准备的时期。

学龄前期儿童在幼儿期心理发展的基础上，独立意识增强，并初步形成参与社会实践活动的愿望和能力。此时，其心理特点表现为：

渴望独立活动的心理需要和学龄前期儿童从事独立活动的经验与水平不足之间产生了矛盾。这是学龄前期儿童心理上的主要矛盾。而游戏活动就是解决这一矛盾的主要活动形式。在游戏活动中，儿童心理的主要矛盾逐步得到解决，从而也就推动儿童心理不断向前发展。另外，通过帮助教育，在不断提高其社会活动水平的过程中促进了其心理向新水平发展。反过来，心理的发展又使他们的活动能力不断提高。这是学龄前期儿童心理发展的突出规律。

随着心理过程的不断发展，学龄前期儿童初步具有了分析、综合与抽象概括能力。这使他们在游戏等活动中，初步学着运用逻辑思维。不过由于知识少、经验不足，尚不能有意地调节和控制自己的行动，即心理的稳定性比较差。

学龄前期的个性特征已开始形成。

安全感是整个儿童期心理健康发展的重要基础，对学龄前儿童尤为重要。安全感有利于学龄前儿童形成积极的认知愿望；安全感是学龄前儿童乐于交往、与人建立积极情感关系的保证；安全感决定儿童对群体的归属感；安全感会影响儿童的价值观的形成。

◆什么是“心理断乳期”？

当孩子进入了青春期，你就会发

现，“变”成了其显著特点。随着孩子的快速发育，不仅生理上在变，心理上也是变化剧烈。家长会发现，不知从什么时候起，孩子不听话了，而且专门与父母对着干，像变了个人似的。你要他这样，他偏要那样；家长多说他两句，他要么不理睬，要么就喊烦。孩子的这种逆反心理是其进入心理学上所谓“心理断乳期”的正常反应。

“心理断乳”的真正意义是摆脱对父母的孩子式依恋，走上精神的成熟与独立，也是一个人的社会化过程。因此，父母在这一时期应该把爱孩子的重点放在帮助他们完成从孩子到成人的转变上。只满足于表面上了解孩子是不够的，家长必须学习一些心理学的知识，了解“心理断乳期”的实质，帮助孩子顺利度过“心理断乳期”。

◆如何应对孩子的“心理断乳期”？

适当引导孩子。对于孩子消极的青春期逆反心理，家长应根据孩子的心理特点，从行为和心理上进行引导，教育的方式要多样化。应该采用平等对话的方式，让他把心里话说出来，然后家长把自己的观点、经历讲给他听，让孩子自己进行比较。

要理解信任孩子。家长要与他们建立一种亲密的、平等的朋友关系，要相信孩子有独立处理事情的能力；要尊重孩子的人格，充分利用孩子的“小大人”想法，针对家里的一些事情征求、听取孩子的意见；要尽可能支持他们，尤其在他们遇到困难、失败的时候，帮助他们分析事物、明辨是非，然后鼓励他们自己去正确处理。

家长要做出表率。在孩子遇到困难和失败时，应多给予鼓励和安慰；孩子有了成绩，要及时给予表扬。家长自己有缺点和错误，应勇于承认，立刻改正，为孩子做出表率，使孩子从中得到启迪。

尽量避免与孩子正面冲突。在孩子发火时，家长应保持冷静。争论激烈时，家长应转移话题或采取冷处理方式，以免孩子萌发对立情绪，使逆反心理更强烈。但家长不能过于迁就孩子的不合理要求和不良的行为，以防孩子以后总是用反抗的方式来要挟父母，达到自己的目的。孩子平静下来之后，在适当的时候，家长应心平气和地指出孩子的错误和不当之处，使孩子积极克服爱冲动的毛病。对于比较严重的反抗行为，家长可以采取奖赏训练的方法，强化孩子的顺从行为。

鼓励孩子多参加有益于身心的集体活动。通过集体活动，孩子可以广交朋友，丰富、充实自己的精神生活，发展“自我”意识，正确、客观地评价自己，有利于培养活泼开朗的性格、真诚待人的品德，使其顺利度过“心理断乳期”。

◆初潮少女身心保健有哪些要点？

初潮，是少女进入青春期最明显的标志。对于初潮少女而言，面临月经初次来临，心理上会出现紧张、害怕、羞涩、好奇等复杂的情绪体验，身体方面会呈现腹胀、腹痛、腰酸、乏力、嗜睡、疲劳、颜面浮肿等不适，再加上学习紧张的压力，她们的抵抗力和适应力都会有不同程度的减退。所以，对初潮少女加强身心保健和健康辅导非常重要。

第一，家长和老师应向初潮少女讲授有关青春期生理、心理知识，使她们懂得月经初潮是身体发育的必然，是少女青春期的标志，没有必要忧心忡忡。同时，要让她们对月经初潮时并发的腰酸、嗜睡、疲劳、乏力等不适做好充分的心理准备，避免惊慌失措，加重心理负担。

第二，初潮时应避免参与剧烈的体育运动、长距离骑车和跑步等，以免过度疲劳导致抵抗力下降，诱发感冒等疾病。

第三，经期应经常清洗外阴，避免手淫。因为在此阶段机体抵抗力下降，如果不注意清洁卫生，则极易引起细菌感染和发烧。据统计，初潮少女外阴瘙痒症的发病率为 69% 左右，其主要诱发因素就与经期外阴不清洁和手淫有关。

第四，加强自我防护，使用优质卫生巾。千万不可为了贪便宜，使用劣质产品，更不能用消毒不严格的普通卫生纸和草纸来代替。

第五，注意休息，保证充足的睡眠时间，食用营养丰富、易于消化吸收的饭菜，这对增强体质、恢复精力大有裨益。

第六，避免接触冷水，注意保暖，不参加游泳等不利于身心健康的活动。

◆中学生的心理特点有哪些？

中学生正经历身心巨变，与家庭之间的关系也发生着微妙的变化。曾几何时，家庭是自己温馨的乐园和安全的城堡，可是现在却成了家长的唠叨、管教、干预、限制等等构成的“监牢”。中学生们于是不停地抗争，总是想逃出“监牢”，划出属于自己的小天地，为了达此目的甚至离家出走。究其原因，青少年逆反心理严重，于是儿童时期教育不当产生的问题在青少年时期就爆发出来。另外，青少年过渡到成年期，在追求独立与建立自我的过程中，常会发生各种特殊的适应困难。

中学阶段是人身心急剧发展变化的时期，也是人一生最关键、最富有特色的时期。如何度过人生路途的“黄金时期”，是摆在每个家庭、每位中学生面前的重要课题。

那么，中学阶段家庭教育对中学生心理健康的影响究竟是怎么样的呢？根据一项针对高中生的调查，学生们认为对自己成长影响较大的前三位因素是：父母的影响、社会现实的影响、学校和老师的影响。可见家庭教育对中学生成长的影响是十分关键的。

◆为什么青春期的孩子容易反抗？

三四岁的幼儿处在第一反抗期，到了初中少年（具体因各人而异，早的在小学高年级，晚的在高中初期）进入第二个反抗期，也就是通常人们所说的青春期。那么这一时期的反抗都表现在哪些方面呢？

硬抵抗，态度强硬、举止粗暴。

软抵抗，漠不关心、冷淡相对。

反抗转移，迁怒于他人。

形成这种状况的原因在于：

生理因素。身体加速成长，生理上日渐成熟，但自身的知识、经验、能力并未与生理同步地成长与成熟，只处于半成熟的状态，这种有成人感与只有半成人状态的矛盾是造成反抗的主要原因。

心理因素。自我意识的飞跃发展，使他们进入“心理断乳期”，一方面想摆脱对父母的依赖，另一方面，他们的心理能力又明显滞后于他们的自我意识。这种发展的不平衡状态，呈现出一种危机感。

社会因素。进入中学后，他们更渴望得到同龄人的关注，力求找到知心朋友；渴望得到人的尊重与接纳，力争独立自主。当这种自主受到阻碍时，就会引起反抗。

◆青年期如何保养心理卫生？

树立良好的择偶观，正确对待爱情中的挫折。每个人的价值观不一样，择偶观也不同，外在的标准有身材、相貌、经济收入、家庭条件等，内在的标准包括学识、能力、性格、为人、修养等。择偶的时候应当首先考虑内在标准，因为内在标准相对不容易改变。如果在恋爱中受挫，也不要沉浸在苦恼当中，因为爱情不是一厢情愿的，何况“天涯何处无芳草”。

增强择业的自主意识，建立职业生涯的规划。选择职业或专业需要考虑到自己的兴趣、能力和性格特点，如果单纯地考虑经济收入和就业机会，但是对工作很不满意，甚至对职业产生倦怠感，这对人生的发展是不利的，因而需要选择适合自己的。

提高人际交往能力，积极适应社会变化。步入社会后，青年需要面对的人际关系比单纯的学生时代复杂得多。因而，学习一些人际交往的技能，提高人际交往能力，对于青年人适应社会是有帮助的。常用的技巧有：建立良好的印象，学会赞美别人，等等。具体可参看本书第14章《职场与社交》。

◆中年期有什么变化？

人格的变化。中年人的人格特质日趋稳定，具体表现为：每日的内省日趋明显，越来越关注内心世界；性别角色日趋整合，中年男性在原男性人格的基础上日渐表现出温柔体贴的女性化特点，中年女性则在原女性人格的基础上日渐表现出果断大度的男性化特点；为人处世日趋圆通。

职业的变化。中年人的职业有了一定的发展，具体表现为：工作相当满意，虽然很多中年人不再有升迁的机会，但是他们也不再抱年轻时的幻想，调整自己的期望值因而感到满意；工作绩效上，从事需要体力和速度的工作时中年期的工作绩效下降，但做需要认知脑力的工作的话，则中年期的工作绩效保持在很高的水准。

人际关系的变化。中年人在家里上有老，下有小；在单位上有上级，下有下级；加上朋友来往，因而中年人的人际关系较为复杂。与父母的关系，中年人需要与他们进行情感的沟通和生活的照顾；与子女的关系，子女处在青春期，子女与父母的沟通相对减少；与同事、领导的关系，中年人要与他们一起合作才能做好工作；与朋友的关系，也许不常见面，但交情却越来越深。

◆更年期妇女为什么会发生心理波动呢？

人的一生要经历两次性激素的波动，每一次波动，都会激起心理的浪花。第一次波动是性激素的“涨潮”，它使人从童孩进入青春期，激荡起青春心理波浪，称为“青春期的心理反应”；第二次波动是性激素的“退潮”，它使人从壮年转入更年期，这时也会激起心理的波动，称为“更年期的心理反应”。

性激素的“退潮”，女性多在45—50岁左右，这段时间，女性的卵巢逐渐衰退萎缩，孕激素分泌减少，性腺功能下降，直至排卵停止，月经断绝，这就是女子的更年期。在更年期，女性体内的雌激素水平可下降90%，这就减弱了对中枢神经垂体前叶的抑制，于是垂体前叶的功能反而亢进，促使性腺激素分泌明显增高，同时促甲状腺素、促肾上腺皮质激素分泌也增加，造成体内激素的平衡失调。内分泌激素的一时紊乱影响中枢神经系统的功能，使神经系统活动不稳定，对外界适应能力降低并导致交感神经的应激性增加，这就是妇女性激素减退时可激起心理波动的生理原因。

心理波动的症状明显，就称为“更年期综合征”。妇女更年期心理波动症状的主要表现是：情绪不稳定，心境不舒畅，容易烦躁激动；敏感性增加、焦虑、易怒等。同时还会出现生理上的症状，如：阵发性潮热、眩晕头痛、失眠耳鸣、心慌手抖、神疲力乏等。还有的人出现心血管系统、消化系统的躯体性疾病。所以，有人称更年期是“多事之秋”，并非没有缘由。

◆老年人如何克服心理上的变异？

老年人的心理变异，危害性不亚于身体功能的衰退，多是脑出血、脑血栓、心肌梗死及老年精神病的诱发因素。如何克服心理上的变异呢？

要有自知之明，正视自己的性格变异。弄清楚其原因及表现，自我克制、纠正，遇事三思。

自我宽慰。衰老是人生必由之路，要承认自己的体力与智力不能与青年人相比，而且思想上也难免有落后的一面。这些是客观事实，不必自卑，也不要勉强做力不从心的事。

丰富生活内容，寻找精神上的寄托。可以结识一些老年和中青年朋友，生活在群体中；还可以发展一些个人爱好，如养花、钓鱼、书法、绘画等。

通过这些方法就能克服心理变异，保持心理健康。

◆老年妇女的性格特征有哪些？

第一种，平和型。这种人过去多数经常从事家务劳动，对转入老年生活有充分的思想准备。她们与家人和邻居往来频繁，人际关系比较密切而和谐，对目前生活很满意，对事物不抱任何不切实际的幻想。为人处世通情达理、和蔼、善良。

第二种，逍遥型。这种人过去大多不太插手家务，经济收入较好，日子过得无忧无虑，退休在家，乐得清闲自在。每天清晨锻炼身体、养花、串门，对生活很满意，表现豁达、开朗。

第三种，易怒型。这种人对转入家庭生活缺乏必要的思想准备，或由于过去从事家务劳动的机会较少，因而厌烦家务劳动；或者有各种慢性疾病，退休在家感到心烦意乱。这种人在家里遇到不满意、看不顺眼的事物，就会气不打一处来，经常发脾气，这也看不惯，那也不如意，心境不佳，爱激怒、爱抱怨。

第四种，多疑型。这类老年妇女，由于生理状况的改变，认识能力下降，不能正确反映外界事物与自己的关系，因此往往疑神疑鬼，怀疑别人嫌弃自己，怀疑别人说自己的坏话，怀疑别人背着她吃好东西，甚至怀疑家里人偷自己的东西。这种人平常表现气度小，好猜疑，性格较孤僻，较内向。这种人为数极少。

第五种，返老还童型。这种人好说好动，整日喋喋不休，情绪起伏不定，不听别人劝告，爱吃零食，幼稚。人称“老小孩”指的就是这种老人。

以上叙述的几种老年人性格特点，是为了研究的方便而简单列举的，并不是每一个妇女进入老年都具有这些性格特点。实践证明，大多数老年妇女适应能力较强，她们往往比男性老年人更容易安度晚年。大多数老年妇女的性格是平和型的。

◆老年人退休后的心理变化有哪些？

退休通常被看作是顺理成章、社

会照顾、安度晚年的简单的事。其实不然，从现代心理卫生科学来说，它是人生一桩重要的“生活事件”，也是一种心理应激反应。它在心理上要经历重大的变化，一般地，这种退休后的心理变化要经历 4 个时期：

期待期：自愿退休者，常以积极心情期待退休，具有愉快的心理；相反被迫退休者，会产生复杂的心理矛盾。

退休期：正式办理退休手续，离开工作岗位，心理变化更为复杂——愉快欢喜，痛苦哭泣，无限感慨，留恋思故。该期若适应不良，便会成为退休综合征的始发期。

适应期：克服退休以后心理社会环境变化带来的不适，逐渐习惯新的生活，安排好退休生活，赋予其新的内容，重建新的生活秩序。这是退休综合征的消退期。一般认为适应退休生活需要 1 年的时间。

稳定期：即新的生活秩序的巩固和适应时期。

老年人退休后的行为，有时候还会引起年轻人的不理解甚至不满，但是，亲友们都应该以积极的态度来对待。一方面，应该给予他们谅解和关怀；另一方面，还应该正视问题，严重的或趁问题还未严重时，便应该安排老年人寻求心理医生的帮助。否则，退休综合征的恶化，不但能使老人失去生存的意志，也会使他们“无缘无故”地惹来满身病。

◆如何防治“退休综合征”？

医生会给老年人药物治疗，灌输心理保健常识，并且建议他们不要一下子切断所有的工作联系或者社会活动，也鼓励他们培养爱好或者亲近某种信仰。与此同时，家庭和社会都应尊老和敬老，这样也有助于老年人适应新的生活。老有所养，老有所用，老了还要有所追求。这样老年人就会觉得自己仍有余热，能继续发挥作用。

此外，退休综合征的防治措施主要有以下几点：

明确地告诉病人退休综合征是一种心理适应不良的病症，而非精神病，应消除不必要的疑虑和恐惧心理。

采用支持性和解释性心理治疗方法，安慰病人、鼓励病人振作精神，提高抗病能力和自信心，正确度过心理不适应的危机期。用坚定的语气和充满信心的态度向他们保证疾病会改善且有康复的希望。

采取对症性药物治疗，消除失眠、忧郁和焦虑情绪，适当地应用抗郁剂、抗焦虑剂和改善脑功能的药物。注意老年人用药应尽量缓和，副作用少，使病人能够接受，保证安全。

培养良性情绪，使之精神愉快，养成乐观开朗的健全性格。

鼓励老人发挥余热，参加有益的社会活动，对社会做出一定的贡献，消除自卑无用的消沉观念。创造条件参加多种业余活动，培养有意义的兴趣爱好，例如书画、下棋、种花、钓鱼、旅游、慢跑等文体活动，使自己的生活充满活力和朝气。

子女和老人要互敬互爱。要体谅老人的困难，经常陪伴他们，消除老年人孤独、空虚的心理，与他们共享天伦之乐。

加强敬老扶老的社会风气。使年轻人了解老年人的心理特征与变化，让老人能安度晚年，使老人感受到“老有所敬，老有所养，老有所用，老有所学，老有所乐”。

◆如何调适老年丧偶的心理？

丧偶是生活中最难过的事件之一，尤其对老年人来说是最沉重的打击。那么，怎样才能尽快摆脱和减轻丧偶后因过度悲伤而引起的心理障碍呢？一般可采取以下几种心理调适方法：

正确面对丧偶的现实

首先应认识到人的生、老、病、死是不可抗拒的自然规律。失去了几十年朝夕相处、休戚与共的老伴的确是一件令人痛心的事情。但这又是无法避免的现实，要冷静地劝慰自己，对老伴最好的怀念就是自己多保重身体，更好地生活下去。

避免自责

老年人丧偶后，常常会责备自己过去有很多地方对不起老伴。这种自责、内疚的心理使老年人整天唉声叹气、愁眉不展，削弱了机体免疫功能，常诱发其他躯体疾病以致过早衰老。

转移注意力

经常看到老伴的遗物会不断强化思念之情，加重精神上的折磨。因此，不妨把有些遗物暂时收藏起来，把注意力转移到现在和未来的生活中去。

寻求新的生活方式

老伴过世后，原有的某些生活方式被迫改变，此时孤独与不适加重。应当重新调整生活方式，减少对旧时生活方式的眷恋。夫妻关系是家庭中最重要的依恋关系之一，一旦丧偶，这种关系就被无情地摧毁了，这时需要子女、亲友去建立、填补一种新的更加和谐的依恋关系，方能有效地减轻老人的哀思。

再婚有利于摆脱孤独

近年来，随着人们思想观念的转变，丧偶老人的再婚率在不断增加。阻碍丧偶老人再婚的重要障碍主要有四点，一是受封建思想影响和所谓“道德”的自我禁锢，二是来自家庭的反对，三是老人再婚择偶条件苛刻，四是受财产继承的制约使老人再婚难成。但是应该看到，鼓励老年人再婚有助于他们的身心健康和社会进步。这种观念正在逐步被更多的老年人及其子女们所接受。

第 12 章
教子与育儿

——爱的教育

有这么一个故事：

在过新年的时候，一位母亲领着 5 岁的女儿去逛当地最豪华的百货大楼。她认为小女儿一定会喜欢那里的装饰、玻璃窗、漂亮的衣服、洋娃娃和特色玩具。

可是，一到那里，不知为什么，她的小女儿就开始轻声地哭泣，小手拉紧了她的大衣。

“真扫兴，你有什么委屈的呢？售货阿姨是不接待啼哭的孩子的。”她责怪说。

“噢！也许是孩子的鞋带没系好。”在走廊里，她靠近自己的小女儿，蹲下给她系鞋带。这时，她无意中向上看了一眼。

这是第一次，她从一个 5 岁孩子的视角看周围的世界！

没有玩具、没有手镯、没有礼物、没有装饰华丽的展览，只有一片混乱的、看不见顶的走廊……人的大腿、屁股、用力的脚，以及其他的庞大物体在乱推乱撞，看上去很可怕。

她立即把孩子领回了家，并发誓再也不把自己感兴趣的事强加在孩子身上。

世界上的事说难也难，说容易也容易。当你在为“我家有子初长成”满心欢喜的时候，是否也发现他或她总是出现这样或那样的状况？不要说孩子变化快，真正的原因仅仅是：你根本就没有站在孩子的角度看待问题。世界上从来就没有教不好的孩子，有的只是不会教孩子的家长。远离校园多年的你，今天也该念念书、上上课，了解一下教育孩子的心理战略战术了。

◆如何对孩子表达“爱”？

一个 10 岁的女孩一脚把自己养的一只小鸡踩死了。因为，她看到母亲帮自己给小鸡喂食的时候，觉得母亲对小鸡比对自己更好。一只小鸡，就因为一丝妒忌之心，丧命在一个 10 岁小女孩的脚下。这不是一个故事，这是一个事实。无法否认，小女孩的想法过于偏激，但试想，如果平时这位母亲能略微表达一下对女儿的疼爱，也许这样的事情就不会发生。

任何一个孩子都需要父母的爱，被爱使孩子有安全感与价值感。父母对子女示爱时，除了使孩子体验到被爱的满足之外，也使孩子知道因何事而被爱，从而学到是非观念。如果经常对孩子说“我爱你”“真高兴，你是我的宝贝”等，以及经常拥抱、抚摸和亲吻孩子，会慢慢地给孩子以自信。孩子们长大后注定要在充满压力的环境中生存，而自幼就得到亲子行为温暖的人更能对付社会环境的压力，并避免那些与压力有关的疾病。

生活中许多“望子成龙”的父母亲不知道怎样合理地去爱孩子，甚至溺爱、放任孩子，这样对孩子的教育效果不理想，也容易引起各种矛盾，对孩子的成长形成许多不利因素。有很多家长对孩子的爱是有条件的，要求孩子做出相应的行为或取得相应的成绩，然后再给予孩子与之相应的爱，家长与孩子的关系成了“生意”关系。这种有条件的爱，极大地扼杀了孩子的自尊心。孩子会觉得自己不够好，需要做出相应的动作，父母才能爱自己。

心理学家认为，孩子最需要的爱就是无条件的爱。孩子最害怕的就是被遗弃与遗忘。对孩子来说，母亲的爱是无条件的包容，这种无条件的爱会使人感受到很深的“安全感”。人一旦有了安全感，自信、稳定、自在的感觉就会油然而生，这样，人才敢于冒险，不怕艰难险阻。

◆怎样和孩子一块儿学习？

现在的一些家长，往往抱怨孩子不理解自己养家糊口的辛苦，指责孩子不肯学习，一股脑儿地把责任推给社会，而家长自己则沉醉在无聊的应酬和消遣里，把学习丢了，缺失了再学习的能力。学习不光是学生时代的事，也不局限于你的专业领域。为父母者，更应该善于和孩子一起学习。

和孩子一起学习是快乐的。现在的孩子大部分是独生子女，希望有一个伙伴，如果家长和孩子做伙伴，孩子开心，家长也会找回童年的记忆。家长是孩子的第一教师，孩子的言行和爱好在家长的熏陶下形成自己的特点。和孩子一起学习，你会感到世界真的很美好。

其实，很多孩子并不在意家长的收入，而是更看重知识的力量，这无疑是我们这个社会这个民族的希望。面对这些充满希望的下一代，家长们应该幡然省悟，静下心来，关上电视、撤掉麻将，在温暖的灯光下，和孩子们一起阅读和讨论，把爱镶上知识的金边，融入孩子纯洁的心灵，呵护他们健康成长。

许多父母经常教育孩子“好好用功”，而忽略了“以智能育智能”这一重要规律。调查发现：孩子思维活跃、分析问题条理清楚跟他们的父母有直接关系，这些父母在谈话间明显地表现出思维的逻辑性，善于动脑筋。

◆和孩子一起学习什么？

读书、看报。在读书看报时，父母还要谈谈自己的认识。读书过程中养成划出重点、剪贴感兴趣的文章和记读书笔记等习惯，在潜移默化的教育中，让孩子喜欢上读书、看报。

小型家庭智力竞赛。进行竞赛的方法多种多样：必答、选答、抢答；口述、手写、动作；记分、淘汰、小奖品。活动还可以针对孩子在学习中的弱点进行练习，激发学习兴趣。

家庭辩论活动。生活中有许多问题是父母和孩子都感兴趣的，但看法未必一样，就此开展辩论活动，各抒己见，也是一项不错的活动。如果在家庭中形成讨论问题的风气，每个家庭成员的水平都会提高，还能矫正有些父母一人说了算的不民主作风。

智力型家务劳动。所有的劳动都有明显的智力因素，如：饭，怎样做能节约时间；菜，怎样做才好吃、好看；大扫除，先干什么，后干什么；拖地板，怎样才能擦干净；等等。

向孩子请教。父母应有向孩子学习的意识，有些知识父母可以直接以孩子为老师。比如，孩子的英语学得更好，父母可以多请教请教孩子，这样更会提高孩子的兴趣，如果孩子发现自己不能回答你的问题，孩子就会很自觉地去学习，这样的学习方式难道不比听写、默写更能促进孩子的学习兴趣吗？

◆如何给予孩子积极的关注？

刘菲的儿子在幼儿园，是个人见人爱的孩子，就是不爱说话。但是儿子却喜欢和他的玩具奥特曼说话，她一直很奇怪这孩子为什么不和人说话，倒喜欢和玩具说话。时间一长，她觉得这样不是很好，就去咨询心理专家，终于得到答案。其实她的儿子并不是不爱说话，而是每次儿子想和她说话的时候，她总是说妈妈很忙，要做饭，你一个人玩去吧。久而久之，孩子自然不会想说了。积极关注孩子，不是仅仅关注吃饱穿暖，虽然那是疼爱，但更重要的是聆听孩子的倾诉。

经常聆听孩子的倾诉，力争准确理解并表述出对他的感受，使孩子感到他在父母心中所占的重要位置。及时赞许孩子表现出的良好品行，使孩子有许多机会了解自己的优点、长处和进步，从而引起积极的进取心。

生活中，父母应尽可能多地抽出时间与孩子进行一些阅读或游戏之类的活动，活动中父母可以“助手”或“顾问”的身份，给予孩子好的建议，引导他们提高自身能力。

适当让孩子做一些简单的、力所能及的家务，让他在劳动中体验自己的价值，并增强为家庭成员服务的责任感。每个孩子都需要从父母那里得到足够的重视。关注是一种爱，爱有多认真，关注得就有多深多细致。再忙再累，每天也要花一点时间问及孩子学习以外的生活需求，应当给予孩子交流沟通的时间与机会。不能动辄打骂。

◆父母教养方式对孩子的影响有哪些？

调查研究证实，父母的教养方式对子女的心理素质、生活习惯、学习行为、各项能力等的发展有直接影响，是影响其心理健康和人生成就的重要因素。我国著名心理学家王极盛教授根据调查指出，家长对子女的教养方式可以分为四种类型：

理解民主型

对孩子从小到大没有打骂，能理性地指导孩子成长，要求孩子做一个正直有用的人。学习上，对孩子要求不怎么多，只需尽力，不施压力，不要求孩子必须考多少分；为了给孩子创造好的学习环境，有的家长自己不看电视、少说话。

过分保护型

什么事情都由父母代劳，帮助孩子解决一切问题，即溺爱型。家庭溺爱会熄灭孩子的创造欲望，使孩子处处需要别人指点与帮助，智力发展受限，使孩子的心理得不到正常、积极、自由的发展，从而懦弱无能，养成依赖心理。

严厉惩罚型

教育孩子态度生硬、言语粗鲁、方法简单，强迫子女接受自己的看法与认识，常挖苦责备，甚至打骂孩子，损伤孩子的自尊心。此种教育方式较以前有所减少，但仍然存在，会使孩子的心理自卑，性格压抑，遇事唯唯诺诺，缺乏独立自主的能力，影响孩子健康人格的发展，同时可能使孩子像父母一样粗鲁、冷酷，不能和他人和睦相处。

过分干涉型

过分限制孩子的言行，逼迫孩子按父母的想法和意愿去活动，不能超越父母的指令，从而使孩子缺乏独立思维，做事没主见，人云亦云，心理得不到健康发展。

◆父母的期望对孩子的影响有哪些？

研究发现，孩子能力的发展、学业成就高低与父母的期望值成正比。父母对子女要求或期望越高，同时在子女成功时给予鼓励、失败时给予惩罚，则子女的进步动机就越强烈，成就越高，反之则较低。

可见，孩子的学习动力及对自己的期望值与社会和家庭对他的期望值密切相关。

但期望值不可过高，否则孩子会产生很大的心理压力，甚至产生焦虑症，尤其是考试焦虑症。如果父母对子女的发展限度、能力大小及兴趣不十分了解，却有很强的虚荣心，就容易对子女寄予超出其能力限度的期望，形成子女的心理压力和焦虑。如果学校的领导和教师又把眼睛盯在学生的考分上，一心想让学生在考试中拔尖扬名，则学生的焦虑心理将更为严重。

父母应全面衡量子女的能力，给予适当的期望，并根据期望采取积极的教育方式，将更有利于孩子的学习和身心发展。

◆哪些做法容易使儿童缺乏安全感？

过度保护孩子

现今的孩子多为独生子女，因而备受呵护。由于家长们或幼儿园老师们对孩子过度保护，过分夸大环境的不安全性，致使孩子即使在没有任何危险和威胁的情况下，也有不安全感，不敢面对任何困难，动不动就退缩和回避，甚至很难适应社会。

家庭冲突和暴力

家庭成员之间的关系，尤其父母之间的关系，会对孩子的安全感产生直接影响。夫妻之间相互尊重、和睦相处，有利于孩子保持平和的心境；而夫妻之间经常吵架甚至拳脚相加，则会把家庭变成孩子烦恼的根源，使他们经常处于惶恐不安之中，影响儿童以后的健康成长。

不能为儿童提供安全的居住和活动环境

由于对儿童安全感的认识和重视程度的不同、家庭经济条件的差异等原因，不同儿童的生存与活动环境也不一样。当儿童自身或其父母意识到所处环境的不安全性时，有的儿童就会产生不安全感和畏惧心理，久之则会缩手缩脚。

动不动就威胁和惩罚孩子

棍棒教育早已被人们所反对，至今仍有许多家长和教师把它作为灵丹妙药来对付孩子，甚至对学龄前儿童滥施威胁和惩罚。当成人威胁或惩罚儿童时，会对儿童心理的发展产生消极影响。

◆如何采取措施增加儿童的安全感？

给予无条件的积极关注

儿童可能因为担心失去父母和老师的爱而产生焦虑和不安。因此，不论儿童的言行举止是否令人满意，家长和老师都要积极地关注孩子。

提供安全舒适的成长环境

学龄前儿童生活与学习的环境主要是家庭和幼儿园。因此，家长和幼儿园老师要负起责任，既要为儿童提供一个安全舒适的物质环境，也要为其发展创造和谐的家庭氛围。安全舒适的物质环境包括稳固的住房、温馨舒适的房间设计布置和室内的采光照明、美丽的校园环境、良好的饮食卫生条件、各种器具和设备安全等等；和谐的氛围，包括家庭成员之间的和睦相处、互相关心，夫妻之间的互敬互爱，幼儿教师的真诚、关心和良好的教育等等。

鼓励探究行为

学龄前儿童的认知动力强烈，好

奇好问、乐于探究。在为他们创造安全的活动环境的基础上，家长和教师还应允许和鼓励他们对一定危险情境的探究行为，培养其冒险精神，增强其安全感。仅仅因为怕出危险而过多地限制儿童的探究行为，会压抑儿童的探究倾向，导致其个性不健全。

实施心理辅导

学龄前儿童有不安全感是正常的，但如果不安全感太强，对不该怕的也怕，就有必要通过心理辅导来增强其安全感。此类儿童的家长或老师也应该积极向有关专家进行咨询，帮助纠正孩子的不良心理倾向。

◆什么是儿童的“学校恐惧症”？

案例一：活泼好动的小明样样讨人喜欢，就是经常逃学。父母为此伤透了脑筋。训斥、哄骗甚至打骂，都不起作用。一到上学时间，小明要么头晕，要么肚子疼，只要答应不送他去上学，他的病就一下子就好了。即使被迫去上学，他也经常逃学去玩耍。

案例二：小华刚入小学时天真活泼，认真好学，家长没有过多操心。后来，为了让他有个更好的学习环境，家长把他送到了一所重点小学，以为孩子会更加好学，成绩会更好。可结果恰恰相反，过去小华回到家里总是自觉地先做完作业，然后才去玩，可现在常常望着作业发呆；过去回到家里总是滔滔不绝地与父母讲同学、老师和学校的各种趣事，而现在变得沉默寡言。学习成绩逐渐下降，小华对上学的恐惧也逐渐增强，于是经常逃学、生病，让家长十分苦恼。

上述两个例子中，孩子的问题就在于“学校恐惧症”。

学校恐惧症是儿童恐惧症中的一种，主要表现是：害怕上学，害怕参加考试。如果强迫恐惧症儿童去上学，他们会产生焦虑情绪和焦虑性身体不适，如面色苍白、心率加快、呼吸急促、腹痛呕吐、便急尿频等；如果同意他们暂时在家休息，焦虑情绪和不适症状很快就会得到缓解。孩子怕上学，可又深知不上学不行，于是内心产生了解不开的疙瘩。如果此时家长把孩子当成病人，会使孩子形成习惯反应，同时会给孩子“有病”的消极心理暗示，逐渐形成虚弱的自我意识，易使孩子失去自信，不利于他们的心理健康。

◆如何让儿童克服“学校恐惧症”？

要儿童克服“学校恐惧症”，首先要了解引起症状的原因。引起学校恐惧症的原因很多，既有内因也有外因。内因主要在于孩子的性格缺陷，如胆小多疑、过于谨慎敏感等。外因有二：一是家长的溺爱，致使孩子独立性差，难以适应学校生活；二是家长、老师对孩子期望过高，超出孩子心理承受能力而逐渐使其形成焦虑、自卑等心理问题，因而害怕学校、不想上学。

家长在确定孩子患上学校恐惧症

后，就应帮助孩子重塑自信，让孩子确信自己没病，是个十分健康的孩子。要积极帮助孩子克服学校恐惧症，但不可操之过急，要循序渐进，可按孩子的恐惧程度由轻到重实施以下步骤：

首先，请同学或请老师来家里辅导孩子。

其次，家长先陪孩子在教室学习，然后让孩子自己在教室学习，逐渐让他在教室和几个同伴一起学习。

再次，让孩子在教室由老师单独辅导，或在教室和几个同伴一起听老师辅导。

最后，让孩子在教室正常上课。

◆如何让劳动成为一种习惯？

提起让孩子“做家务”，现在的家长大多数的反应都是不以为然地“哦”一声，心里想着不知道有多少比做家务更重要的事情等着孩子去学，哪有时间做这种事情？可是，如果我们换一种方式问相同的人群：“你想培养出一个具备责任感的孩子吗？”反响就会大不相同。其实，做家务，是让孩子建立自我价值感、自信心与责任感的绝佳办法。

从小就干家务活儿的孩子长大以后，往往比不干家务的孩子更懂得如何照顾好自己。他们从小就懂得干好一件工作是多么有价值，每完成一项工作是多么让人快乐。然而这仅仅是理想状况！做家务对孩子来说往往不过是一种新游戏，所以要很新鲜有趣才行。很多小孩子刚开始的时候会非常兴奋地帮忙整理玩具，帮妈妈摆餐桌、扫地、倒垃圾，但一旦他们发现这些家务在重复、很无聊，他们就会躲得远远的，对你的要求充耳不闻，完全不考虑自己作为家庭成员还有什么“义务”。

其实，除了家务事不像孩子的其他游戏那样有趣之外，造成孩子们排斥做家务的原因往往来自父母本身。我们在要求孩子帮忙做家务的时候，总免不了担心孩子会帮倒忙。这种担心无意识地通过我们的语气和态度以及不耐心透露出来，让孩子觉得他们的帮助是不重要的、附加的。比如，孩子动作慢一点，我们就会露出不耐烦的神情，尤其是当我们着急的时候，总是说：“算了，让我来吧，这个你做不了！”甚至我们在帮孩子们整理他们乱七八糟的玩具时，也会在他们面前展示出：你看，我比你快多了。

所有家务活儿成年人都能轻而易举地完成，这就让孩子觉得帮忙只是给他们一个表现的机会。而孩子们都是敏感的，即便是很小的孩子也能够非常清楚地感觉到他们对我们的帮助是否真的被需要。如果他们看不到自己被需要或者被肯定，自然也就丧失了对这件事的兴趣。

◆为什么过去年代的孩子很小就会做家务？

因为过去年代的孩子，爸爸妈妈

需要他们的帮助，没有他们根本不行，这让他们感到自己很重要。所以一个五岁的孩子会照顾两岁的小弟弟，帮妈妈扫地，帮助妈妈拧衣服，没有一句怨言。虽然这么多的家务会让一个孩子感到疲惫，但是这也会使他建立一种自信——我在这个家里是重要的，家里没有我不行！瞧瞧今天，孩子没有什么兄弟姐妹，大多是独生子女。餐具也不是很多，衣服都放进洗衣机里，地面也很干净。那么，今天学做家务又有什么意义呢？

学做家务可养成勤俭的美德。让他们懂得每天吃的粮食、住的房屋、穿的衣服、学习用的文具等，都是农民、工人辛勤劳动的成果，都是父母的血汗结晶，从而体会到“一粥一饭，当思来之不易；半丝半缕，恒念物力维艰”的道理。

学做家务可以增强孩子对家庭、对社会的义务感和主人翁精神。孩子通过劳动，可学会战胜困难的科学方法、培养克服困难的毅力和坚强意志；能逐步认识到，自己是家庭中的一个重要成员，对父母、对家庭负有责任。

学做家务也是锻炼身体的一种好形式。我国著名教育家陈鹤琴说过：“劳动发展肌肉。”孩子处于精力旺盛期，能量过剩，一般情况下，孩子在无事可做、有点坐立不安时，即是需要消耗能量的时候到了。如果这时父母能引导孩子把能量消耗在劳动中，适当安排一些家务劳动，让其筋骨得到伸展，精力得到消耗，孩子就会觉得很轻松、愉快。父母掌握利用好这个规律，时间久了，孩子还会养成自觉做家务劳动的习惯。

◆如何想办法让孩子做家务？

如果想让自己14岁的孩子习惯于帮忙做家务，父母必须在他2岁的时候就慢慢渗透这种习惯。父母需要牢牢记住以下几点：

1. 让孩子把家务做成技巧娴熟的艺术。孩子是不是以最快的速度把餐桌摆得井井有条并不重要，重要的是你两三岁的孩子能慢慢学会怎么样来布置餐桌，能够在自己劳动后绕着桌子走来走去，体会劳动的快乐。

2. 在新鲜感和持久度之间找到平衡。是让孩子总是帮忙做同样的事，还是让孩子每天自由选择？这里需要有一点点微妙的变化。变化会给人带来乐趣，使之了解不同方面的知识。一个4岁的小孩儿可以一会儿是浴室专家，找到他的手巾和香皂，一会儿又成为美厨助手，认识各种蔬菜和瓜果。

3. 对孩子们的所作所为不必太吹毛求疵。如果孩子们把勺子塞到了糖罐里或者是把碗打碎了，都没有那么糟糕，他们必须有机会去发现和接受不完美的地方，并且自己想办法解决问题。对于小孩子，人们当然可以提醒：“你给花儿浇水了吗？”或者如果孩子忘记了，大人也可以偷偷地给花浇上水。

4. 学会给孩子一些夸奖。比如拍拍孩子的肩膀，或者对他说："真不错，这一周你已经是第三次自己刷牙，并且把小白牙刷得这么干净了！"如果孩子帮你倒垃圾，你可以把他搂到怀里说："这些天你帮我倒垃圾，妈妈很高兴。"

5. 分派适合孩子做的家务。如果你打算用收拾房间来训练孩子的责任感，那你很可能会碰壁。原因是如今孩子都有太多的玩具，而通常都没有很合适的玩具箱。晚上他们会很疲劳，但是又不想上床睡觉。这种情况下你最好不要勉强孩子收拾自己的玩具。你可以这样说："你先在厨房里帮我忙，晚一点我再帮你一起收拾玩具。"

总之，让孩子建立自我价值感、自信心与责任感的一个好办法就是给孩子布置一些适合他们干的家务劳动。合理的做家务的年龄大约是在孩子 2 岁多的时候，他们可以帮忙把碗摆上餐桌；3 岁的时候试着倒垃圾；4 岁时可以扫一扫地……

◆如何引导孩子进行正确的消费？

星期日，俊俊爸妈决定带俊俊到公园玩，出发前，俊俊听见妈妈对爸爸说："多准备些钱！"爸爸说："就在市里，花不了多少钱。"俊俊急忙说："爸，只要 2000 元就可以，买门票，到酒店吃饭，吃完再去逛超市，买我喜欢的超人。"俊俊爸听了为难地说："爸爸一个月的收入才 4000 元，你一天就要花掉我半个月的工资，剩下的 2000 元怎么支撑家里的开销啊？"

现代社会商品信息多、变化快，处于生长发育中的青少年分辨力不够，自制力弱，容易养成不良习惯，所以家长需要引导孩子进行正确的消费。

首先，应该让孩子了解家庭的收入和开支。这有助于孩子克服攀比心理和乱花钱的毛病，树立"适度消费"的观念。要使孩子认识到自己还没有真正通过劳动为社会、为家庭创造财富，衣食住行和接受教育要靠父母负担，所以没有理由在生活消费上提出过高的要求。父母对于孩子的不适当要求，要敢于说"不"。

其次，培养孩子节俭的美德。让孩子明白"人穷未必志短，有钱未必有志"。单纯限制不是解决孩子乱花钱问题的好办法。对于初中以上的孩子，家长可以考虑在家庭经济允许的范围内，由孩子掌握自己的日常开支，允许孩子在一定条件下自己计划花钱。

再次，不要让孩子受广告诱惑。告诉孩子，广告的宣传不一定都是真实的，不必为广告的宣传所迷惑。即使广告本身没有问题，也要根据自己的实际需要来进行采购，否则会造成浪费。

最后，还要引导孩子用自己的力量来帮助别人。有一些孩子喜欢用父母的劳动所得大方地“献爱心”“帮助别人”，这是不值得提倡的。应当教育孩子靠自己的力量帮助别人才有意义。让孩子知道帮助别人的方式多种多样，可以是物质的，也可以是精神的，在自己还没有创造财富之前，可以选择别的方式。让孩子理解“施舍不是帮助”。

◆如何培养孩子的消费责任？

培养孩子的储蓄观念，教会孩子简单的储蓄方法

例如，孩子很想吃炸鸡，如果买份炸鸡需要20元的话，家长可以告诉他：“今天只能给你10元，明天再给你10元，你凑足20元时再去买吧。”这样做可以激发孩子的储蓄观念，使孩子学会“把今天的钱存起来，等到明天再用”的简单储蓄方法。当然，教孩子分别用储钱罐和银行存折，把平时的零花钱及逢年过节得到的“红包”积存下来，也是让孩子独立储蓄的办法，但要注意根据孩子年龄、个性的不同，对钱的管理加强监控。

培养孩子节约和计划用钱的习惯

日常生活中，家长可以跟孩子讲讲自己和其他行业的工作，让孩子明白赚钱要付出辛勤劳动的道理，自觉养成节约用钱的习惯。除了供给孩子最基本的生活必需品外，有些消费可以让孩子用自己的储蓄去开支。例如，孩子要买玩具或出去游玩，家长可以指导他使用自己的积蓄。这样，不仅可让孩子认识到储蓄的意义，使他体会到用自己的存款来达到目的的快乐，同时还可培养孩子节约和计划用钱的能力。消费学习既是知识方法的学习，也是观念和行为习惯的学习。通过消费学习可以让青少年学会合理安排个人开支，了解和学会计划家庭开支，养成良好的消费习惯。在孩子自主消费的过程中，家长可以给孩子提出建议：量入为出，避免攀比；学会计划，适当存款；比较价格，科学购物；明智选择，自我保护。

◆节假日对孩子的成长有哪些正负方面的影响？

据调查了解，青少年在节假日的犯罪率明显高于平时在校学习时间。有的老师惊异地发现，一个原来学习认真、遵守纪律的学生，过了一个暑假后，变得经常迟到、旷课，学习成绩也下降了。而有的学生在节假日期间积极参加健康有意义的活动，变得更富有爱心和责任感。同样是学生，同在节假日里，不同活动安排产生了两种不同结果。这不能不促使家长进行理性思考：节假日为什么会对孩子有这么大的影响呢？这是因为：①在节假日里，孩子离开学校，离开了教师，父母也放松了对孩子的要求和管理。且孩子学习任务轻，压力小，自由支配时空大大增多，交往对象复杂；②节假日包括寒暑假和国庆节等重大节日，约占全学年时间的四分之一。

在这么长的时间里，孩子离开学校，处于自由状态或家长监护的状态。由于青少年年龄小，正处于他律向自律过渡的阶段，自我制约能力、自我控制能力弱，容易受外界环境影响，可塑性特别大。

从正效应来看：节假日可以缓解紧张的学习生活，调节生活节奏，增加生活情趣；促进学生兴趣爱好的提高，发展学生个性；让他们有时间查漏补缺，提高学习成绩；可以扩大孩子的生活时空，让孩子走向大自然和社会，增长见识；可以让孩子走亲访友，自主交往，锻炼自己的交往能力等。

从负效应来看：若节假日活动安排不当，则有可能让孩子浪费节假日时间，养成不良习气。如大手大脚，任性刁蛮，生活无规律，乱交朋友，或个性孤僻，甚至染上看黄色书刊、吸毒等恶习，走上犯罪道路。特别是在当前的社会环境中，一些社会丑恶现象沉渣泛起，给社会带来不少不健康的东西。若不注意对孩子节假日活动的管理，孩子容易误入歧途。

◆如何合理利用节假日？

几乎所有的孩子都十分喜欢节假日，他们总是盼星星盼月亮，盼望着节假日的到来。节假日是孩子重要的生命历程，节假日活动是对孩子学校生活的必要补充，对孩子的成长有着重要的影响。每一位家长都应努力帮助孩子合理地安排节假日活动。如何使孩子愉快地度过这些节日，为自己和他人增添欢乐，是父母不可忽视的教育内容。不妨从以下几方面入手：

利用节日，进行有关的知识教育。例如，在教师节进行尊敬老师、尊重知识、尊敬长辈的教育；五一节进行爱劳动、爱劳动人民、爱惜劳动成果的教育；六一儿童节进行未来教育。让孩子对这些不同节日有具体的认识。

过节时，父母需要为孩子做好榜样。例如，教师节，父母应通过谈话、通信或去拜访自己的老师，体现尊师的道德风范；母亲节，父母应关心问候自己的母亲，给母亲排忧解难，让老人称心如意。这种教育效果好，与口头教育互为补充。

让孩子参与节日中有意义的活动。如六一儿童节、五四青年节、国庆节，学校、社会都要组织各种形式、丰富多彩的活动。要鼓励支持孩子参加各项活动，在活动中得到锻炼，增长知识，让孩子愉快地度过节日。

让孩子和自己一起准备节日食品。如春节过年包饺子，大人可带着孩子一起采购、一起动手，孩子既得到锻炼，又学到简单的烹饪技术，使孩子过得尽情、尽兴。

◆从哪些方面考虑与孩子一起安排假期生活？

家长必须高度重视节假日孩子活动的安排，防微杜渐，积极引导孩子合理安排节假日活动。充分利用有利因素，变不利因素为有利因素，促进孩子健康成长，家长可以从以下五个方面考虑：

尊重孩子，共同协商。不少家长望子成龙心切，武断地将孩子的暑假“据为己有”，安排各种补习班、强化班、特长班，孩子们不得不从单调的校园走进一个家长精心打造的“鸟笼”。暑假安排要充分尊重孩子的意愿，并给孩子留出一定的自由活动时间和空间。

温故知新，承前启后。家长要与孩子商量抽出一定时间温习旧知识，预习新知识，但切忌在学校布置的假期作业上层层加码。对成绩优秀的孩子，家长要肯定孩子的良好学习方法和习惯；如果孩子成绩偏差，甚至有的功课不及格或品行有过失，则需冷静对待，并给予更多的关心和帮助，切忌粗暴埋怨甚至“武力讨伐”。

“上山下乡”，回归自然。家长最好能有意识地安排孩子到乡村、山区与大自然密切接触，让他们享受大自然的抚爱，感受大自然的五彩缤纷。经济条件允许的家长还可以安排孩子参加一些夏令营活动，游览祖国的风景名胜、名山大川。经济困难的学生也可以在家长的带领下就近到山间田野去活动，一样可以有所收获。

抽出时间，与孩子同乐。家长一定要抽出一定时间与孩子一起娱乐，与孩子一起进行游泳、郊游、野营、爬山、欣赏音乐、制作小工艺品等有益的活动，这样既可丰富孩子的阅历、增长其见识、愉悦其身心，又可以密切家长同孩子的关系。

接触社会，陶冶情操。鼓励适龄青少年参加一些适度的社会活动或公益劳动，如社区活动、帮助残疾人活动等，使其在与人交往的过程中锻炼自己的社会适应能力和应急处理能力，同时培养其助人为乐、与人为善的良好品格。

◆如何为孩子选择合适的东西？

“爸爸，给我 20 块钱，我要买一个奥特曼。”“妈妈，我的铅笔用坏了，给我 3 块钱。”现在的孩子经常向父母提出这样的要求，做家长的既不想拒绝孩子的要求，又怕孩子拿到钱以后乱花，常会感到左右为难，不知所措。那么，到底应怎样对待孩子的这种行为呢？

首先，应区分孩子的要求是否合理。那些合理的要求，例如买书、买练习本，家长应适当满足孩子并让他自己去购买这些东西。这样一方面可以激发孩子的学习兴趣，一方面可以培养孩子的独立性。对那些不合理的要求，家长要严辞拒绝，并向孩子讲明道理。一般来说，上学以后的孩子，都能接受这些道理约束自己的行为。

其次，在给孩子零用钱时，切忌与孩子的学习成绩和家务劳动联系起来。孩子干点家务活是正常的，这既能培养他们的劳动习惯，也能培养他们作为家庭成员应有的义务感。但不能将之和钱联系在一起，家务劳动都是无报酬的，不能因为参加家务劳动而获得零用钱，这样会扭曲正常的家庭关系，变成雇佣关系，扭曲家庭劳动的意义。同样，零用钱也不能用在奖励孩子的考试成绩上，这无疑把金钱当作一种物质刺激，有碍于孩子培养端正的学习态度。

最后，在买礼物之前，父母应该花一点时间去了解自己的孩子，和孩子聊天。知道孩子所着迷的事情、在意的东西，听孩子谈论自己的愿望和希望，但不要让他的这些希望和愿望立刻得到满足，并且让孩子明白不是所有的愿望都是“必须”或能够实现的。这样才能教会孩子学会如何向往、渴望、期待，以及为未来做打算，孩子才会在“美梦落空”的时候不跺脚。只有付出这样的时间代价，他才可能放弃“我要什么妈妈就得给什么”的幻想而慢慢成长。

◆如何培养孩子的上进心？

上进心，就是努力向前、立志有所作为的一种心理品质。孩子的上进心，实际上就是一种积极进取的动机。孩子缺乏上进心，究其原因，大致有如下几种：

爸爸妈妈的挫伤。孩子原来有上进心，但是父母对他的上进心不屑一顾，甚至言辞中常露出讽刺、挖苦之意。孩子的积极性被打击，有的干脆就放弃了努力。

家庭环境的影响。有些家庭中，爸爸妈妈本身缺乏上进心，工作不思进取，生活上庸庸碌碌，更忽视孩子情感与智力方面的需要。对孩子没有明确的行为指导和要求，极少和孩子谈话、游戏、讲故事，压抑了孩子的上进心。

孩子自身不能对自己做出正确评价，不能自我调节、自我监督，因此，不能自我教育、自我激励。

因此，激发孩子做事的积极性，必须以孩子的兴趣为出发点。孩子感兴趣的事，做起来必然有积极性，反之，影响积极性的发挥。

◆如何激发孩子做事的积极性？

在日常生活中，父母激发孩子做事的积极性通常可以采用以下几种方法：

以亲切、活泼、愉快的言语激励孩子。要注意的是，父母的态度极其重要，要站在孩子的角度，以理解孩子的语气，肯定孩子的成绩，继而提出新的要求，这样便会很自然地激发出孩子做事的积极性来。

引导孩子积极活动。孩子在活动或游戏时，父母积极参与，同样也能激发孩子做事的积极性。通过父母的参与，可以使孩子从中得到快乐、获得满足，从而为“下一次”打好基础。

尊重孩子的自尊心同样可以促进孩子做事的积极性。家长必须鼓励孩子做事，即使事情做得不令人满意，也应以鼓励的话语首先肯定孩子的成绩。父母的鼓励，不仅会使孩子受到鼓舞，还能使孩子产生一种“连锁反应”——对新知识的学习欲望，或对旧知识继续努力巩固的愿望。如果父母用讽刺或训斥的语气教训孩子，只能挫伤孩子的自尊心和自信心，甚至会扼杀孩子的积极性，使其滋生畏惧、逃避的心理，更甚者会影响其一生的进取心。

◆什么原因导致你的孩子不喜欢老师呢？

没有得到老师的重视。老师没有让孩子当小干部，没有给他一定的工作任务，甚至在课堂上很少向他提问，或者老师跟他从来没有交谈过。

孩子对某科的学习缺乏兴趣，成绩不好。即使老师没有对他批评、责备，他也会自认为学习不好，老师不会喜欢自己，于是对老师缺乏感情。

因为纪律问题或个别错误受到老师的批评过多、过于严厉。受到太多、太严厉批评的孩子，在老师面前缺少成功、愉快的心理体验，造成感情上的隔阂。

被老师冤枉过，老师又没有认真承认自己的失误。老师教育、批评学生时，难免出现错误，有的孩子被冤枉了，耿耿于怀，产生委屈甚至怨恨情绪，与老师感情疏远。

一般来说，孩子惧怕老师是因为不能忍受老师对自己冷淡的态度，或不能接受老师对自己的批评而对老师产生抵触情绪。而这种负面的情绪直接影响孩子的学习兴趣和学习效率，应该引起老师和家长的重视。

◆如何让孩子与老师正常相处？

首先，要给孩子创造一种宽松、自由的发表意见的氛围，使孩子毫不隐瞒地讲清楚老师批评自己的原因，以及对自己的态度和自己接受批评时的心情。家长一方面要认真听取孩子对事情的全部经过的陈述，以及孩子对老师的批评和处理意见的看法，另一方面要冷静分析孩子产生抵触心理的主要原因，并采取适宜的方法予以解决。

其次，要注意培养孩子的“同理心”（即人的心理具有的识别他人的情绪并对其做出适当响应的一种能力），让孩子学会站在他人的角度考虑问题和处理问题，创造情境让孩子亲身体会老师的难处，并在这个过程中改善师生间的关系，减轻或避免孩子对老师的抵触情绪。切忌在没搞清事实真相之前就简单粗暴地批评孩子或对老师表示不满。应教导孩子：一方面要尊敬老师，尊重老师的劳动；另一方面，要正确对待老师的过失，委婉地向老师提意见。最后，积极配合老师教育好自己的孩子。家长要了解孩子在学校的表现，老师也要了解孩子在家中的行为，这对家长和老师共同教育孩子、避免孩子对老师产生抵触情绪是极其重要的。而只有家长与老师经常保持密切的联系，才能步调一致、有的放矢地对待孩子成长过程中各种合理的需要，并施以有效的教育，使孩子在老师的教育中体会受教育的愉快。同时，要让孩子懂得，对老师的尊重并不等于认为老师做得都对，对老师有意见就应该向老师提出来，只是需要讲究一些策略，最好是在事后找老师谈心，说明实情，消除误会。

◆附：你对孩子的家庭教育方法是否得当？

家庭教育已经成为每一个家长的首要任务，无论家务和工作多么繁忙，家长也要挤出时间来对子女实施家庭教育。但有些家长常常因家教收效甚微而苦恼。原因很简单，你的家庭教育方法不正确。

1. 5 岁的悦悦把几十件积木玩具扔得满屋子都是，妈妈一定要她收到盒子里。悦悦不理，最后哭闹到奶奶处，于是奶奶动手收拾起来，但妈妈还是说："小孩子应该自己学会收拾玩具。"后来爸爸对悦悦说："这次就原谅你，我来收拾，你来帮助我，下一回，自己干。"爸爸在盒子里放了 5 件积木，其余的都藏了起来。第二天，悦悦玩过这 5 件积木以后自己也收了起来，爸爸又奖给她 5 件积木……对这件事情你怎么认为？

2. 6 岁的淘淘一看见饭桌上有瓶打开的果酱，马上一把拖到自己的面前用舌头舔来吃，而且舔了又捞，捞了又舔。奶奶发现后说："你怎么把手指伸到瓶子里去了？多脏！"妈妈就给了淘淘一把勺子，让他从瓶子里舀了吃。爸爸用目光表示反对这样做，但妈妈说："瞧你，孩子吃点果酱也小气！"请问这件事谁对谁不对？

3. 拉拉实在太喜欢她的玩具娃娃了，有一次她看见爸爸放在桌上的剪刀，就拿来剪旁边的新头巾准备给玩具娃娃也做一条头巾。当爸爸发现他打算送给妈妈的礼物被弄坏后，非常生气，就罚拉拉站壁角。这时妈妈回家了解了此事，就把爸爸拉到厨房里说："拉拉才 4 岁，别这样处罚她，要给她讲这样剪是不对的。"但爸爸坚持己见，他认为家里应该有条规矩：无论大人小孩，谁糟蹋了东西都应受罚。那么你认为这是原则性强的表现吗？

4. 有一次莎莎看见爸爸在家里抽烟，就问："爸爸，人家说抽烟是不好的，那你干吗还要抽呢？"爸爸有点脸红，就对莎莎说："好，我以后不抽了。"过了一段时间，他才发现这非常难以做到，于是又偷偷抽了起来。但是莎莎还是闻到了香烟味，见到了香烟头，所以她又问爸爸："你不是说过不抽了吗？"看来，爸爸这次的回答可不能随口说说了。究竟该怎样回答才好?

5. 再过两星期，娜娜就要满5周岁了，妈妈为她买了生日礼物——电动汽车玩具。当妈妈把汽车藏进大橱时，娜娜问她这是什么，妈妈神秘地笑笑，说这是个“秘密”。于是娜娜缠着问是什么“秘密”。妈妈说:“够了，你真烦死人，到那一天自会给你看的。”娜娜说:“嗨，我知道了，这是我的生日礼物！给我看一眼，我只要看一眼，我保证!”请问这件事的结局你能预测到吗？有什么地方不大对头?

答案

1. 培养孩子的良好习惯绝不应只是要求,而应该按“解释——示范——在大人指导下完成——独立完成——评价”这样的顺序进行。妈妈不了解四五岁的孩子能乱扔几十件东西，但不会把它们收起来；像奶奶那样只是包办代替也不可行；需要像爸爸那样逐步培养孩子自己做。

2. 6岁的孩子往往还没有养成礼貌和卫生的习惯，更不懂得先要得到大人的允许。妈妈对爸爸的责备当然更不对，爸爸不是小气，从瓶子里直接舀果酱吃当然不对，果酱应先舀在碟子里再涂在馒头或面包上。所以果酱瓶不应没加盖子，更不应直接拿上饭桌。

3. 其实爸爸自身犯了好几处错:首先剪刀不应乱放，其次礼物又没收好，更主要的是用成人的标准去看待幼儿的行为：因为在拉拉看来，她这样做是非常重要的——她的娃娃需要“头巾”，这并没有什么错。妈妈的意见是正确的，而且她还很注意，在孩子面前不马上去指责爸爸。

4. 既然父亲已经答应过不再抽烟，那就一定要遵守诺言，不论这样做有多么困难，因为这对孩子的教育意义实在太大了。现在父亲绝不能再次掩饰，只能回答:“我答应过不抽，但没能做到。孩子，这比抽烟更坏。我现在才知道抽烟已成习惯，很难一下子戒掉，你将来无论如何也别去学抽烟，我也要努力去戒掉它。只要下定决心，是能戒掉的。”

5. 你可以想象得出妈妈最后还是拗不过娜娜，不但给她看了一眼，而且到生日那天，汽车也许都已玩旧了。许多年轻的父母本身就急于在孩子面前炫耀、夸示一切，这并不好。

第 13 章
个体与社会

——我不是个孤立的岛

在走向全球化的今天，不论是2008年的汶川大地震，还是2010年的舟曲泥石流，每一场世界性灾难发生后，总是“一方有难，八方支援”，没有“他们的”，只有“我们的”，因为我们都是共同的地球人。人们传达着爱心，出于人类悲悯同胞的天性。在战胜灾难、重建家园的过程中，唯有跨越狭隘疆界的爱，才能给在天灾面前显得渺小与脆弱的人类以尊严和生的希望。看到新闻报道那些不断刷新的死亡和失踪数字，我们会叹息，会落泪，会追思。这些超越国度、种族、阶层、文化、利益的情感层面的“感同身受”让人心震撼，也让每个人都多了一份责任感。

或许你和笔者一样奇怪，为什么人们彼此伤害，又彼此帮助？是什么引起了那些社会冲突，又是什么让那些紧握的拳头变成了彼此援助的双手？作家海明威曾说，每个人都不是一座孤立的岛屿。每个人都生活在这个社会上，虽然看起来每个人是自由来往的，是独立的个体，但是我们是社会的一个肢体，虽然从表面上看是一座座孤立的岛屿，但是海平面下的陆地是相连的。

◆我是谁？——最难“认识”的自己

从前，有个里长押送一个犯罪的和尚去边疆服役。这个里长有点糊涂，记性也不好，所以每天早晨上路前，都要把重要的东西清点一遍。他先摸摸包袱，又摸摸押解和尚的官府文书，然后又摸摸和尚的光头和系在和尚身上的绳子，确定和尚在，最后摸摸自己的脑袋：“我也在。”

每天早晨都这样清点一遍。有一天，狡猾的和尚想出了一个逃跑的办法。

晚上他们在客栈里吃饭时，和尚把里长灌醉了，然后找了把剃刀，把里长的头发剃光了，又解下自己身上的绳子系在里长身上，就逃跑了。

第二天早晨里长醒了，开始例行

公事地清点。他摸摸包袱，包袱在；又摸摸文书，文书在；和尚……咦，和尚呢？里长大惊失色；但他忽然看见镜子里自己的光头，再摸摸身上系的绳子，就高兴了："噢，和尚还在。"可是他忽然又恐慌起来："那么我哪儿去了呢？"这是个笑话，用来比喻人们有时候对自己不能有清醒的认识。

我是谁？我从哪里来？又要到哪里去？这些问题从古希腊开始，人们就不断地问自己。然而到如今人们都没有得出满意的答案。认识自己，心理学上叫自我知觉。认识自己是非常重要的，像老子说的："知己者强。"一个人越了解自己，就越有力量，因为他知道怎样扬长避短，以及怎样最好地发挥出自己的潜力。

那么人应该怎样真正认识自己呢？这就需要经常的、仔细的反省，而不能受外界环境的左右。曾子说："吾日三省吾身。"指的就是靠经常性的自我反省和思考，来了解自己的本性及其变化。别人的意见不是不能听，但是在听完别人的意见后，一定要进行自己的分析。也就是说，你永远不能把自己的脑子交给别人，永远要保持自己清醒的、独立的判断。

◆安全感和什么成正比？——朋友的多少

美国心理学家斯坦利·沙赫特聘请了一些女大学生来参加实验。沙赫特把被试者分为两组，分别给两组被试者不同的实验用语。对第一组，沙赫特想唤起她们高度的恐惧感，便对她们说她们可能受到相当强烈的电击，可能很痛苦甚至遭受伤害，但保证不是永久的伤害。对第二组，沙赫特只想唤起她们较小的恐惧感，因而沙赫特告诉被试者说她们将受到电击，但是受到的电击电流很小，只是感觉有点发痒或震颤，一点不舒服感而已。

结果测量发现，不同的引导语引发了被试者不同程度的恐惧：第一组被唤起了高恐惧感，第二组被唤起了低恐惧感。在测量了恐惧唤起的程度后，沙赫特假装调试设备，告诉被试者让她们在休息室休息。在此期间，她们可以自由决定独自等待还是和他人一起等待。第一组感到更多恐惧的被试者60%以上都做出了与别人一起等待的选择。而第二组，没怎么感到恐惧的被试者大部分愿意自己独自等待。实验结果如沙赫特所预料的那样，高度恐惧的被试者比低度恐惧的被试者更希望和其他人一起等待实验的开始，即更加合群。并且被试者的恐惧越深，合群倾向就越强。人越感到不安，想要和别人在一起的动机越强烈。所以，恐怖电影里越是面临生死抉择的紧急关头，越是有爱情故事的出现，而看恐怖电影的人，也容易抱成一团。

◆社会协调性表现在哪几个方面？——人际、环境、情境

社会协调性主要表现在以下三个

方面：

较强的人际关系的适应能力。能够正确对待、处理和协调好各种人际关系，这是衡量和判断社会协调性的关键和核心因素，是心理健康的重要标准之一。

较强的自然环境适应能力。为了某种需要，任何一个心理健康者，尤其是青年人，应该具备在各种自然环境中生存的能力。

较强的适应不同情境的能力。一般地，情境是指个人行为所发生的现实环境与氛围，分狭义情境和广义情境两种。狭义情境是指个体心理活动和行为发生的场所、氛围，交涉对象的态度、情绪等，如考核、演讲、比武等场合；广义情境是指宏观的社会历史进程、国际形势等。狭义的情境受广义情境影响和制约。心理健康者能够在不同时空和各种情境中保持自己的心理状态平衡，并充分发挥个人的心理潜能和优势。

◆什么是众从心理？——多数听从少数的现象

1966 年，法国社会心理学家 S. 莫斯科维克最早注意到群体中存在少数人对多数人的影响，认为社会影响一方面是少数人听从多数人意见，另一方面也存在多数人听从少数人意见的情况。为此，他与他的同事对从众行为进行实验研究，并取得了一系列新的研究成果。实验程序是这样的，给参与实验者呈现一个清晰的物理刺激，并做出正确判断。其中假被试者有 2 名，而真被试者有 4 名。然后在一个简单的颜色知觉作业中，要求他们判断仅因发光亮度不同而有所差异的蓝色幻灯片的颜色，两个假被试者首先回答，每次均故意出错，说幻灯片是“绿色的”，结果，其他真被试者中有 8.4％回答幻灯片是“绿色的”，32％的真被试者报告说至少有一次看到了“绿色的”幻灯片。

群体中多数人受到少数人意见的影响而改变原来的态度、立场和信念，转而采取与少数人一致的行为的现象就是从众行为。当群体中有少数人意见保持一致，并坚持自己观点的情况时，多数人可能会怀疑自己的立场是否正确，在思想上动摇不定，一部分人首先转变态度，倾向于少数人的意见，然后多数派内部思想瓦解，越来越多的人转变立场，开始听从少数派的意见，使少数派在群体中起到举足轻重的作用。

◆为什么三个和尚没水喝？——社会懈怠现象

在我们还是小孩子的时候，都听说过“一个和尚挑水喝，两个和尚抬水喝，三个和尚没水喝”的故事，三个可怜的和尚，成了大家讽刺的对象。但事实上，这种人性的弱点，岂止他们三个？天底下像他们一样的“和尚”不在少数，因为这其中有社会懈怠现象！

心理学家瑞琼曼是最早发现社会懈怠现象的。他让参加实验的工人用力拉绳子，并测他们的拉力。第一次让每个工人单独拉绳子；第二次让三个人一起拉；第三次让八个人一起拉。原以为拉力会随人数的增加而增加，但结果却发现：工人单独拉绳的人均拉力是63公斤；三个人拉的人均拉力是53公斤；而八个人拉的人均拉力是31公斤，不到单独拉时的一半。

面对确确实实存在的社会懈怠现象，心理学家们试图从不同的角度来解释出现的原因。有人认为当团体成员一同完成任务时，个人认为自己的努力被淹没在了团体当中，因此责任感降低，从而努力水平降低；也有人认为，个人的业绩是受外人影响的，当单个人完成任务时，他是众人的“焦点”，在压力作用下会更加努力，而与大家一起完成任务时，外人的注意力会分散到不同的成员身上，每一个人感受到的压力减小，努力的水平也就下降；还有人认为，团体中的每个人都在怀疑自己的合作伙伴可能并不像自己这么卖力，所以自己也没有必要很努力了……

虽然各家说法纷纭，但是，大家对消除社会懈怠现象却有着比较一致的观点，那就是让每个成员都感受到更多的价值和责任。如果你将来有可能成为一个管理者，有效地克服员工的社会懈怠恐怕是对自己的很大挑战，一定要做好心理准备啊！

◆什么是从众心理？——“随大流”的倾向

春秋时期，孔子的学生曾参的家乡在费邑。有一个与曾参同名同姓的人在外乡杀了人，一时间曾参杀了人的消息便席卷了整个费邑。曾家的一个邻居就对曾母说，目击者在案发后说凶手就是曾参呢。曾母不太相信，自己家的儿子还不了解嘛，何况还是孔子的弟子呢。随后，又有一个人向曾母说，曾参真的在外面杀了人。曾参的母亲依旧不太相信，但是心里有点动摇了。又过了一会儿，第三个人向曾母说，曾参真的在外面杀了人，现在已经被官兵抓起来了。听到这儿的时候，曾母已经相信事情是真的了。邻居们劝她赶快逃跑，免得因受牵连被抓。这时，曾参回来了，一番解释之后曾母才明白事情的真相，那个杀人的人只是一个与曾参同名同姓的人。

美国社会心理学家阿希，就发现了从众心理。阿希在实验当中研究了人们会在多大程度上受到他人的影响，而违心地进行明显错误的判断。

这样的事情你是否遇到过？四个人一起去吃午饭，你看着菜单，小声嘟囔着：“今天吃什么呢？来一份炸酱面吧！”这时同伴中的一个人说：“我要一份牛肉面。”接下来其他两个人也都附和说：“那就吃牛肉面吧！挺香的。”在这种情况下，你可能也会说：“那我也和你们一样吧。”

这种“随大流”的现象，恐怕在每个人身上都发生过吧。人们都知道“我行我素”这句成语，而在现实中，却很难做到这么“潇洒”。在现实中，人们往往不是自己喜欢怎样便怎样，在很多时候，甚至可以说在大多数时候，人们要看多数人是怎样做的，自己才怎样做。

在心理学上，个人的观念和行为受群体的引导或压力，从而向与多数人相一致的方向变化的现象，叫作“从众”。用我们平常的话来说，就是“随大流”。生活中顺应风俗、习惯和传统等——所谓“入乡随俗”，以及在吃喝、穿戴、娱乐上赶时髦，追新潮等，都是从众的表现。

◆如何巧用从众心理？——聪明的服务员

每个人可能都有随大流的倾向，然而也不可否认，众人有很多时候的确是对的。但实际上众人并不总是可靠的。有人在商店门口看见“长龙”，不由分说便排到了队尾，然后才问：“这里是卖什么的？”有人在马路上看见围观的人群，不管自己有事没事都要挤过去看一看。还有的时候，众人是错误的，就是我们平常说的“真理在少数人手里”的情况。在这种时候，往往由于从众心理，少数正确的人也会放弃自己的观点而遵从众人。

有的人懂得巧妙地利用从众心理。美国某餐厅有两位服务员小姐，一位叫梅莉，一位叫珍妮。她们为了促使客人支付小费，都事先在各自收取小费的盘子里放了一枚硬币。不过，梅莉放的是 10 分的，珍妮放的是 25 分的。结果，两个小时以后，梅莉收到的小费，都是 10 分的硬币，而珍妮收到的却都是 25 分的。这是因为客人想支付小费的时候，大多拿不准以多少为宜，就需要以别人的标准作为自己的参考。

◆什么是亲社会行为？——乐于助人是人类的天性

一位富商死了，他的灵魂想要上天堂。

上帝就问他：“你认为你有什么资格进天堂？你曾经做过什么好事吗？”

富商很理所当然地回答说：“我曾经掉了 10 块钱，滚落在乞丐的帽子里，我并没有向他讨回，这也算是一项善举吧！”

上帝又问：“只有这一件吗？”

富商赶紧回答说：“不！还有一次我看到一个老太婆快饿昏了，我就给她 20 块钱！”

上帝回头问问天使：“这两件事是否在记录中？”

天使回答说有。富商点点头，满脸期待地望着上帝说：“现在，我可以进天堂了吧！”

上帝摇摇头，对天使说：“我们还

他30元，让他滚回地狱去吧！”

在这个故事中，不论富翁当初的动机如何，他把钱送给了乞丐和老太婆的举动，都属于一种亲社会行为，只是这种亲社会行为有着太多利己的痕迹，更像是一项投资举动。

人们在共同的社会生活中经常会表现出类似这样的行为，比如帮助、分享、合作、安慰、捐赠、同情、关心、谦让、互助等，心理学家把这一类行为称为亲社会行为，又叫积极的社会行为。亲社会行为是人与人之间在交往过程中维护良好关系的重要基础，对个体一生的发展意义重大。

亲社会行为不仅使我们能够获得来自社会的、他人的和自我的奖励，而且能够避免来自社会的、他人的和自我的惩罚。这会促使人们形成积极的社会价值观，有利于自身的身心健康，并有助于人们从友谊中获取很多的快乐。

◆亲社会行为的动机是什么？——利他、利己、集体、规则

关于亲社会行为的动机，心理学家给出了如下四个方面的解释：

利他主义：纯粹为了使他人获益，个体在做这种亲社会行为的时候并没有考虑到个人的安全和利益。

利己中心：以自我利益为中心——某些人之所以帮助他人，是为了得到回报和报酬。

集体主义：为了有利于某一特定群体——人们可能会做一些帮助性行为来改善家庭、妇女联合会、政党等的处境。

规则主义：支持道德原则，有些人做亲社会行为是因为遵循宗教或习俗的原则。

美国心理学家E. 威尔逊认为，亲社会行为倾向源于动物的遗传本能，亲社会行为在动物身上有很多体现。在蜜蜂中，工蜂会用叮的办法攻击入侵者，当它叮了入侵者以后，螫针就留在入侵者身上，这样叮入侵者的工蜂就死掉了。工蜂虽然死了，但它却增加了蜂群生存的机会。威尔逊同样认为，亲社会行为也是“人类本性”，在我们的生存中起着重要作用，而且是无须学习的。

从行为主义的观点来看，亲社会行为导致人与人之间出现了互帮互助的现象，这对于维护与促进整个人类世界的稳定与繁荣是非常有意义的，比如当一个地方遭遇自然灾害后，国际上很多国家的志愿者都奔赴那里，去帮助那些身处困境的人，哪怕自己的利益会遭受现实的或潜在的危害。

◆什么是群体心理场所产生的效应？——场化效应

有这样一则笑话：

空中小姐在飞机上递了一杯酒给牧师。

“现在离地面多高？”牧师问道。

“二万英尺。”

“我看我还是不喝的好……因为这儿离我们总部太近了！”

牧师所谓的总部就是他心中的神圣之地天堂，当接近“总部”后，牧师自觉地按照“总部”的规则拒绝杯中之物，从某种意义上来看，这便是心理学中的“场化效应”。

所谓的场化效应就是由群体心理场所产生的效应——一个个体本来不具备某些个性特征，但是一旦进入某个群体后，便会被这个群体所产生的心理场所磁化，从而产生某些自身不具备的个性特征、行为与情绪。比如，有的人本来对赌博并不感兴趣，但是当置身于赌场时，也会情不自禁地加入赌博人群；有的人性格比较内向，很少在公众面前表达自己的情绪，可是当参加一个气氛比较热烈的演唱会时，也会像那些疯狂的歌迷一样，与他们一起呼叫、高喊。

◆产生场化效应的原因是什么？——模仿、从众，不一而足

集体意向说。它认为群体心理场能产生一致性的集体意向，这种集体意向是一种从许多人的潜意识中发展而来的。该理论认为，群体中的人，似乎都有一种大权在握的感觉，他们接受社会传染，并模仿他人行动，也易于受到催眠的暗示。

精神感应说。它认为同一群体的人，集中注意于同一个对象，很可能产生同样的情绪，以致共同做出出格的举动。这主要是因为他们觉得在群体中的行为比较安全，不怕受到惩处，当然，人们也往往认为群体的要求总是对的。

模仿说。这种理论认为，群体中的情感或行为是从一个参与者传到另一个参与者，其实质是模仿。社会学家布鲁迈是这一理论解释的提出者，他对社会传染进行研究后，指出某种行为“吸引并感染了许多人，他们中有许多人本来是超然的和无动于衷的观众和旁观者。开始时，人们可能仅仅是对那一行为好奇或者有些兴趣，当他们获得那种激动的精神，也就对那一行为更加注意了，同时也就有更加介入进去的倾向”。

循环反应说。它认为主要是循环反应过程导致了“场化效应”，在这个过程中，情绪和行为在不同的个体间相互传染，导致大家趋同。比如，在一次演出中，只要有一个人喝倒彩扔东西，便会导致更多的观众喝倒彩扔东西，行为从个人波及群体。

责任扩散说。它认为置身于群体之中，个人分摊到的行为责任很小，因此一些平时胆小、怕事、保守的人便会做些一个人不敢做的事。

从众说。它认为群体会对个体产生一种压力，如果个体不按群体规范行事，便可能被群体其他人员冷落、责难、孤立，为了避免这些恶性境遇，个体便会做出与群体一致的行为举动。

◆为什么会有“猪孩”？——环境与模仿

据报道，曾有一个“猪孩”王显凤，1974年12月23日出生在辽宁省台安县一个农村家庭。母亲早年患大脑炎而痴呆，父亲是个聋哑人。王显凤从小没得到好好照顾，成天饥一顿饱一顿。后来有一回为了找吃的，她爬到一窝刚出生不久的猪崽中间，本能地像小猪崽一样拱在母猪肚子下吃起了奶。老母猪似乎也不讨厌这个小孩，就这样，王显凤开始了与猪为伴的生活。她成天与猪为伴，终日与猪为友，看到的是猪的样子，听到的是猪的声音，在这样的环境下生长，行为自然也是模仿猪的行为。到了11岁时，虽然在身体发育上和正常儿童一样，但经过智力测量，她的智商仅相当于3岁的小孩。

著名奥地利心理学家、动物学家、习性学创始人康拉德·劳伦兹对鹅进行了一项不同寻常的实验。他将鹅生的蛋分作两组孵化：一组由母鹅孵化，雏鹅出世后最先看到的活动物是它们的母亲，结果母亲走到哪儿，它们就跟到哪儿；另一组由人工孵化器孵化，雏鹅出世后它们最先看到劳伦兹本人，于是劳伦兹走到哪儿，小鹅跟到哪儿，小鹅把劳伦兹当作“妈妈”了。随后，劳伦兹还把两群小鹅扣在一只箱子里，让母鹅就在不远处。当劳伦兹把箱子提起后，受惊的小鹅朝两个方向跑去：记住母亲的那些小鹅朝母鹅跑去，记住劳伦兹的朝劳伦兹跑来。这就是著名的“跟随学习”实验。

◆什么是传播扭曲？——流言蜚语

某娱乐节目曾做过这么一个游戏：让几个人站成一排，甲向乙耳语一句话，乙再传给丙，丙传给丁，丁再传给戊，最后，让戊说出是什么事。结果戊说出的话与甲的原话大相径庭，甚至是风马牛不相及，完全变了样，令观众捧腹大笑。

这个游戏说明了生活中一个常见的现象，就是信息在传播过程中经常会被层层扭曲，甚至最后面目全非（而且多是夸张、增值而非缩小、减值的）。这种现象叫作“传播扭曲”。所谓的流言就往往是“传播扭曲”的结果。流言是人们相互传播的提不出任何可信依据的消息。流言本身并不一定怀有恶意，其不确定性往往是无意讹传所致。有的流言的后果可能很恶劣，比如引起社会混乱或给当事人造成巨大的精神痛苦等。

流言传播的特点是一传十、十传百，越传越玄，一直传播到面目全非。在这个过程中，有的人根据个人的经验减去一些内容，有的则增加一些内容，这种加墨润色使流言具有很大的不确定性。古人说：“谣言止于智者。”既然我们知道了传播谣言的危害，我们就要尽量避免小道消息的干扰，要学会冷静地分析判断问题。这样对人对己都有好处。

◆什么是社会促进？——一起做简单的事会提高个人效率

1897 年，心理学家特里普利特观察发现，自行车比赛时，多人同时比赛要比一个人单独计时比赛成绩更好。受到这种现象的启发，他做了一个实验，要求儿童绕钓鱼线，越快越好。结果发现，跟大家一起绕的儿童比单独绕的儿童速度更快。

后来，更多的心理学家也观察到了这种现象的存在，就把他人在场（比赛伙伴或观看者）引起的个体活动中效率相应提高的现象，叫作社会促进。

类似的现象在生活中是司空见惯的，比如：你在一条空旷的马路上散步，当另一个人在你身后急匆匆地超过你时，你会不自觉地加快自己的步伐。你骑车上街买东西，当你发现后面有一辆自行车在向你靠近，并正要超越你时，你会情不自禁地加快车速。

这些现象是什么原因导致的呢？人总是有惰性的，单独一个人时，无所谓输赢、好坏，没有人看见，没有人和你比较，你就觉得怎样都可以。当出现第二个、第三个人，甚至更多人时，你的感觉就大不相同，你会认为有人在看着你。你会情不自禁地想："他们可能正在评论我干得怎么样呢，我一定要好好干，让他们瞧瞧。"在任何社会环境中，人们都会有害怕被抛弃的感觉，总想要别人喜欢和接受自己。很明显，当你与别人在一起时，这些动机更为强烈，当别人在身边时，你总认为别人可能正在观察自己。也许，你根本就不认识身边的人，但你却可能认为他们在某种程度上对你进行着评价，而社会中的我们又是很在意别人对自己的看法的，所以就不安起来，也会更加努力了。如果对方碰巧和你做着同样的事情，就会让你感到一种竞争的存在，人都是好胜的，谁也不想被别人比下去，你于是想把事情做得又快又好，不知不觉便提高了效率。

◆什么是社会促退？——一起做复杂的事会降低个人效率

有旁人在场，是不是都会引起社会促进呢？并非如此。社会促进并不是总会发生，有时，身边有别人在场，反而会引起我们效率的下降。这种现象叫作"社会促退"。

凡是到过日本京碧寺的人，都会见到寺门匾额上的"第一议谛"四个大字。这几个字写得龙飞凤舞，灵韵非凡，吸引了许多游客驻足欣赏。但是很多人不知道，这幅字还有一个有趣的来历。大约 200 多年前，洪川大师来到京碧寺，庙里的和尚请他写这四个字。洪川大师每写一字，都要精心构思，反复揣摩，真可谓呕心沥血。可是替他磨墨的那个和尚，是个颇具眼力而又直言不讳的人。洪川的一钩一捺，只要有一点点瑕疵，都会被他“挑剔”出来。

洪川耐着性子先后写了84幅“第一议谛”，都没得到这位和尚的赞许。最后，在这位“苛刻”的和尚离开如厕的空隙，洪川松了一口气，在无所顾忌的情况下，一挥而就写成了这四个大字。那位和尚从厕所回来一看，竖起大拇指，由衷地赞叹道：“神品！”洪川开始时写不好字，就是社会促退的作用。

关于社会促退，心理学家皮森在1933年的实验中进行了证明。他发现，有一个旁观者在场，会降低被试者有关记忆工作的效率。心理学家达施尔也提出，有观众在场时，被试者即使是做简单的乘法，通常也会出现差错。这又是什么原因呢？看来社会促进的发生是有条件的。对于那些做简单工作的人来说，有他人在场，会激发个体竞争的动机，而增强的动机有利于个体加快做事的速度。但如果这项工作对个体来说是新接触的，还很不熟悉，或个体还很难做好，还需要动很多脑筋，这时候，旁人在场会引发动机的增强，从而导致个体的紧张和焦虑，个体便更容易表现得手忙脚乱，反而做不好。

◆什么是社会感染？——感人场景中人的行为失控

二战期间，德国纳粹头子希特勒很善于在大型集会中进行煽动性演说，以此来煽起民众的“大日耳曼主义”情绪。群众对希特勒报以近乎疯狂的欢呼，在场的每个人都做出了平时羞于做出的夸张动作，并喊出平时无力喊出的歇斯底里的叫声。这种个体在特定场景的感染下，表现出情感和行为上不同程度的失控现象，在心理学上叫作“社会感染”。

引起群众争相仿效的社会感染一般有两种。一是情绪传染，个体自控能力下降，表现为各类过激行为。二是行为传染，动作从一个人传到另一个人。当参与者具有共同的态度、兴趣和价值观时，社会传染最有可能发生。特别是在球场的大环境中，作为松散的无组织的社会共同体，同仇敌忾的球迷不约而同地跟随他人而行动。当人们对比赛的进程、比赛的结果或者比赛中的球员、裁判有意见时，不满的情绪被煽起，并迅速扩散，只要有一个人向赛场扔东西，其他球迷也会扔东西，一下子掷抛物会像暴雨般地向下飞去。同样，那些冲动的暴力行为也会迅速引起共鸣，从而引发球场骚乱。在“社会感染”中，个体感到丧失了个人身份，自己也不知道自己在做什么，表现出与内在标准（主要是道德守则）的不一致，还会做出正常情况下绝不会发生的行为。这其中一个关键的因素是匿名效应——就是因为没有人知道自己的名字，人们才敢这样大胆。

◆ **社会传统是如何形成的？——仪式的一部分**

一名主教到非洲的一座教堂参加祝圣仪式。由于教堂的椅子不够，主教不得不坐在一个装肥皂的木箱上。仪式开始不久，木箱突然破了，主教尴尬地跌倒在地。然而对于主教的遭遇，教堂内没有一个人失声而笑。

仪式结束后，主教对该教堂的神父说："你们这里的人真有礼貌，我本来以为自己摔倒在地上，会引起所有人大笑呢。"

神父回答："噢，他们还以为那是仪式的一部分呢！"

如果教堂里的人不是第一次参加祝圣仪式，对于主教的失仪之举或许便会捧腹大笑了。此时，大家都从众而不笑，是因为他们认为不笑才是这种场合的正确反应方式。

谢里夫·穆扎法是美国心理学家，他曾做过一个与自主运动效应有关的实验。实验中，他要求参与者判断一个光点的运动量，该光点出现在一个全黑的背景上，没有任何参照点，虽然它实际上是静止的，但看上去是运动的——这便是称之为自主运动效应的知觉错觉。在最初的时候，谢里夫让参与者单独做出判断，个人判断的差异很大。然而，当参与者被召集在一起，每个人都大声地说出自己的判断时，他们的判断就趋向一致。他们一致认为看到光点朝着同样的方向移动，并且移动量也相同。随后，谢里夫让参与者结束集体观看之后，独自回到同样的暗室，让他们重新判断光点是否移动，实验发现他们仍然遵从刚刚形成的群体规范。

当群体解散后，那些参与者独自回到暗室后，仍然遵从既已形成的群体规范，这正揭示了现实生活中的传统是怎么形成的。因为随后的研究发现，关于自主运动的群体规范在一年后的测试中依然存在，即使最初创立规范的小组成员都离开后，最初所形成的关于自主运动的观点仍然经过几代的小组成员传递下来。通过这个实验，你便会明白那些历史悠久的传统为什么至今仍然影响着现代人的生活了。

◆ **附：人缘测试**

所谓"人缘"，即指同领导、群众、同事、朋友的关系，那么你的人缘怎样呢？通过对下面试题的选答，相信你就会有一个基本的评价。

请根据实际情况回答以下问题，选 A 得 1 分，选 B 得 2 分，选 C 得 3 分。

1. 你最近一次交朋友，是因为：

A. 你认为不得不结交

B. 他们喜欢你

C. 你发现这些朋友令人高兴、愉快

2. 当你度假时，你是：

A. 喜欢独自一个人消磨时间

B. 希望交到朋友，可是往往很难做

到

C. 通常很容易就交到了朋友

3. 你已经定下一个约会，可到时你却疲惫不堪，无法赴约。这时你的处置方法是：

A. 不赴约了，希望对方会谅解你

B. 去赴约，但问对方如果你早些回家的话，是否会介意

C. 去赴约，并且尽量显得高兴

4. 一个同事向你吐露了一件极有趣的个人问题，你常常：

A. 连考虑都没考虑，就把这件事告诉了别人

B. 根据情况决定是否要告诉别人

C. 为同事保密，不把这件事再告诉别人

5. 当你的同事有困难时，你发现：

A. 他们不愿意来麻烦你

B. 只有与你关系密切的少数朋友才来向你求助

C. 他们愿意来找你请求帮助

6. 对于同事的优缺点，你的处置方法是：

A. 我喜欢赞扬别人的优点，缺点则尽量回避

B. 我相信真诚，所以对于我看不惯的缺点，我不得不指出

C. 我既不吹捧奉承，也不求全苛责他们

7. 在你选择朋友时，你发现：

A. 你只能同与你趣味相同的人们友好相处

B. 兴趣、爱好不相同的人偶尔也能谈谈

C. 一般说来你几乎能和任何人合得来

8. 对于同事们的恶作剧，你会：

A. 感到生气并发怒

B. 看你的心情和环境如何，也许和他们一起大笑，也许生气并发怒

C. 和他们一起大笑

9. 对于同事间的矛盾，你喜欢：

A. 打听、传播

B. 不介入

C. 设法缓和

10. 每天上班以后，对于扫地、打开水一类琐事，你的态度是：

A. 想不到做

B. 轮流做

C. 主动做

得分分析

15 分以下，你是一个不大合群的人，如果你确实想把自己的人缘搞得好一点，你就需要改善一下你同周围人们的关系了。

15—25 分，你的人缘还算可以。

25 分以上，你的人缘很好。

应用篇

第14章 职场与社交

——加油！你就是杜拉拉

在人际交往中，你要怎么与他人进行友好的交往并受到欢迎呢？有谁不希望受人欢迎？应该不会有人希望别人都讨厌自己吧！可是，让人喜欢好像并不是那么容易。人人都喜欢你吗？恐怕未必吧！就连自己心爱的人，男女朋友、丈夫妻子，有时我们也不免怀疑，他们是不是真的喜欢自己。

“喜欢”是一种微妙的感觉。它和爱情一样，往往没办法用言语表达出来，而只能凭心灵去体会。即使是相爱中的人，要说出“我爱你”也不是件容易的事。同样的道理，一般人很少会对别人说：“我喜欢你。”

因此，是不是受人欢迎就变成一种直觉。你是不是受人欢迎，只有你自己才能体会得到。奇妙的是，我们心中总是清清楚楚地知道，谁是受欢迎的人。仔细想想，人们喜欢的对象，大半都具有相同的特质。不论在什么场合，总是某些类型的人特别讨人喜欢，比如《杜拉拉升职记》里的杜拉拉。

◆怎样的人受人欢迎？——你的形象价值百万

那些备受欢迎的人，大半都具备几个特点。

亲切。爱摆架子的人，人人看见都会敬而远之，不论是大官、大老板，还是大作家、大明星。乐于接近周围的人，能够随时随地放下身份地位，愿意说些家常话，和其他人愉快相处，这样的人才让人由衷喜爱。

开朗。每天开开心心的人，谁见了都会喜欢。脸上带着笑容，与他见面也会觉得自己变得愉快。这种乐观态度不自觉地就会感染到身旁的人，大家不由自主地就会想接近他。

热心。很多人怕事情麻烦，就会一味地推托，生怕吃了亏。热心的人，在大家需要帮忙时，会挺身而出，不计较自己的损失。这样的人自然受人敬重。

幽默。会说笑逗大家开心的人，

去哪儿都占上风。人人都喜爱开心果，谁爱愁眉苦脸呢？或许他们也有满腹苦水，但是面对大家时还是笑口常开，谁能不爱他们呢？

好看。丑陋的人里面，也有讨人喜欢的，不过生得好看，到处都占一点便宜。这是不可否认的事实。喜欢美好的事物，本来是人的天性。

另外两个很重要的条件就是“人缘”与“亲和力”。上述的特质，都是受欢迎的人的特质。多多观察你四周拥有这些特质的人，在你遇到任何困难时，想想他们会怎样处理，相信你也会变成一个受人欢迎的人！

◆交往有什么原则？——恪守信用，立身之本

在与人交往时，要奉行“守信用原则”，即说到做到。这听起来既简单又合理，但是绝大部分人就是做不到。假如一个人兑现了他曾经许过的所有诺言，他一定会成为一位杰出人物。我们都遇到过不遵守诺言的情况，也为这样的“食言”而痛心疾首。

例如，与人约会要守时是尽人皆知的道理。但若是由自己主动邀请的约会，那我们就必须比约定的时间提前十分钟到达，以表现出自己的诚意。

不迟到是一种守信的行为，因此可以给人留下诚实的印象。另外，我们有时参加一些重要的集会，会让我们觉得很紧张。此时若能稍早到达约会的地方，让自己先适应一下环境，多少可以消除我们的紧张感。

◆如何给人留下好印象？——放慢说话的速度

优秀的推销员绝大部分都是木讷型的。虽然这并不表示口齿伶俐的人不适合当推销员，但口齿伶俐并不是一个推销员所必备的条件。事实上，太过于伶牙俐齿，往往会让人产生反射性的怀疑——真的这么好吗？反过来说，若是木讷点，反而会令对方产生“诚实”的印象，会有听听看再说的念头。

想打动一个人的心时，说话速度太快往往只会导致相反的结果。或许我们是不想浪费对方太多的时间，才会快速地叙说我们所要表达的一切，以免因占用对方太多的时间而留下坏印象。但事实上，我们传达给对方的不只是一些表面的信息，最重要的是让对方产生信任感。因此若不能获得对方的信赖，传达再多的信息也是枉然。

因此，我们应该借助一些技巧，来争取对方的信任。其中最简单且有效的方法，就是将说话的速度放慢。尤其是与人初次见面的时候更须如此，才不会给对方留下轻浮的坏印象。并且，人的思想是很奇怪的，他们判断一件事，有时并不依据对方的说话内容，而是依据对方说话时的表情和态度。对有信心的事，越小声叙述越会显得有分量。例如，我们责骂小孩时，若用很大的声音去骂，往往会使小孩产生逆反心理；反之，若用温和亲切的方式劝导，反而可以收到良好的效果。

◆你现在有空吗？——打电话给别人时的问候语

有时别人打来的电话并不见得会受欢迎。如果你在开会或者是正在与重要的客户谈论公事，有时往往会因为一个电话而打断了你的思路。反过来说，若打电话的人在对方非常忙碌的时候，叙说自己想表达的事，相信对方也不见得能听进去。

因此想让对方听进我们想说的话，就必须让对方有愿意听我们说话的心情。打电话时使对方产生这种心情的最好方法，就是在开始说话以前，先问清楚："你现在有空与我谈话吗？"等对方答应了才开始进入主题。

像这种先征求对方同意，再开始进入主题的做法，会给对方非常有教养的印象。反之，若用"谈五分钟就好"这种强迫的方式，然后延长为十分钟，甚至十五分钟，那给对方的印象就会非常恶劣。

另外，就算对方当时没有时间听电话，但若使用上述方法，会让对方觉得很舒服，即便当时没空，他也可能主动地告诉你他何时有空，到时你可再打过去，这样就会达到你通电话的目的。这种利人利己的小事，是我们绝对不能忽视的。

◆如何坐沙发？——千万别"身陷其中"

假如你正在很认真地向一个人解说某件事的时候，对方却将自己的身体深深地陷入沙发中，你会有什么感受？如果对方是上司那还没话说，如果是同事，你可能就会跟他说"你能不能认真地听我说？"为什么呢？因为将身体深深地陷入沙发的姿势，在别人的眼中，往往就是一种不认真的态度。特别是连上半身也深深地陷入沙发中，给人的印象将会更为恶劣。

相反，若仅坐椅面的一半听人说话，或者只利用椅面的前三分之一部分来坐，给人的印象会更好。尤其是采用这种坐姿时，身体的上半身会自然地向前倾，可让对方产生你正在聚精会神地听他说话的良好感受。利用好这一效果，可以成功地表现自我，给对方留下深刻印象。

◆如何提高别人对你的信任感？——只借一二十元也如期偿还

骗子最常用的方法之一，就是先向人借一点小钱，而且有借必还，等到建立起信任后，再借一笔大钱，然后逃之夭夭！虽然时代不断进步，人们的知识水平也在不断提高，但上当的人却仍然层出不穷。因为许多人认为借一点小钱根本就用不着还，而这些骗子就利用了人们的这种心理，来建立起自己诚实的形象，达到诈骗目的。

我们也可以利用这种方法，建立自己的信用。换句话说，就是靠向人借一块钱，也要记得还的方法，来建立起别人对我们的信任感。

这一论点不仅适用于金钱，我们与人做小小的约定时，也同样要依约履行。这样才会让人信任。

◆如何表现自己的坦诚？——直截了当地承认过错

考试差的小孩，往往会不敢直接回家，或者是回家后找一大堆理由，尽量推卸考不好的责任。

其实，我们向人道歉时，最好的办法是直截了当地说出对自己不利的一切。这样原本想对你发动攻击的人，就会丧失攻击的动机，因为这正表现了你的诚实。事实上，这比找一些借口向人解释来得有效且勇敢。

因为找借口往往会给人逃避责任的印象，并且会使对方产生“他根本就没有真正认错的诚意”的感觉。相反，若直截了当地认错，就可以增加自己的信誉，让对方产生不妨让他再试一次的想法。由于道歉态度各异，往往会给人截然不同的感受，这一点我们务必牢牢记住。

◆如何表现自己的认真态度？——复述对方的问题

有一些人虽然喜欢演讲，但却不喜欢答复台下的人所提出的问题。的确，他们所提问题的内容有时真是莫名其妙，有时甚至会与讲演的内容毫不相干。关于这一点，有一位评论家所使用的方法就值得我们学习。

他的方法其实也很简单。每当有人向他提问题时，他总是不厌其烦地重复一次对方的问题，再开始进行解答。而在重复问题的这短短的时间当中，他就可以思考该如何回答。这种方法往往可以给询问的人留下“他真的在认真思考我的问题”的印象，自然而然对他产生了好感。另外，重复对方的问题还有另一个优点，那就是可以让询问的人确认自己询问的是否就是这个问题，避免因听错或会错意，而答出不相干的内容。

这种回答的方法在面试等较严肃的场合尤其有效。在这种情况下若能用这种方式回答问题，可以让主考官留下“认真”的好印象。试想，如果主考官发问后，你就立刻冲口回答或沉默不语，主考官会有怎样的感觉？收到的效果当然会是负面的。因此，不论回答是否得体，开始回答问题前，先复述一次问题，绝对可以给对方留下好印象。

◆如何加强自己发言的分量？——开会时起立发言

有些讲演由于主讲人发言的时间较长，主办单位会特意准备椅子让主讲人坐着发言。碰到这种情形，可以婉拒对方的好意。

为什么？因为同样的讲演内容，站着说和坐着说的效果完全不同。以歌星在舞台上的表演为例，站着唱就比坐着唱更让人觉得有活力。同样的道理，讲演时站着说，听众的感受往往会更为强烈。

因此开会时若起立发言，给人的感受一定比坐着发言更强烈、更有压迫力。此外，站着发言的另一个优点就是可以居高临下，把握全场听众的气氛。

特别是那些对自己的讲演没有信心的人，更应该站着发言。虽然发言内容是一样的，但站着发言这一小小的改变，就可以给听众留下“积极”的好印象。

◆如何给人“做事积极”的印象？——先接电话、早到公司

动作比别人慢，往往会给人留下做事消极的印象。因此若想给别人留下做事积极的印象，就要比别人早一步行动。

例如电话铃响时，比别人抢先接电话，有客人到公司洽谈，立刻上前接待。虽然这都只是一种小小的动作，但会给人留下反应快、做事积极的好印象。

有位职员刚进入公司时，每天都是最早到公司上班的人，有时会因到得太早，甚至连公司的大门都还没开。虽然他谦虚地表示是由于他的能力较差，必须比别人早到公司上班，来弥补自己能力的不足，但事实上他每天都那么早到公司，绝对有其正面的意义！

试想，其他的同事睡眼惺忪地赶到办公室时，你已经卷起袖子在做事了，他们的感受将会如何？积极、有干劲就是这样表现出来的！

◆如何让对方感觉你很强大？——用力握手

握手不仅是一种交际的礼仪，同时也是表现自己的强力武器。仔细地观察一下那些政治家，一连与数十甚至数百人握手后，他们的手已经因失去血色而显得苍白，由此不难推测他们是多么用力地与人握手。

从心理学的角度来看，一个人若是被人用力地握手，自己就会很自然地用力握回去。握手虽然看起来只不过是手与手的交流，但实际上也是一种心与心的交流。因此用力握手可以让对方感受到自己的热情与意志，并给人一种强大的印象。

事实上，握手愈用力，愈可以给对方留下深刻的印象。反过来说，若是对方用力地握我们的手，我们下意识就会用力地握回去，以免自己居下风。的确，被人用力一握，往往会感受到一股强大压力。尤其是被第一次见面的人用力一握，那种强烈的感受常会使人难忘。

◆如何表现自信心？——主动坐到上司旁边

在大学里，上课时通常没有排固定的座位，但奇怪的是每一次上课时，

同学们所坐的座位却几乎都是固定的。成绩好、喜欢发表意见的同学，通常会坐在距离老师较近的座位，而成绩差、常常心不在焉的同学，则通常会坐在后面几排的座位。

其实这个道理非常简单。坐前几排的学生不但较容易为老师所重视，就是被老师叫起来回答问题的机会也比坐在后排的学生多出许多。因此对自己有信心的学生，就会选择前排的座位，反之，对自己没信心的人，就会很自然地往后坐。

同样的心理也会出现在一些公司职员的身上。对自己越有信心的人，越喜欢和上司在一起。

◆如何让人感到你的热忱与诚意？——额外及意外的工作

新闻记者的工作是相当辛苦的。有时他们好不容易找到了他们想访问的人，但被访问者却以“没什么好谈的”为理由而拒绝，他们便白忙一场。

在外行人的眼中，他们的这种做法或许被认为是在浪费时间，但事实上他们却必须这样做。他们是想凭着夜以继日的工作，让受访者产生怜悯的感受，进而因同情而透露一些消息。虽然受访者也知道记者用的是苦肉计，但却仍会产生同情心！

有一位任职于某杂志社的记者，就为了想获得一位正在监狱服刑的犯人的独家新闻，在他入狱的三年内不断地写信和他联络。结果在犯人出狱后，果然让他采访到了他所需要的独家新闻！

因此有时额外的工作以及意外的（别人不会想到的）工作，可使别人感受到你的热心。

◆如何让人感觉你很有头脑？——三原则

人们对于“三”总是有一种特殊的感觉。“三”往往可以带给人们一种安全感。每次都能将自己的意见归纳成三大项，别人就会对你的归纳能力留下深刻的印象。具有说服力的人，往往善于利用“三”的战术。有位商社的副社长就是其中的佼佼者。他对于任何问题的答复都是“这个问题有三个答案”，并且在回答问题时也都将问题归纳成三大项。这样不但问题被整理得容易理解，对于整个问题的探讨也颇有助益。事实上，演讲的人若能将问题归纳成三大项，则在进行演讲的时候也将会顺利得多！

另外，任何话都尽量在三分钟以内说完，也是表现“自己头脑好”的诀窍。我们常常可以看到类似“三分钟讲演术”以及“三分钟自我介绍”的书。事实上“三分钟”对我们而言，的确具有特殊的作用。通常一般人讲三分钟的内容，是不用看稿就可以侃侃而谈的极限。

据有人在广播电台主持每天 2 分 50 秒的迷你节目的经验，发现这一时间正好可以不多不少地讲完一个主题。

以一般谈话的内容而言，一分钟太短，五分钟又太长！为什么？事实上三分钟是人类表达自己意见的最适当时间。任何谈话只要有三分钟，就可以表达得清清楚楚。超过此时间段所说的话，很可能就是废话了。

据此，我们也可以将自己的“特点”归纳为三。这可避免因特点过多，而使对方感觉眼花缭乱，无所适从。当我们参加面试时，与其给主考官留下“本人文武全能”的印象，还不如强调自己真正精通的一项（例如“我对计算机很内行”等），反而可以给对方留下深刻的印象。

◆怎样会被人认为优柔寡断？——不能决定自己要吃什么

和人一起吃饭时，若一直举棋不定，不能决定自己要吃什么，会给人留下缺乏判断力的印象。有些人在与人一起到餐厅用餐时，常常无法决定自己要吃的东西。另外，有些人还会在好不容易决定自己要吃的东西后，又要求取消而另外再更换其他的东西。此时，如果是女孩子，旁人还可以容忍，但若是男人如此，则会被人瞧不起。

因为这样的表现会给人一种优柔寡断的印象。虽然有人或许会说，只不过是无法决定自己想吃什么，怎么会被人认为优柔寡断？根本就是小事一桩！但若换个角度来看，就因为是小事，才必须更加注意！

倘若我们要做一个与自己或公司未来命运有关的重大决定时，任何人都不可能立刻决定。就算看似立刻决定，那也是由于他平时就已对这个问题有所思考，早就胸有成竹。

不过对于决定自己要吃什么，相信任何人都应该能在短时间内决定。若连吃什么这种决定都要想来想去，则别人就会很自然地联想到，若让他决定一件比吃什么更难、更重大的问题时，他的表现将何其不堪！

◆你有记事本吗？——记事本的秘密

与人约定下次见面时间时先翻看一下记事本，再确定时间，可给对方留下很周密的印象。

与人约定时间时，对方通常会有两种反应：一种是表示什么时间都可以，而另一种则表示要翻一翻记事本，看看哪个时间可以。除一些特殊的情况之外，对于前者人们可能会有“无能”的感觉，对于后者则会留下工作能力很强的印象。

这是由于一般人通常都很忙的缘故。而随时都有空，给人的感觉是很闲，很闲又会让人联想到无所事事，能力不强。事实上，有些推销员就算知道自己某一天有空，在与人约定时间时，也会掏出记事本装作要确定自己那天是否有空，以给对方留下他能力很强的印象。另外，边看记事本边约定时间的另一个好处，就是可以给对方留下做事谨慎、不会到时忘了约会的好印象。

◆如何提高说服力？——直视对方的眼睛说话

由于工作的关系，我们经常会接触到各式各样的人。他们的年龄、嗜好、职业与社会地位都不尽相同。其中最能给人留下好印象的，是那些与你说话时直视你眼睛的人。

谈话时相互凝视，双方都会产生紧张感，我们会因为在潜意识中想逃避这种紧张，无意中将视线飘离对方的眼睛。最明显的例子就是搭乘电梯时，大家都会不约而同地注视电梯的天花板或地板，避免彼此目光的接触。

因此，我们若能注视着对方的眼睛说话，相对地，就会给对方留下我们充满自信的好印象。相反，若我们逃避对方的视线说话，则往往会给对方留下自信心不足的印象，同时也会在不知不觉中降低了自己在对方心目中的分量。

许多人都有眼睛看着下方说话的习惯。这种表现往往会给对方留下非常软弱的印象，对当事者来说，是非常大的损失。直视对方的眼睛说话虽然会有少许的紧张感，但仍应养成注视对方眼睛说话的习惯。尤其要说服对方时，这一点绝对必要。因为注视对方的眼睛说话，正是让对方感受到你的压力及信心，同时也是提高说服力的最有效方法。

◆如何缩短与下属间的距离？——强调共同的目标

以前有一部电影，剧中有位老谋深算的公司经理计划利用现任职位上的客户资源开办一家新公司赚笔大钱。于是他找了两名以前的手下，共商创业的事。后来他发现若只有他们三个人，人数太少，将很难成功。于是他要他的手下另外再找七个人，以便组成十个人的创业团队。

他的手下顺利地找到了他们所需要的人手。但这位经理发现，他与这七个新伙伴根本就不认识。他们是否值得信任实在是一个大问题。

于是他想到了每晚分别与一个新伙伴共进晚餐的好办法。席间他除了交代各人所负的任务之外，还郑重地向他们表示：“我也跟你们一样需要钱！”

结果由于彼此有了共同的目标，这个计划终于成功了。

事实上，像上述例子中这样沟通彼此间共同的目标，往往可以迅速地拉近彼此间的距离。这就和一旦发生战争，国民间的感情就会迅速拉近的道理是一致的。我们若能将这一技巧应用到工作上，往往会获得意想不到的好效果。

◆如何拉近与对方的距离？——赞美与夸奖

若想让对方觉得我们关心他，就该夸赞他的各种潜力。对于关心我们的人，除非他的关心会伤害到我们，否则对方的一切我们大都不会计较。尤其是当对方关心与我们自尊心有关的问题时，我们往往会对他产生好感。

那么怎样的问题，才是与自尊心有关的问题呢？其实，夸赞对方的各种潜力，就是很好的方法。例如，与其说“你的发型很好”，不如说“若再剪短一点会更可爱”。这样说，对方就会觉得你真正地关心他，自然会对你留下好印象。

此外，赞美对方较不易为人所知的优点，也可拉近与对方的距离。就算再差劲的人，也会有一两处值得赞美的优点。例如，一个人或许没有什么优点，但玩台球的技术却很高明，或者酒量非常好。有的人很在意自己的这些小优点，有的人根本就不在意。但别人赞美他，一般都会使他感到高兴。

有时锦上添花式的赞美，不会引起对方太大的喜悦。例如，对一位已被公认很漂亮的女孩子说你真漂亮，由于她平时已被夸赞惯了，所以很难让她觉得兴奋。相反，若能找出对方较不易为人所知的优点，则往往可以使对方感到意外的喜悦。

◆如何利用幽默受人欢迎？——幽默的能量

幽默是一种魅力，也是一种人格力量。幽默所包含的特性是逗人快乐，所包含的能力是感受和表现有趣的人和事，制造愉悦的气氛。对于个人而言，懂得幽默的人往往比不懂幽默的人更具有吸引力和凝聚力。

一个秃头者，当别人称他“理发不用花钱，洗头不用水”时，他当场变了脸，使一个原本比较轻松的环境变得紧张起来。某位教授，也是一个秃头，他在上台演讲时自我介绍说：“一位朋友称我聪明透顶，我含笑地回答：‘你小看我了，我早就聪明绝顶了。’”然后他指了指自己的头说，“我今天演讲的题目是外表美是心灵美的反映。”教授就这样开始了自己的演讲，整个会场充满了活跃的气氛。

演员葛优也曾对自己的光头做过调侃：热闹的马路不长草，聪明的脑袋不长毛。由此可见，幽默不仅反映出一个人随和的个性，还显示了一个人的聪明、智慧以及随机应变的能力。上乘的幽默是鼓劲的维生素，是交际的润滑剂，是智慧的推进器。但需要注意的是，幽默既不是毫无意义的插科打诨，也不是没有分寸的卖关子，耍嘴皮。幽默要入情入理，引人发笑，给人启迪。生活中应用幽默，可缓解矛盾，调节情绪，使心理处于相对平衡状态。

◆杜拉拉为什么能升职？——女性职场宝典

一部充分表现了现代人职场生涯和个人生活的小说《杜拉拉升职记》火了，成为都市白领的职场宝典，主人公杜拉拉也成为众多年轻人模仿的对象。当然，徐静蕾导演并主演的电影《杜拉拉升职记》和王珞丹主演的电视剧《杜拉拉升职记》的热播也使得杜拉拉这个职业白领形象更深入人心。

生活中，成为比尔·盖茨的人毕竟是少数，大多数人工作是为了谋生，而且希望谋得更好。所以，杜拉拉从一个菜鸟到 HR 经理的蜕变过程，本来就是一部励志故事，当然你可以消遣地看这个纯属虚构的故事，但也可以把它当经验分享之类的职场实用手册来使用。

也许你干了很多活，可不招上司待见；没准你有个本事不大脾气不小的下属；或许你的平级争风吃醋不怀好意；又或者你的客户牛得像二五八万——而小说中的主人公杜拉拉很好地完成任务，并设法摆平了他们。杜拉拉是典型的中产阶级代表，没有背景，受过较好的教育，靠个人奋斗获取成功。这本身就足以给当下压力大的职场女性打上一针兴奋剂。甚至网上有人说，她的故事比比尔·盖茨的更值得参考。

◆如何远离社交恐惧症？——对自己说：我能行

生活当中，人们不可避免地要与各种各样的人打交道，而社交是展示风采的重要方面，例如，和重要人物交谈，在公众场合发表你的观点，出现在谈判、酒会、晚宴等各种社交场所。有些人常常不由自主地退却，或硬着头皮去了，却因表现失态而让好机会白白溜走，于是懊恼、后悔，可当下一个机会出现的时候，他们又开始胆怯、犹豫、心慌、手颤。久而久之，他们的自信心在一次次窘态中消耗殆尽。这就是我们通常所说的社交恐惧症。特别对于许多刚离开家门步入社会的年轻人来说，结交新的朋友，融入他人的社交圈子是一种心理上的挑战。一开始总有一些手足无措的感觉，不知道怎样做才能和大家打成一片。远离社交恐惧，我们可以采取以下几种积极的方法。

1. 不否定自己，不断地告诫自己“我是最好的”，“天生我材必有用”。

2. 不苛求自己，能做到什么地步就做到什么地步，只要尽力了，不成功也没关系。

3. 不回忆不愉快的过去，过去的就让它过去，没有什么比现在更重要的了。

4. 友善地对待别人，助人为快乐之本，在帮助他人时能忘却自己的烦恼，同时也可以证明自己的价值。

5. 找个倾诉对象，有烦恼是一定要说出来的，找个可信赖的人说出自己的烦恼。可能他人无法帮你解决问题，但至少可以让你发泄一下。

6. 每天给自己 10 分钟的思考时间，不断总结自己才能够不断面对新的问题和挑战。

7. 到人多的地方去，让过往的人流在眼前经过，试图给人们以微笑。

◆如何控制社交中的情绪波动？——冲动是魔鬼

人的情感似遥控器一般控制着人的言谈举止，外在的表现自然就是或喜、或悲、或乐、或愠的情绪了。它就像是人的另外一张面孔。良好的情绪状态让你显得自信，是保证社会交往活动正常进行的必备条件。得体的举止、情绪稳定，似迎面春风让人感到易于接近、容易沟通；反之，完全不能自制的情绪必然成为社交的绊脚石，没有人愿意靠近一个喜怒无常的人。因而，在社交中应当谨记以下几点：

切勿急躁冲动。一般情况下，你以什么态度待别人，别人就会以相同的态度待你，这不利于问题的解决。另一方面，急躁冲动容易打乱人的正常思维，不利于正确地解决问题。在日常的社会交往活动中，会遇到千奇百怪的事情，出现各种各样的矛盾、各种各样的问题。遇到问题时，要善于控制情绪，如果失去控制，矛盾会更尖锐。所以不管遇到多恼火的事，情绪要冷静、镇定，才能处理好矛盾。

切勿故作深沉。人际交往，是一种思想交流活动，本该真诚相待，畅所欲言。如果深藏不露，叫人觉得有点道貌岸然；如果与人相处，处处不露心迹、守口如瓶，那么会让人觉得你不可捉摸，不可思议，无形中拉远了心理距离。

切忌喜形于色。表情上眉飞色舞、洋洋自得，还对别人的事评评点点、指手画脚，只会引起别人的反感，损害自己的形象和威信。与人交往，应保持一种平常的心态，不能面无表情，但也不能取得成绩或有高兴的事时，沾沾自喜、得意忘形。

总之，遇到任何事都要保持平和心态，自己的喜怒哀乐要表现得自然，不做作。分寸一定要有所把握，否则只能给人一种喜怒无常的印象。最终，只好自食苦果。

◆附：社交恐惧症测试

你是否患有社交恐惧症，得由精神科医生来进行判定。你可以通过以下的测试表测试一下你自己。每个问题有4个答案可以选择，它们分别代表：1. 从不或很少如此；2. 有时如此；3. 经常如此；4. 总是如此。根据你的情况在表中圈出相应的答案，此数字也是你每题所得的分数。将分数累加，便是你的最后得分了。

1. 我怕在重要人物面前讲话。

答：(1　2　3　4)

2. 对于在他人面前脸红我很难受。

答：(1　2　3　4)

3. 聚会及一些社交活动让我害怕。

答：(1　2　3　4)

4. 我常回避和我不认识的人进行交谈。

答:(1　2　3　4)

5. 让别人议论是我不愿的事情。

答:(1　2　3　4)

6. 我回避任何以我为中心的事情。

答:(1　2　3　4)

7. 我害怕当众讲话。

答:(1　2　3　4)

8. 我不能在别人注目下做事。

答:(1　2　3　4)

9. 看见陌生人我就不由自主地发抖、心慌。

答:(1　2　3　4)

10. 我梦见和别人交谈时出丑的窘样。

答:(1　2　3　4)

得分分析

1—10 分：放心好了，你没患社交恐惧症。

11—24 分：你也许已经有了轻度症状，照此发展下去可能会不妙。

25—35 分：你也许已经处在社交恐惧症中度患者的边缘，如有时间一定要到医院求助精神科医生。

36—40 分：很不幸，你也许已经是一名严重的社交恐惧症患者了，快去求助精神科医生，他会帮你摆脱困境的。

第15章 销售与营销

——淘到属于自己的那桶金

很多公司认为他们的顾客总是爱挑剔而又难讨好的上帝。这种态度是危险的。华盛顿技术协助研究计划机构的研究结果显示，很多客户因为对一家公司不满意，而转投其对手公司买东西，但其中只有4%会开口告诉你，也就是说在每25个不满意的客户中，只有一个会开口抱怨。而在不满意也不吭气的客户中，有65%—90%的人不再上门，他们觉得这些公司对不起他们后，只会默默地走开。

为什么客户会对产品不满意呢？一些优秀经理已经在揣摩对策。他们在抱怨者身上投资，解决这些抱怨。根据旅行者保险的研究，鼓励客户发牢骚，事实上这可能是一记妙招。不抱怨的客户中只有9%会再光顾，但是在提出抱怨、问题获得迅速解决的客人中，有82%的人会继续上门。更何况公司从抱怨中得到的宝贵情报，还可能促使公司生产出新产品。因此，懂得经营之道的公司能从客户的抱怨中获利。

经营一家公司，唯一也是最赚钱的方式，就是多听听顾客的声音。你会听到快乐和不快乐的声音，利用所听到的情报来加强对客户的服务。如果这样做还有客户不满意，那也只是少数。哈佛商学院的李维特教授说，以顾客为理念的企业所要塑造、改变公司的信仰应该是：产业应是满足顾客，而非制造货物的过程。要像了解你的家人一样去了解客户，才能完全满足你的客户，才能成功。

◆什么是销售商机？

任何一位销售员都想得到商机以获得职场认可。也许有人认为销售必须要认识许多人，要懂得很多销售知识，事实上，有一点最重要，那就是必须懂得估量客户的需求和期待。如果你的所作所为对客户并无利益，那干脆不要做销售。只要抓住了客户的利益，就抓住了销售的商机。

如果你能做到以下三件事，就可

以养成这种以客户为尊的行为模式，这三点也许很难，但不代表做不到。

第一，仔细给客户定位，这通常是公司高级主管的决策。根据公司经营理念和主管对顾客层定位的共识，每一个基层的工作单位要自行决定他们的内部顾客，只有使内部顾客对基层工作觉得满意之后，公司才能满足外部的顾客。

第二，要比客户本身还要了解他们。整个组织必须设法了解客户现在和未来的需求与期待。

第三，激发组织内的每一个人去设想客户的需求和期待，然后不断努力去超越这些期待。

一个精明的生意人必须像了解自己一样了解他们的客户。

◆销售商品时要自我反省什么？

一个积极扩大市场占有率的公司，必须不时注重下列四个问题以自省：

（1）我们客户的需求是什么？这些需求中，对他们最重要的是什么？

（2）这些需求和期待中，我们能满足多少？

（3）我们的对手能满足多少？

（4）我们要如何做到不只是单纯地满足客户，而是真正地取悦他们？

最根本最简单的方法是，你只要问他们对你目前服务的满足程度如何，给他们机会说出愿望，以及你哪里做得不好，哪里做得很好。经常发问并照结果来改进的公司，必能受益良多。

另外，你还要思考：你的对手做得如何？顾客是否还有下一步的建议？

在此，我们建议你不要问“你满意吗”这种问题，因为顾客通常都不相信抱怨会有效果，而且为了不伤感情，也常会未经比较就随口说：“我很满意。”论坛公司在对美国加州一家银行所做的调查中发现，在服务等级评定“差不多”或“不怎么样”的受测者中，有 40% 口头上仍然说他们“很满意”。在此种情形下，如果有另外一家银行提供使他们认为“优良”的服务时，这些人便会立即离你而去。

“我很满意”的意思是“我可以接受”，但绝非是建立顾客忠诚度的基石。

◆如何利用心理学成为最佳的经理？

最佳的经理就是最佳的听众，他们永不停止地倾听顾客的意见。早在运用科学方式调查之前，就已有人真正在倾听客户的声音了。他们利用每一个机会问：“我们做得好不好？”“要怎么样才会更好？”

心理学家兰吉说，人们常安于现状，对其他的信息充耳不闻。我们可以从企业人士对客户的谈话中发现这种情况。他们听惯了客户说他们的服务“还不错”，通常不会积极地去听并且深入发掘问题，而当客户并不很满意地回答“是的，还好啦！但是……”时，他们只是心不在焉地点头。

真正以顾客为理念的企业人才知道，在跟顾客谈话时，绝不能心不在焉，而且还要不断问一些问题，这些问题要为顾客预留回答的空间。如果答案显露出生产新产品的商机，或是旧产品有问题，那公司就得立即采取行动。

即使公司已经使用科学方法来做市场调查，这种探询仍应继续。市场调查很难捕捉一切，即使最好的市场调查也会错失某些重要的资讯：顾客态度经常变化，使得市场所凭借的假设基础失效。有时候，顾客强烈不满的态度并非简单的市场问卷调查轻而易举就能问得出来的。常常问一些非科学化问题的企业经理人，在书面的市场调查报告的佐证之下，会比较了解市场的动向和应对之道。

◆顾客如何评估服务品质？

由于服务品质难以量化，许多公司时常无法了解顾客的意见。美国德州农机大学研究员所发展出来的一项公式或可作为参考。他们认为，顾客对服务品质的感觉可由下列五点（简写为RATER）看出：

可信赖度（Reliability），可靠而准确地实现承诺的能力。

保证度（Assurance），员工的专业知识和礼节，以及传达信任和信心的能力。

可见度（Tansibles），可见的设施和器材，以及员工的仪容。

关怀度（Empathy），员工对顾客的关心，及对个别顾客所提供的服务。

反应度（Responsiveness），员工乐于协助顾客并提供立即服务的意愿。

如果你认为顾客不抱怨是因为你表现不错，最好再想一想。大部分的人吃亏后都不会吭气，因为他们认为吭气也没用，他们知道大部分的员工并不能认真处理抱怨，而且通常抱怨的结果就是吃白眼；抱怨很难，首先你得找到对象的名字，然后再找出他的直属长官是谁，最后找出这家公司的地址，写封信，寄出去。即使发E-mail，也不一定有人处理；抱怨人会让人觉得不好意思或是咄咄逼人，大部分的人不喜欢抱怨，他们会觉得难为情。不过，人们不抱怨的最主要原因其实是激烈的竞争提供许多选择，与其抱怨，不如换个对象。

◆需要了解客户思想吗？

法国心理学家拉斐尔博士说，生意人应该了解人们思想的“原型”，也就是人在心理成型时期所形成的对生命周围事物的基本观念。如一项产品符合这些基本观念，就可以在人们的生命中找到一席之地，否则要改变顾客，教他们用这些产品，就很伤脑筋了。

拉斐尔提到法国一家生产奶酪的公司。他说，虽然试吃过的美国人都喜欢这家公司的产品，但是他们的产品在美国并不畅销，因为美国人时常不理会产品标签上的说明，直接将奶酪放入冰箱保存，结果使原味全失。这是这家公司在欧洲从来不曾遇到的问题，他们很长时间内百思不解。

在拉斐尔的协助下，这家公司比较了美国人和欧洲人对奶酪的观念，他们发现欧洲人把奶酪当成活的东西。一位法国人说："我从不把我的猫放进冰箱，为什么会把奶酪放进去呢？"但美国人认为奶酪只不过是另外一种货品，就像麦片或是橙汁一样，对美国人而言，奶酪是没有生命的。针对这项发现，那家法国公司为美国市场开发出一种可以冷藏的"死"奶酪，这才解决问题。

◆如何发掘潜在性产品？

哈佛大学商学院教授李维特用另外一种方式来考虑顾客的需求，叫作"全面产品概念"。李维特指出，即使你的产品就像化学里的苯一样简单，这产品也绝不只是一个"化学品"。顾客希望买到的"预期性产品"包括有正确的运送过程、付款方式以及对如何使用这项物品的技术支援。这种"扩大性产品"包括的不只是产品本身，还有许多随产品附赠的"额外"服务，比如说像是化学品的特别处理服务。当商人开始提供额外服务的时候，顾客的期待心理随之增加。

"潜在性产品"是最后重点。除了问客户他们的需求之外，你还得进一步追问出可能连顾客本身都不一定知道的需求。潜在性产品是回应新需求的机会，李维特的同事柯瑞说："产品就是产品的效用，就是顾客在付钱后所得到的全部利益。"

既然潜在性产品是针对买主自己都不知道的需求，这免不了就产生一些问题。如果他们都不知道自己有此需求，通过问卷或焦点团体的方式问他们，也不一定会使你得到这种潜在性产品的灵感。比较可靠的方法是，实际观察顾客使用你的或对手的产品，从中去发现问题或机会。

◆如何爱上你的销售工作？

任何一个获得成功的人，在他的心中都存在一个坚定不移的信念，这种信念让他克服挡在前面的障碍、困难，这个信念让他胜过其他对手。只有坚持这个信念，你才能以正确的心态面对销售工作。

你的个人乐趣不能全是你的工作，但是你的工作一定要是你的爱好！很多人都喜欢把工作和个人乐趣分开。在某些情况下，这是必需的。比如医生总不能全和患者做朋友吧？我们希望在生活中取得平衡，更好地满足自己，但工作和享受不应该互相割裂。

多数情况下，把销售作为爱好能极大地增进你从销售中所获得的乐趣和满足。这是因为，你将不断学习使销售成为更有趣更有利可图的新技能。学习可以激发大脑，新知识会给我们带来快乐体验。一旦你发现这一点，销售终究会成为你的爱好。你无须再说服自己，工作将给你带来乐趣。

◆什么阻碍你成功销售？

如果说动机促使你向成功的营销事业发展，那么阻力会使你前进的步伐停止，甚至倒退。以下四种是最妨碍你成功的阻力。

安全感的丧失。很多人害怕放弃他们的安全感或金钱，当你开始步入销售领域时，为了创收经常要有一些开支。从商业投资的角度来看，实际上是你对未来的一种投资。为建立自己的事业，你必须投入时间和金钱。

怀疑自己。怀疑自己是销售中的一大阻力。在销售过程难免遇到错误，但正是通过犯错误才能学会正确的销售手段，学习怎么去做。克服自我怀疑的唯一方法是面对它们，观察它们，通过去做与自己的怀疑相反的事，目视着怀疑直到它们后退。

害怕失败。大多数人害怕失败，最后放弃尝试。永远不去尝试，也就永远不会失败，这的确是个万无一失的方法。但如果你从不去接近客户，你将永远不能成为销售精英。

痛苦的改变。变化是进步的一个可憎对手。干活的人的确对一成不变感到厌烦，然而他们实际上喜欢的是抗拒痛苦的改变。他们一旦确定改变带来的潜在利益要超过承受的痛苦，他们的抵抗情绪很快便会消失。

◆什么是营销心理学？

说到营销心理学，首先要弄清楚什么是营销。

美国市场营销协会最早于1960年对市场营销下了一个定义：“引导货物和劳务从生产流转到消费者或用户所进行的一切企业活动。”后来的市场营销学家们又从不同角度为市场营销进行了详细界定。如注重需求的定义：“市场营销就是发现需求，满足需求。”如归纳市场营销环节的定义：“市场营销是在适当的时机和地点，以适当的价格，利用适当的沟通方式及促销，将适当的商品及劳务交给适当的人。”

现代社会，市场营销的概念随着社会的发展被赋予了更多的内涵，但是不论各方的表述方法或形式有多么不一致，营销的概念应该是以下五种基本内涵的综合：

任何现代企业所进行的市场营销活动必须以“顾客和市场”为导向，而非以产品、技术或者生产为导向。

市场营销活动以最大限度地满足消费者的各种需求和欲望为目的，而非以赚取最大利润为目的。

通过组织内外的协调以实现其目的，即市场营销活动不仅是企业中营销职能部门的职责，还是整个组织内部上下一致的自觉行为。企业在面向消费者进行促销活动之前，必须首先做好企业内部营销工作，雇用和培训员工为顾客提供优质服务。

交换是市场营销的核心，只有通过交换才能实现双方的目的。

市场营销不仅仅局限于营利性组织的经营管理活动，也包括非营利性组织的经营管理活动。

作为心理学和营销学分支，营销心理学是研究市场营销过程中人的行为与心理活动规律以及心理沟通的一门学科，是把个人心理感性差异作为线索去研究和把握市场营销活动中的对象（包括营销者和消费者等）的行为规律的一门科学。

营销心理学的研究对象表明，营销心理学的研究范围是市场营销过程中人的行为与心理活动及心理沟通过程，内部因素和外部因素对营销人员和顾客的心理影响；研究主体是人，具体包括消费者、营销者、利益相关者、竞争者；研究的目的是总结营销行为与心理活动中一些带有规律性的东西，以便更好地指导市场营销实践。

◆如何击败对手？

在激烈的商战中，一些企业往往将主要力量投入到如何击败对手上，忽视了对客户购买行为的心理状态的了解，结果商战往往不能成功或事倍功半。比起其他条件如产品的价格、特色等，为什么掌握客户心理在营销上反而更具决定性呢？这是因为一切购买行为，到最后都取决于客户当时的情绪导向。假如有两种同类产品，价格、特点都相似，客户最后购买甲而不是购买乙，可能仅仅因为包装上有个别字眼令他读起来心情愉悦罢了。中国江苏无锡的一个乡镇制衣品牌，因为拥有一个令人备感亲切的商标名称“红豆”，而在竞争中脱颖而出。

销售面对的对象不是对手，而是客户，是有着复杂的心理活动的人。在消费者购买商品的过程中，必然伴随着复杂的心理过程，它会影响和制约消费者购买行为的发生和进行。例如，消费者通过对商品的感觉、联想、回忆、思考、情感等心理活动激发产生购买行为，或拒绝购买。所以，在销售过程中，研究和了解不同类型消费者的个性心理特征形成和发展的内在原因很重要。只有努力揭示其发展变化规律以及与购买行为的关系，从而在销售活动中有针对性地采取有效的策略和方法，才能满足消费者不同的心理需要，实现扩大销售的目标。

◆如何促进销售？

心理学的研究成果表明：人们的行为都有一定的动机，而动机又产生于人们内在的需要。当人们产生某种需要而又未得到满足时，会产生一种紧张不安的心理状态；在遇到能够满足的目标时，这种紧张不安的心理就转化为动机，并在动机的驱动下进行满足需要的活动，向着目标前进。一旦达到目标，需要得到满足，紧张不安的心理状态就会消除；这时又会产生新的需要和新动机，引起新的行为。

这样周而复始，直至人的生命终结。任何一次循环都是一个人基本的心理过程和行为过程。

消费者的购买行为也是这样。消费者在心理、精神、物质上的需要，使其产生了购买动机，在购买动机的驱动下发生了购买行为，购买目标的实现使消费者需要得到满足。你到超市里，就能发现很多商品的边上还配套着相应的商品。比如，卖微波炉的架子上，还摆着防烫手套；卖啤酒的架子上，还摆着花生米；卖椅子的架子上，还摆着椅子套；等等。通过这样的推荐，制定相关的策略迎合消费者的心理，采取相应的办法来适应消费者的需求，能有效地开展商品销售活动，使企业在市场营销活动中锐意创新、不断发展。

◆为什么需要“微笑”？

全世界最大的零销商之一沃尔玛的标志就是一张黄颜色微笑的脸，还打着口号：天天平价。明亮的黄色给人感觉很温暖，同时它还笑盈盈的，还告诉你说，它家的东西是天天平价。你怎么不心动？甚至他们的服务员胸前都别着一枚笑脸的胸章，并向你承诺，如果他没有对你微笑，你甚至可以索取他胸章上别的一元钱。

现代销售学已经不再是单纯的商品买卖交换的过程了。销售过程，同时伴随着服务过程。服务是伴随着商品销售活动而产生的经济行为，是与商品销售并驾齐驱的一种职能。随着市场经济的活跃，科学技术的迅猛发展，市场竞争日益激烈，产品本身的差异化逐渐缩小，服务变得越来越重要。

企业在出售商品的同时也出售着服务，而企业的大量主要的服务工作是面对具有丰富心理活动的、各种类型的消费者进行的。如何使企业销售服务能够满足消费者心理上的需要，往往是销售过程的主要方面，甚至是企业参与市场竞争、赖以生存和发展的生命线。现代企业流行的一些口号，如“一切为顾客着想”“顾客是上帝”等等，也就是要在销售的指导思想和措施上充分考虑到顾客的心理因素。提高服务质量，既包含丰富的物质因素，更包含复杂的心理内容。而“微笑”则是市场销售服务的重要内容。

◆什么是“以人为本”的营销理念？

多川博是日本生产雨衣的小厂老板，但雨衣市场已经饱和，谁也不会买几件雨衣换着穿。于是多川博连工人工资也发不出，眼看工厂就要停业倒闭了。

一天，他很随意地翻阅报纸，看到一条消息，马上眼前一亮。这条消息是：日本每年新生儿是250多万。他马上想，婴儿生下来急需什么商品与生产雨衣的技术相关联？和雨衣一样，新生婴儿的尿布也是防漏的，唯一不同的是尿布吸湿、柔软。

他一计算，每个婴儿总要有五六块尿布，250 万 ×5 = 1250 万个尿布。现在时代变了，很多婴儿的母亲不愿做也不大会做尿布。多川博找了多位相关专家研究设计出柔软、吸湿、美丽、方便的尿垫，然后大规模生产，价格十分便宜，不愁用不起。

为了使之成为亲戚朋友的礼品，多川博又专门研究出“礼品尿布”——颜色鲜艳、包装华丽，一上市就被抢购一空，很受欢迎。再加上这宗买卖，大企业不屑一顾，小企业又隔行如隔山，结果多川博一炮打响，成为日本生产一百多种尿布的“尿布大王”。

由于细心观察社会生活方式的变化、市场需求的变化，多川博从婴儿商品想到了尿布，又想到了他有生产尿布的技术（雨衣技术），这个思路使他在没有竞争的情况下一举成王。从顾客的心理出发想问题，对企业营销来说尤为重要。

第16章 人力与管理

——管理中的情商

心理学家莫利儿曾说过："人是心理的动物，其情绪、价值、思考、意念和抉择莫不被环境、教育和经验所左右。"由于组织的主体是"人"，人们在管理的过程中，对事情的观点不尽相同，对利害的反应也不一致，其心理的变化、情绪的高低，都将会刺激其行为。同时，人与人之间的相处、人与事的调适，也都易受到主观意识的影响，招致许多非常情所能理解、非常理所能衡量的纷扰，故"管理"与"心理"二者之间，具有一种互动的因果关系存在。

一个人在组织中的行为比较复杂，不能忽略其对管理的情境所产生的影响，而这种影响也体现了管理与心理的关系。所谓行为，是代表个人肉体与精神上的各种动作。其产生的基本过程，依据行为科学家李威特的说法："一个人的行为产生，总是因先受到某种刺激，才引发某种需要（即行为动机），而产生某种行为。"从需要到达成目的的行为过程中，一般都会伴随着一种心理学上所称的紧张状态。故要了解一个人的行为，通常都可从他的眼神、脸色或一些心理现象中察觉。事实上，一个人的行为，无一不是一种选择，而每一种选择，也无一不是根据某种价值观念和心理或生理上的需求所做出的。换言之，人的行为是有原因、有动机的。

传统的管理理论，将职工当作管理的目标，把个人在工作上的种种努力视为当然，并不认为个人的心理因素对管理成败存在影响。事实上，组织是由"人"所组成的集合体，任何组织不管工作科学化、专业化到何种程度，绝不能把人与机器等量齐观，因为"人"毕竟是有灵性、有意识和心智存在的高等动物。

因此，一个管理者和组织，必须从人性的观点把人当人看，通过心理的分析知晓其行为的原因，通过外部的刺激反应了解他需要满足的层次与内涵，进而多关切、多尊重，借以激发其团队精神。唯有这样，你才有可能成为成功的管理者。

◆**如何吸引优秀人才？**

某大型名酒企业以年薪 100 万招聘财务、营销副总经理。诱人的职位，高额的年薪，一时吸引了众多求职者。许多业内的精英纷纷慕名赶至招聘现场，希望能够了详解情。但是许多人一到招聘现场就大失所望，因为该企业的招聘现场只有几个普通的人事部门员工，公司经理级的人物一个也没有。这些精英们愤愤不平，向许多传媒的记者大呼上当。经媒体的炒作，这一事件闹得沸沸扬扬，企业非但没有招聘到优秀的人才，反而给企业的外部形象造成了极其不良的影响。

这家企业为了招聘到优秀的人才，所开出的薪酬不可谓不多，给予的职位也不可谓不高，结果非但没完成招聘计划，反而损害了企业形象，什么原因呢？应当看到，招聘过程中，工作申请人是与组织的招聘团队成员接触而不是与组织直接接触，而且招聘活动往往是工作申请人与组织的第一次接触。在对组织的特征了解甚少的情况下，申请人会根据组织在招聘活动中的表现来推断组织其他方面的情况，招聘人员是申请人对所见到的企业的第一印象。所以，企业员工的招聘人员不仅要具备良好的个人品质与修养、广博的知识和一定的人力资源管理技术，更重要的是要表现企业的求贤若渴和重视程度，这就要求必须有总经理级别的领导参加招聘的整个过程；对技术类的企业员工，还应当有企业内外的本领域专家参加，防止外行考内行现象的出现。国外许多著名的大公司如英特尔、微软等在招聘员工时，程序往往很烦琐，需要经过七八个人的分别面试，但很少有候选人中途退出。除了受到大公司巨大的发展前途和优厚待遇的吸引外，根本原因在于与候选人会谈的都是部门经理以上级别的公司领导，甚至还有总裁。如此重视，所谓的烦琐程序在申请人眼里也就不算什么了。

◆**如何招到好人才？**

美国西南航空公司招聘空姐的政策很特别，为保证乘客对空姐满意，他们请二十几位常常飞行的旅客做评委，给应聘职位的空姐打分。因为他们认为，如果乘客不喜欢这些空姐，那么长得再漂亮也不录用。而且，由乘客自己挑选出来的空姐，很大程度上就已经过了一道门槛，因为她们本身就是乘客喜欢的空姐了；另外，在培训上也会省一笔费用。这一项政策使得美国西南航空公司，这个全美八大航空公司中规模最小的航空公司，近 30 年来连续赢利，这在航空业中是绝无仅有的。

所以说，招对了人就能做对事。也许你给员工的待遇很优厚，也许你花费了很大的人力和物力培训他们，也许你对员工的奖励也很多，但是当他们席卷而去，甚至卷走了公司内部资料，乃至其他员工的时候，不仅是企业的损失，也是对你本人的莫大伤害。那么在企业有职位空缺后，需要通过一定的方式将招聘的信息传送出去。而传送信息所用的渠道和媒体在很大程度上影响着消息的发布效果和最后的招聘结果，因此必须慎重。招募信息的发布方式有多种，企业需要根据自身需要与情况合理利用各种媒介。

◆如何体现领导的魅力？

在《三国演义》中，刘备、关羽、张飞“桃园三结义”的故事，家喻户晓，传为美谈。甚至在1994年版同名电视剧中用了几集的篇幅来介绍这个故事。刘备对关、张二弟情深义重，而二位贤弟对刘备也是甘心效命，即使赴汤蹈火也在所不辞。例如，关羽为救刘备的二夫人，上赤兔马，提青龙刀，千里走单骑，过五关斩六将；张飞为关羽报仇，被范疆、张达杀了头。虽然刘备因痛失二弟，草率对东吴起兵而后吃了败仗，但刘备对兄弟情义的重视由此可见一斑。他们兄弟三人几十年南征北战，历经艰辛与磨难，但他们相依为命，没有因困苦而离散，也没有因富贵而离心。不得不说，刘备是中国古代成功管理的优秀典范。

此外，诸葛亮亦曾在《出师表》中这样表白：“臣本布衣，躬耕于南阳，苟全性命于乱世，不求闻达于诸侯。先帝不以臣卑鄙，猥自枉屈，三顾臣于草庐之中，咨臣以当世之事，由是感激，遂许先帝以驱驰。后值倾覆，受任于败军之际，奉命于危难之间，尔来二十有一年矣。先帝知臣谨慎，故临崩寄臣以大事也。受命以来，夙夜忧叹，恐托付不效，以伤先帝之明。”这里的先帝指的就是刘备，正是因为刘备生前三顾茅庐请诸葛的情重，才有了他死后诸葛亮对交托之事的担当。从诸葛亮的字里行间，我们不难发现，刘备的动之以情的管理是何等成功；更不难发现，在管理当中，运用情义的力量是何等高明。

◆什么是管理的禁忌？

著名喜剧演员陈佩斯曾和他的搭档朱时茂演过一个小品戏《主角与配角》，相信这是大家都很熟悉的一个经典。戏中陈佩斯很适合演反面角色，但他觉得反面角色不好看，老想法子当正面角色。结果，无论他如何反复演练、无论他如何装腔作势、无论他如何抢尽镜头，他说话的表情、动作仪态以及交枪时下意识的动作，都出卖了他，不知不觉地暴露出他的本性，引得现场观众还有电视机前的观众一片哄笑。

生活中，每个人的性格、经历、能力和观念不同，适合他们扮演的某种或某几种管理角色也不同。可能因为某种管理角色对他们有很大的诱惑力，他们很想围绕某个角色或几个角色发展自己，扮演自己，但是由于不适应而不成功。这也是企业当中很值得注意的问题，每个人有适合的岗位和角色，一个人所能管理的角色的空间是有限的，不能将空间之外的角色加给一个不适合的人选。所以，人们必须了解自己的长处，在自己的优势上发展才有可能成功。而一个优秀的管理者，也从来不试图改变无法改变的东西，只试图改变可以改变的东西。

◆员工犯错要处罚吗？

一位业绩优秀的女员工，向上级提出一项改进建议：改进一项工作流程，工作效率可以翻倍。但上级不但没有重视，反而认为她多管闲事。后来有一次，她自己私自违反了工作流程，结果被主管发现了，并批评了她。而她也没改正，反而认为是主管有私心，两个人就吵起来了。经理知道此事后，与她进行了一场谈话。经理没有一开始就劈头盖脸地批评她，而是态度随和地让她讲述事情经过，并与她对此事交换了看法和意见。经理发现她还是很有想法的，并且她还提出了很多工作流程以及管理制度中可以再改善的地方。她的意见得到聆听，她的想法得到重视，她的反抗情绪也平静下来，态度也发生了变化，从一开始认为主管有错，到认为自己也有责任，并愿意接受处罚。后来，她的工作激情大增，一扫往日里的傲气和不服，积极配合主管工作，大家都认为她像变了个人一样。

员工违反规章制度，就需要处罚，不然，岂不是有错不咎，赏罚不明吗？但如何罚是门学问。照章办事，罚款了事？虽然简单也不出错，但常规办法容易激化员工与上级的矛盾，使得关系紧张，不利于企业管理。那个员工之所以后来接受处罚，关键在于自己的意见得到了采纳，才能得到肯定。经理像朋友一样与她倾心交谈，让她自己承认错误，并主动改正；而不是领导要她改，被动消极地改。员工得到尊重，意见得到倾诉，自然心理的压抑感就消除了，并且觉得领导可以信赖，便可以将自己的意见毫无保留地提出来。因此，关键是要从根本上解决问题，在必须处罚的前提下，既要留人，更要留心。

◆如何设立奖励制度？

“恭喜聂静当选为本季度最佳员工，我知道大家和我一样愿意对她报以热烈的掌声。”你结束了发言，于是大家也都鼓掌。也许你还在为你设立的制度得意的时候，你听到刘旭对王凤小声说，她有什么特别的地方？难道是因为长得漂亮？我知道她是有工作能力，平心而论，工作也做得不错，但不见得就比我强到哪儿去。王凤回应着说，你该不会认为她和老大有一腿吧？你可能有点火冒三丈了，而聂静也向你走来说，现在组里的每个人对我都很恼火，其实没有他们的帮助，我一个人什么也做不了啊。

只让一个人独享荣耀，如此的奖励制度正是犯了管理中的大忌。只有一个人得到奖励或认可，那么意味着其他人都是失败的。如此，非但没有鼓励员工间相互竞争，反而容易让员工产生隔阂，拒绝给别人提供帮助，更谈不上促进合作。如何解决这个问题呢？首先，奖励的设置可以是不定期的，工作表现出色就可奖励；其次，建立统一制度，达到某一标准就可奖励；最后，可以设定一个需要全力以赴的高标准，而且所有员工尽力后都能达到这个标准，这样，你的手下个个都非常出色啦。

◆你愿意授权吗？

你需要一份工作报告，你想要最有能力的下属吴迪帮你准备。这份工作进展报告对她来说，是个很好的发展机会。何况吴迪的组织能力很强，文章也写得很好，由她来写这份报告是个不错的选择。可是你又想，也许你的上司会把她的工作与你相比较，或许你的上司会觉得她的报告比你之前做的要好。那么，吴迪在你心中就成了一种威胁，与其授权让吴迪写报告，还不如自己一手包办。或许，你可以说你已经轻车熟路，比吴迪干得更好；或许你可以说你觉得吴迪太忙了，需要自己干。但是，你要坦诚面对自己，你要了解自己不能授权给他人的真正原因。

作为一名管理者，你要考虑授权与不授权的影响。对你来说，长期做同样的工作内容，对你的发展没有什么帮助；对你的员工来说，会因缺少发展机会而处于平庸状态。我能干得更好，是管理者的错误思想，也背离了授权本身的优越性。另一个原因，对员工缺乏信心。你对员工缺乏信心，进而保留你对他的授权，他又失去发展能力的机会，而这些能力又恰恰是你对他们建立信心的基础。长此以往，便进入一种恶性循环。一方面，你不给员工发展的机会；另一方面，你又抱怨没人能与你分担重任。作为管理者，你必须展现应有的魅力，勇于打破恶性循环，并为此担当可能产生的风险。

◆什么是管理？

在现代社会，管理的价值大家几乎一致认同，但有关管理的概念却各有各的说法。目前，对于管理的概念，大致有两种代表性的观点：

管理是一种工作程序和办事的方法。持此观点的人认为，管理职能可划分为计划、组织、协调、指挥、监督等五个方面，而所有的职能均是工作的细化、简化、充分地利用人力物力而有效实现目标的科学手段。

管理是处理人与事的艺术。持

这一观点的人认为，管理是以有效的方法达到目的的具体行为。这就必然要求在实践上设计一种行得通的解决办法。

因此，我们可以认为管理是一种运用实际技巧的艺术。管理所要应对的主要是“人”和“事”，而人的思想、行为以及心理情绪差异万千、难以捉摸，各种事物的形态、种类、关系等等变化无穷，所以管理是不能用固定不变的法则来应付千变万化的“人”和“事”的。因此，在管理实践中必须运用高超的艺术，才能激发组织成员的工作热情、汇集众人的才智、实现组织的共同目标。

◆人要怎么管？

20 世纪 60 年代，人群关系理论出现两个基本思路：X 理论与 Y 理论。道格拉斯·麦格雷格（Douglas McGregor，1906—1964）提出了 X 理论，其基本假设认为：

人天生是不喜欢工作的，他们会尽可能逃避工作；

多数人都不愿负责任，无雄心大志，必须受别人的指导；

用强制、惩罚的办法才能迫使他们为实现组织目标而工作。

持 X 理论观点的管理者，单纯从经济效益出发来管理和组织生产的各种元素——金钱、材料、设备和人员；注重于激励员工、指挥与控制他们的行为，矫正其行为，以满足组织的需要；认为员工对于组织需要都是被动和抵制的，需要加以说服、奖励或惩罚。麦格雷格认为，科学管理与行政管理学派比较倾向于 X 理论。

Y 理论主要有以下几点假设：

在体力和心理上努力工作，就像游戏和休息，人们生来并非不喜欢工作；

外部控制和惩罚并非仅有的指挥工作、实现组织目标的途径，人们能对所承诺目标的实施进行自我指导和控制；

对于目标的承诺与对成就的奖励密切相关，最显著的奖励是自我和自我实现需要的满足，它会使人们朝着组织目标而努力；

回避责任、缺乏雄心大志、追安求稳等，都不是与生俱来的特征，在适当情景下，人们会学会接受和寻求责任；

人们都具有想象力和创造性，并能在现实中加以运用。

持 Y 理论观点的管理者，除了从经济效益来组织生产的各种元素——金钱、材料、设备和人员，还把注意力放在帮助员工认识和开发自身的各种能力上；管理的基本任务是设计和安排各种组织条件与方法。Y 理论注重于帮助员工学会管理自己，而 X 理论则试图对员工加以控制，这是两种十分不同的管理思路。

◆如何对待凡事爱拖延的下属？

很多经理人或者领导都有这样的经验，对自己的某个下属，你明明已经说过很多次，告诉他该什么时候完成自己的工作，但是他还是不能及时完成。即使你催促了他好多次，也没有什么效果，拖延的情况没有任何改善。原因到底在哪里？管理者最常犯的错误，便是错把表面的行为举止视为问题所在。事实上，外在的行为反映的是内心深层的焦虑或恐惧，如果没有深入了解下属的内心，解决心理层面的问题，而是不断地去纠正他们的行为，会适得其反，让问题更为严重。面对这种类型的员工，最好的方式就是让他们直接面对混乱或不确定的恐惧。你可以让他担任某个项目或是工会小组的领导人，学习如何为别人承担责任、顾及到他人的需求，如何接受不在预期范围内、来自其他人的要求，让他们变得更有弹性。

还有一个方法就是，你可以鼓励他们在完成工作之前，尽量找其他的同事讨论，或是随时随地做进度报告，请主管或是其他人给予一些改进的建议。这样做有两个目的：一方面通过频繁的讨论，让他们学会接受别人的意见，避免产生抗拒心理；另一方面，也可以让他们及早做出调整，以免等到最后完成时，发现结果不符合你的要求，反而挫败感更大。

面对习惯拖延的下属，最好的方式就是消除他们担心做不好的恐惧。领导应该事先沟通准时完成工作的重要性，并提醒他们哪些地方因为时间的关系而无法做到最好，可以事后再调整，这样可以减轻他们的心理负担。时间运用不当，其实只是表面的症状，而非真正的问题所在。事实上，在面对下属的任何问题时，都不应只看外在的行为，而是要深入了解心理层面的因素，才能对症下药，解决问题。

◆如何对待办公时间化妆的女下属？

在烦躁不安、做任何事都不起劲时，人都需要转换自己的情绪。男性通常会抽烟、喝酒甚至赌博，而女性则一般没有这样的坏习惯。但是，在公司里，会发现有许多女性职员通过到洗手间补妆或者聊天来松弛自己紧绷的神经。对于大多数女性来说，心情好的时候，她们喜欢化妆，这样自己可以更有心情。而心情不好的时候，她们更依赖妆容，因为它们可以隐藏真实的自己。对于很多女性职员来说，化妆就是生活的一部分，并且是不能缺少的一部分。

但是，对于喜欢上班时间到洗手间化妆或者补妆的女性下属，领导者应该分情况对待。如果只是利用化妆放松自己的神经，并且占用的时间并不很长，不会影响整个工作的进展，那么上司不妨支持。因为通过补妆，自己的女下属不但容光焕发，而且工作更有效率，上司何苦吃力不讨好地管制她们呢？但是对于那些上班时间经常去补妆，严重影响了工作进度和效率的女下属，经理就没有必要姑息她们了，应该及时制止这种现象；因为如果不及时制止，很可能导致别的女性下属效仿，而造成工作上的损失。

◆如何留住人才？

如今，日新月异的社会发展，对人的要求越来越高，生活压力越来越大。面对着更好的机会与待遇，员工的流动性也日益频繁。很多人才的流失，成为经理人的心病。如何让员工安下心来，为公司谋发展求利益呢？也许回答就像著名的喜剧演员周星驰说的，给个理由先。

沟通与交流。没有人喜欢被蒙在鼓里的感受。前两天还觉得公司前途无量，今天就看到报纸上宣布公司要破产的消息，恐怕这也是最能摧毁员工志气的消息了。要让员工知道公司的损益情况，知道公司朝着什么方向发展，至少能让员工有与你共同前进的目标。

授权与信任。授权意味着不要由管理人来做决定，让员工自己做出决定，管理人担当支持与指导的角色。当一个人拥有很多权力的时候，他的责任感也会更强。

培训与教育。惠普公司就允许员工在职期间，脱产攻读更高的学位，连学费也通通报销，甚至还主办管理、演讲等培训课。

◆如何解雇员工？

一位经理花了很大力气，从别的大公司挖了一名信息系统专家。公司给他安排了很好的工作，满心期待他给公司带来效益。结果很快发现，对此工作他不胜任。这位经理甚至试图帮助他，指导他，但也没能改变什么，工作依旧没什么起色。这时经理知道自己雇错了人，虽然其他的同事也劝他立即解雇，但是他心里有点负疚，迟疑不决而没有行动。他告诉这位信息系统专家，可以给他另找一份工作。但就在这段时间内，信息系统专家的工作表现越来越糟糕，让其他的员工士气低落，甚至直到一位重要的客户拂袖而去，这位经理才下了决心，解雇了他。这位经理也得到了教训，不能心太软。

这位经理在解雇这件事上为什么瞻前顾后呢？原因也许有很多种。比如，觉得承认错误是需要勇气的事，是很尴尬的事；为错误的录用感到内疚；满怀希望又于心不忍；没有做好员工的指导工作；没有明确表达对员工绩效不满的遗憾；不愿再花费时间与精力安排更合适的人。不论怎样，也许作为一个经理在此过程中很痛苦，但是还是应当理性一点，行动起来。是否给员工明确的绩效要求？是否向没达标的员工做出反馈？是否给新员工一定的试用期和改进的最后期限？当然，无论以什么原因解雇员工，都是不得已而为之的事。但是需要记住一点：对低效员工采取措施前，要表明你真诚地关心他。总的原则是，对事不对人。

一般来说，被辞退员工有两种类型：自我否定和自我保护类型。前者会认为失去工作就表示自己很没用，而后者则认为自己离开公司反而可能会遇到更好的机会。员工都需要发展的稳定性，解雇了，没有工资了，他的稳定被打破了，但如果人事部门能满足员工离职时重要的精神需要——尊重和面子的需要，所有的事情都会迎刃而解。

第 17 章
谈判与沟通

——让你我更亲近

管理活动和商务活动成功与否，很大程度上取决于谈判技巧与能力。毋庸置疑，现代管理者必须练就卓越的谈判技巧和实战能力，才能成为赢家，才能在掌控自己命运时得心应手。训练有素的谈判技能是一种超级的脑力劳动和心理博弈活动，既需要科学的理论做指导，也需要借鉴成功的经验。

在沟通的过程中，如果信息接收者对信息类型的理解与发送者不一致，就有可能导致沟通障碍和信息失真。许多发生误解的问题，其核心都在于接受人对信息到底是意见观点的叙述还是事实的叙述混淆不清。比如，“小王常常在单位的组织生活会上发言”和“小王爱出风头”是两人对同一现象做出的描述，一个良好的沟通者必须谨慎区别基于推论的信息和基于事实的信息。也许小王真的是爱出风头，也有可能是他关心集体事业，畅所欲言，踊跃给领导提出合理化建议。另外，沟通者也要完整理解传递来的信息，既获取事实，又分析发送者的价值观、个人态度，这样才能达成有效的沟通。

◆谈判需要情境吗？

一个富有丰富谈判经验的谈判者，对于选择一个恰当的谈判情境是十分重视的。无论是在体育竞技场还是在战场，抑或是谈判现场，环境和氛围的选择都是十分重要的。用兵打仗需要了解战场的地形、地貌，体育竞赛需要熟悉赛场的情况，而谈判也需要讲究谈判的环境和气氛。

一般来说，在自己熟悉的环境里作战、比赛或谈判，总是能够发挥优势，镇定自若，心理上有一种优越感，因而总能取得好的成绩。正因如此，人们总是乐于将谈判的地点选择在自己的根据地或是自己所熟悉的地方。由于谈判双方都出于同样的考虑，所以谈判的地点，特别是重大的政治、军事谈判，常常在双方都不熟悉的中立区。

◆如何选择与运用谈判时空?

一个人在自己熟悉的环境中比在别的环境中压力小，心理学家将此称作“居家优势”。对于日常谈判活动，同样应该争取这种“居家优势”，最好选择在己方的地点与对方进行谈判。这是因为：

第一，谈判对手处于客人的位置，出于对主人尊重的考虑，不至于过分侵犯主人的利益。

第二，在自己熟悉的地方谈判，可以使自己很快进入角色，谈吐自如。

第三，作为谈判的东道主，你在很大程度上可以控制谈判的议程、进程和谈判的气氛。

第四，将谈判地点选在己方，可以给对方一种心理上的压力。

正因如此，一个精明的外交家会尽量选择在他自己的办公室里举行会晤。第一次世界大战后议和，法国总理克里蒙梭坚持把谈判地点设在法国凡尔赛宫，其用意也是如此。

◆谈判座次有什么奥妙?

富兰克林·德兰诺·罗斯福曾经说过:“对我而言，共同认识的最佳符号是桥梁。”这个道理同样适用于谈判。谈判既是一种抗争行为，又是一种高度合作的行为，参与谈判的各方如果没有一个良好的桥梁做沟通，任何谈判都不会顺利进行。谈判的过程就是一个寻求共同利益的过程，以寻求共同利益做桥梁，谈判各方才能坐到同一张谈判桌前。然而如何安排这张寻求共同利益的谈判桌以及如何安排谈判者的座次，是颇值得探讨的一个问题。

心理学家证实，人们在房间里就座的位置不仅是地位的象征，而且会对谈判如何进行意见交换产生策略上的影响，甚至谈判桌的形状和座次安排也能代表谈判者所采取的某种特定的谈判方式。将谈判东道主安排在他办公桌的后面，或者东道主谈判小组位于谈判桌的“主位”，能加强东道主的谈判实力。在谈判桌两侧各放一把椅子，双方谈判者相对而坐，则代表一种正式的甚至有点对抗意味的谈判气氛。而圆形的谈判桌，不分首次座席，则代表一种合作的愿望。在圆形谈判桌旁，双方谈判人员坐定后，围成一个圆圈，便于交换意见，彼此沟通感情。因而不少和解性的谈判都选择圆形谈判桌。

◆如何选择谈判氛围?

人是感情的动物，影响人的情感因素有很多，其中特定的环境与气氛往往起着很大作用。在谈判过程中，由于双方都要在一个共同的环境和气氛中去施展各自的谈判才干，环境和气氛又会对参与谈判的人员在心理上和情感上产生影响，所以，对谈判效果也就起着潜移默化的作用。

大凡谈判是为双方沟通协调、减

少差异或增进了解所进行的，谈判的组织者都会创设一种温馨、舒适、赏心悦目的谈判环境和友善、轻松、和谐的谈判氛围，使双方在这样的谈判氛围中实现情感上的某种融洽，以便谈判顺利进行。相反，嘈杂、纷乱的环境则会让人的情感处于波动状态，动荡不安的情感会影响人的思维活动和信息识别率，甚至导致直接的失衡。为了摆脱它所带来的困扰和折磨，谈判者宁肯牺牲某些利益，在谈判中做出一点让步都是有可能的。

◆如何做好谈判的准备工作？

在谈判的所有准备工作中，最重要的一个步骤就是对对手的研究。研究必须客观，除了客观地取得证据外，还要使自己成为汇集对手资料的中心数据库。积累的资料一定要具有高度的准确性，这些资料可以使你应付谈判中出现的任何变化。对于研究过程中所汇集的资料，必须依靠个人的能力以及经验加以适当应用。对于对手过去的经验，尤其值得研究，比如他过去任职的机构、团体，完成的每一项工作、合同，以及所有他曾经参与过的谈判等。通常研究对手失败的原因比研究他成功的原因，更能看出对手的个性；如果能够仔细研究对手失败的原因，则很可能知道他的想法以及他的心理倾向。而所有这些足可以告诉你他所需要的是什么，使你在对弈中立于不败之地。

◆如何做好谈判计划？

一般而言，谈判的准备工作就是要研究制订一个简明而又富有弹性的谈判计划。谈判计划尽可能简洁，以便参与谈判的人员可以记住其中的内容，并把计划的主要内容和基本原则牢牢记在心中，进而能够得心应手地与对方周旋。谈判计划简洁并不是说要忽略具体，简洁是指不用事无巨细地都列举出来，但是一定要有大的框架。计划还要富有弹性，是指谈判人员必须善于领会对方的意图，并根据谈判中随时可能出现的问题，做出灵活的反应。制订谈判计划一般可以分为以下几个步骤：第一，集中思考。集中思考的目的就是迅速地归纳谈判中可能出现的问题，同时整理自己的思路。集中思考不仅要思考己方在谈判中所要提出的想法和建议，更为重要的是要思考对手可能提出的问题和相应的解决之道。第二，确定谈判目标，即我们谈判的主导思想，我们所要达到的目的。第三，写出详细的谈判计划，并仔细斟酌，最好谈判小组成员能够坐在一起讨论，不断完善自己的计划。

◆谈判的准则是什么？

当谈判双方首次见面时，往往都会怀有一种戒备心，毕竟从来没有接触过，也不了解对方的真实动机和目的。出于安全考虑，对方往往会将自己的真实情感隐藏起来，使你无法判定他将会采取什么策略，不得不知难而退；有时出于戒备心，对方开始时往往会用丝毫不带感情色彩的外交辞令与你周旋，表面上毫无敌意，暗地里却在冷眼观察你的一举一动，试图从中发现你的意图。这种情形常使你尴尬不已。有时候出于戒备心理，对方甚至从一开始就对你唯唯诺诺，仿佛唯命是从。但当你以为时机成熟，可以说出自己的想法时，对方却给你来个180度大转弯，让你的计划泡汤。

消除对方的戒备心理，避免在谈判中出现上述的尴尬情形，最关键的一点就是：以诚相待。在谈判中，以诚相待的原则，首先就体现在真诚地关心对方。一位从事人际关系研究的专家认为：人最关心的是他自己，而且希望他人也关心自己，就好比他拿起一张有他在内的集体照片，他首先看到的是他自己。他听你说话也一样，首先也希望在你的谈话中能找到他，并会以你关心他的程度来决定他关心你的程度。因而谈判伊始，先拿出一定的时间，以寒暄、问候的形式真心实意地表达你对对方的关心是十分必要的。这样，可以使谈判在一种相互关心、诚挚友好的气氛中进行。从你的关心中，对方感到他是在同一个富有同情心和爱心的人打交道，他不必担心自己会受到欺骗和不公正的待遇，从而消除戒备心，积极与你合作。

◆建立信任的前提条件是什么？

大家都知道商鞅变法的故事，起初商鞅的法令在秦国并不能顺利实施。后来，商鞅在南城门外立了一根三丈高的木柱，并许下诺言：谁能将此木搬到北门，赏十金。围观的人都感到很奇怪和疑惑，没有人来搬。后来商鞅又增加了赏金，涨到五十金。这时，真的有人把木柱搬到北门，商鞅也履行承诺赏了他五十金。这一举动，使百姓们确认了商鞅是一个很讲信用的人。于是，他的新法获得了人们的信任，在秦国得以推广。可见，信用与信任的产生是多么重要。试想，如果一个谈判者轻率地毁约失信，对自己在谈判中所做的承诺采取出尔反尔、不负责任的态度，有谁会相信他呢？

在谈判中，信用是双方建立信任关系的前提条件。任何一种谈判，没有信任，是不可能达成任何协议的。如果对方信任你，谈判就会在轻松和谐的气氛中顺利进行。反之，如果对方顾虑重重，就会使谈判气氛紧张，就有可能达不成协议，甚至谈判破裂。神经处于高度紧张状态的人们不可能取得好的谈判结局，他们会要求更多的保证。而在两个相互信任的谈判者中间，谈判的气氛必然是坦诚的、开诚布公的、真挚的，他们不会相互防备，把自己的真实意图深深埋藏，处心积虑地打探对方的信息。在他们之间，信息的传递是一目了然的。在彼此信任的前提下，他们能直截了当地触及问题的核心，而不必纠缠于细枝末节。

◆什么是谈判中的分裂术？

俗话说堡垒最容易从内部攻破，面对强大的联合最有效的打击办法就是争取让其内部发生破裂。然后再拉拢其成员加入自己的阵营中来，以达到削弱敌人、各个击破的目的，从而实现其全部的谈判目的。

那么如何才能使对方的堡垒破裂呢？这就需要你采取一定的策略和计策了。通常情况下，敌人的联合中必定有弱有强，要想攻破敌人的防线，最好是对敌人内部的弱者或者意志不坚定者进行拉拢。这些弱者往往因为畏惧强者，或者害怕被消灭而依附于某个强者，对他们来说保存自己是最重要的，其实他们也知道依附于一个强者，要处处看强者的脸色行事，自己丝毫没有主动权，最后还是要被强者吞并的，这只是暂时保存自己的方法。因此如果要说服这些弱者退出他们的联合，最好的办法就是给他们分析当前的形势，使他们真正认识到自己的利益所在，认识到和强者一起消灭比自己弱小或者和自己一样弱小的团体，等到强者达到了消灭弱者的目的后，自己的死期也就到了。

◆什么时候适合用反间计？

还有一个方法可以分化联合。人是最高级的动物，也是思想最丰富的动物。对于一个处在联合中的人、企业，甚至国家来说，没有什么比保护自己的利益更重要的事情了。即使是最亲密的兄弟也往往因为别人的一两句谗言而反目成仇，更何况没有丝毫血缘关系的人和集体呢？因此，应用反间计是最好的打破敌人内部联合的办法了。应用反间计最重要的一点就是你要选择一个适于你实施反间计的人。这个人需要有以下几个特征：

（1）生性多疑；

（2）力量相对其他人比较强大；

（3）是他所代表的利益集团的主要领导者，可以有做出裁决的权力。

选好了这样一个人，你就可以选择一个能言善辩之士，去尽情挑拨离间，直到达到你的目的为止。

第三，也是最简单的办法就是，给你要拉拢的对象以一定的能够使之动摇的好处。当然这些好处应该是建立在不能损害自身利益的基础上，而对拉拢对象来说又有强烈的吸引力的。只要他们肯为了这些利益而放弃原来的联合，你也就成功了一大半。

◆弱小势力如何采取反击措施？

当谈判强手用连横击弱的谈判策略来对付弱小的时候，弱小势力也可以采取一定的反击措施，这些措施包括：

在具有高度竞争的谈判场合里，弱小势力对强大对手的联合要求、小恩小惠要持怀疑的态度。分析其要求和让步的动机和目的，不要轻易答应对方的要求，接受其恩惠。

弱小势力之间要结成牢固的同盟，要求同存异，切忌钩心斗角，同床异梦。无论强大的对手采取何种引诱、威胁、欺骗等手段，都要做到不为所动，不轻易脱离合纵联盟，投靠敌手，这样不仅会给其他的联合者带来损失，而且最终也会导致自己的损失。正如政治思想家马基雅维利所说：最危险的损失，就是和比本国实力强的国家联合，来消灭比自己弱小的国家。待战争结束后，其结果只能是被联合一方的大国所吞食，此外不会得到任何利益。马基雅维利对军事理论的认识，对于谈判者也同样适用。

用合纵抗强的谈判技巧和谋略去对付连横击弱的谈判技巧和策略。

◆谈判言语有什么应用原则？

谈判言语必须为实现谈判目的服务

在谈判现场，假如双方主谈正在进行较为严肃的谈判交涉，而谈判小组的其他人员却在与其谈判对手窃窃私语或谈其他私事，此时主谈必定会暂时终止谈判，纠正自己成员的做法。这就是由于那些谈判成员此时的谈判言语与己方的谈判目的发生偏差，只有使整体的谈判言语与谈判目的保持一致，谈判才能进行。

谈判言语必须适应不同谈判对象的不同特点

由于谈判的类型多种多样，参与谈判的人也来自不同的民族、国家、地区，彼此年龄、性别、职业、身份等不尽相同而存在风俗习惯、文化素养、性格、心理等诸多方面的差异。谈判要使双方在相互了解的基础上达成某种共识，谈判言语的表达与交流如不能被特定的言语接受对象准确地理解和接受，那么谈判活动也就达不到预期的目的。因此在谈判之前有必要对对方的情况做充分了解，以便在谈判中能够得心应手。

谈判言语必须适应特定的谈判环境

谈判按进展的时间顺序，一般可以分为初次会晤、相互表明立场、告知与说明、劝导与说服、辩论、达成协议、谈判结束等几个阶段。在不同的阶段，人们的谈判言语的使用方式必须与之协调一致。很难想象，在谈判的初始阶段，人们就针锋相对，咄咄逼人，或是在交锋阶段采取初次会晤时客套的语言。

◆如何通过体态了解对手的意图？

目光语

眼睛被誉为人们心灵的窗口，人们心中深处的东西往往可以通过这个“窗口”折射出来。例如与人交谈时，视线接触对方脸部的时间，在正常情况下应占全部谈话时间的20%—60%，超过这一平均值，可以认为对方对谈话者本人比对谈话内容更感兴趣；低于这个平均值，则表示对方对谈话者和谈话内容都不感兴趣。倾听对方谈话时，几乎不看对方，有时是企图掩饰什么的表现。

手势语

谈判双方在刚刚见面时通常都会用握手这种最普遍的世界性“见面礼”。那么通过握手，也可以感觉到对方的心态。比如，握手时对方手掌出汗，表示对方处于兴奋、紧张、情绪不稳定的状态；对方用力握你的手，则表明对方热情好动，凡事比较主动；先凝视对方再握手，是想将对手置于心理上的劣势等等。

◆ **如何在谈判原则下谈判？**

有效谈判的一个重要原则就是：应该向对方提出比你想要得到的更多的要求。美国著名外交家基辛格也提出：“会谈能否产生预期的效果取决于夸大自己的需求。”

提出比你想要得到的更多的要求，有四个原因：

你可能刚好得到它。

它可以为你提供谈判的空间。

它可以避免谈判陷入僵局。

它可以造成一种使对方感觉到自己是赢家的氛围。

如果你最初的计划很过分，这表明有某种灵活性，这样可促使对方和你进行谈判。你如果了解对方越少，就应该要求得越多。将对方的计划包括在你的主张中，这样如果你以平均值结束谈判，仍然可以得到你想要的“价位”。

提出比你想得到的更多的要求，这似乎是一种显而易见的原则，但这的确是在谈判中应考虑的事情。许多实验已反复证明：你要求得越多，你得到的也会越多。

◆ **如何利益最大化？**

有一个阿姨把一个橙子给了邻居的两个孩子，这两个孩子便讨论起如何分这个橙子，两个人吵来吵去，最终达成了一致意见，由一个孩子负责切橙子，而另一个孩子选橙子。结果，这两个孩子按照商定的办法各自取得了一半橙子，高高兴兴地拿回家去了。第一个孩子把半个橙子拿到家，把皮剥掉扔进了垃圾桶，把果肉放到果汁机上榨果汁喝。另一个孩子回到家把果肉扔进了垃圾桶，把橙子皮留下来磨碎了，混在面粉里烤蛋糕吃。

从上面的情形，我们可以看出，虽然两个孩子各自拿到了看似公平的一半，然而，他们各自得到的东西却未物尽其用。这说明，他们事先并未做好沟通，也就是两个孩子并没有申明各自的利益所在。没有事先申明诉求导致了双方盲目追求形式上和立场上的公平，结果，双方各自的利益并未在谈判中达到最大化。

谈判的过程实际上也是一样，好的谈判者并不是一味固守立场，追求寸步不让，而是要与对方充分交流，从双方的最大利益出发，创造各种解决方案，用相对较小的让步来换得最大的利益，而对方也是遵循相同的原则来取得交换条件。在满足双方最大利益的基础上，如果还存在达成协议的障碍，那么就不妨站在对方的立场上，替对方着想，帮助扫清达成协议的一切障碍。这样，最终的协议是不难达成的。

◆什么是沟通？

所谓沟通，其实就是人们在互动过程中通过某种途径或方式将一定的信息从发送者传递给接受者，并获取理解的过程。沟通是人与人之间转移信息的过程，有时人们也用交往、沟通、意义沟通、信息传达等术语，它是一个人获得他人思想、感情、见解、价值观的一种途径，是人与人之间交往的一座桥梁。通过这座桥梁，人们可以分享彼此的感情和知识，也可以消除误会，增进了解。而沟通的信息是包罗万象的。在沟通中，我们不仅传递消息，而且还表达赞赏、不快之情，或提出自己的意见观点。这样，沟通信息就可分为：事实、情感、价值观、意见和观点。

◆什么是非言语沟通？

在你一日最忙碌的时刻里，有位职员来造访，讨论一个问题。你和他把问题解决之后，这位职员却站着不走，并把话题转向社会时事。在你的内心里，很希望立即终止这个讨论而去继续工作，可是在表面上，你却很礼貌、专注地听着，然后，你把椅子往前挪了一下，并坐直了身子且开始整理你桌上的公文。不管这举动是潜意识的抑或故意的，它们都刻画出你的感觉并暗示这位职员“该是离开的时候了”，除非这位职员没有感觉或太专注于自己的话题，否则谈话很可能因彼此间的默契，而获得结束。

非言语沟通就是指通过某些媒介而不是讲话或文字来传递信息。例如，美国前总统克林顿十分注意在不同场合穿不同的服饰。在外交场合，克林顿穿笔挺的深色西服，扎深色领带；而在会见选民时，他则穿浅色的休闲服，以显示亲民色彩。非言语沟通内涵十分丰富，为人熟知的领域是身体语言沟通、副语言沟通、物体的操纵等。

◆什么是身体语言沟通？

身体语言沟通是通过动态无声性的目光、表情、手势语言等身体运动或者是静态无声的身体姿势、空间距离及衣着打扮等形式来实现沟通。早在两千多年前，伟大的古希腊哲学家苏格拉底即观察到了身体语言沟通现象，他指出“高贵和尊严，自卑和好强，精明和机敏，傲慢和粗俗，都能从静止或者运动的面部表情和身体姿势上反映出来”。人们首先可以借由面部表情、手部动作等身体姿态来传达诸如攻击、恐惧、腼腆、傲慢、愉快、愤怒等情绪或意图。

一位作风专断的主管一面拍桌子，

一面宣称从现在开始实施参与式管理，听众都会觉得言辞并非这位主管的本意。在礼节性拜访中，主人一边说“多坐一会儿”，一边不停地看看手表，客人便该知道起身告辞的时间已到。事实上，在言语只是一种烟幕的时候，非言语的信息往往能够非常有力地传达“真正的本质”。扬扬眉毛、有力地耸耸肩头、突然离去，能够传达许多具有价值的信息。激动人心的会议备忘录（甚至一字不漏的正式文件）读起来十分枯燥，因为它们抽去了非言语的线索。

◆什么是副语言沟通？

副语言沟通是通过非语词的声音，如重音、声调的变化、哭、笑或者停顿等来实现的。心理学家称非语词的声音信号为副语言。最新的心理学研究成果揭示，副语言在沟通过程中起着十分重要的作用。一句话的含义往往不仅取决于其字面的意义，而且取决于它的弦外之音。语音表达方式的变化，尤其是语调的变化，可以使字面相同的一句话具有完全不同的含义。比如一句简单的口头语“真棒”，当音调较低、语气肯定时，“真棒”表示由衷的赞赏；而当音调升高，语气高扬，说成“真棒”时，则完全变成了刻薄的讥讽和幸灾乐祸。

◆什么是物体的操纵？

物体的操纵是人们通过物体的运用和环境布置等手段进行的非言语沟通。例如，历代中国皇帝通过威严神圣的皇宫建筑和以“龙文化”为特征的日常器具，来显示自己是“真龙天子”；而世界各大宗教派别纷纷凭借自己独具匠心的建筑风格和宗教仪式，来向世人昭示自己的教义。在中国古代，如果主人在会客时端起茶杯却并不去喝茶，便是在暗示送客的时间到了。在今天的企业中，也会经常看到下面的场景：一位车间主任，他在和工长讲话的时候，心不在焉地拾起一小块碎砖。他刚一离开，工长就命令全体员工加班半小时，清理车间卫生。实际上，车间主任并未提到关于清理卫生的任何一个字。

◆语言也是沟通障碍吗？

现实生活中一些沟通的障碍，常常造成我们对沟通能力的误解，影响我们对沟通能力的掌握。虽然我们用语言在沟通，然而有时语言本身也是沟通的一种障碍。中国地域辽阔，是个多民族的大家庭，许多民族有自己独特的民族语言，不同民族间的沟通便面临着语言的障碍。此外，现代汉语又可分北方话、吴语、湘语、赣语、客家话、闽北话、闽南话、粤语等八大方言区。而每个地区方言还可分出大体上近似的一些地方方言。如闽南话又有厦门话、漳州话、泉州话之分。四川话中的“鞋子”，在北方人听来颇像“孩子”；广东人说“郊区”，北方人常常听成“娇妻”，等等。

上例中是语音的差异造成的沟通障碍，有时语义的差异也会造成歧义。例如，某学生给学校领导写信：“新学期以来，张老师对自己十分关心，一有进步就表扬自己。”校领导感到纳闷，这究竟是一封表扬信还是一封批评信？因为“自己”一词不知是指“老师自己”还是“学生自己”。幸好该校领导作风扎实，马上进行询问调查，才弄清这是一封表扬信，其中的“自己”乃是学生本人。语义不明，就不能正确表达思想，不能成功地沟通。

◆习俗是沟通障碍吗？

习俗即风俗习惯，是在一定文化历史背景下形成的具有固定特点的调整人际关系的社会因素，如道德习惯、礼节、审美传统等。习俗世代相传，是经长期重复出现而约定俗成的习惯，虽然不具有法一般的强制力，但通过家族、邻里、亲朋的舆论监督，往往迫使人们入乡随俗，即使圣贤也莫能例外。忽视习俗因素而招致沟通失败的事例屡见不鲜。

一位保加利亚籍的主妇招待美籍丈夫的朋友吃晚饭。在保加利亚，如果女主人没让客人吃饱，那是件很丢脸的事。因此，每当客人吃完，这位主妇便为客人再添一盘。客人里正巧有位亚洲留学生，在他的国度里，宁可撑死也不能以吃不下去来侮辱女主人。于是，他接受了第二盘，紧接着是艰难的第三盘。女主人忧心忡忡地准备了第四盘。结果，在吃这一盘的时候，那位亚洲留学生竟撑得摔倒在地。

一位英国男青年邀一位中国女青年出游。为取悦女友，他特地买了一束洁白的菊花送给女青年的父亲，结果对方勃然大怒，他被轰出门，还不知祸因所在。在英国男青年看来，白色象征纯洁无瑕，他压根不知道，在中国，白色的菊花是吊唁死者用的。现在他将白花送给活人，在中国父亲看来，那是在诅咒自己短寿，当然不能容忍啦。

可见，不同的礼节习俗、不同的审美习俗等等都可能带来误解和冲突。或许旧石器时代，那两个“你来自云南元谋，我来自北京周口”的古人类就拉开了习俗不同差异演绎的序幕了吧。

◆什么是沟通的角色障碍？

角色一词按其原意是指在戏剧舞台上依剧本所扮演的某一特定人物的专门用语。引进社会学中，是指每个人作为社会一分子，在社会大舞台上都扮演着角色，都得按照社会对这些角色的期待和要求，服从社会行为规范。如果缺乏明智性或陷入盲目性，人们扮演的不同的社会角色，则往往会因缺少共同语言而引起沟通困难。

社会地位不同的人通常具有不同的意识、价值观念和道德标准，从而造成沟通的困难。不同阶级的成员，对同一信息会有不同的甚至截然相反的认识。政治差别、宗教差别、职业差别等，也都可成为沟通障碍。不同党派的成员对同一政治事件往往持有不同的看法；不同宗教或教派的信徒，其信仰、观点迥异；职业的不同常常造成沟通的鸿沟——“隔行如隔山”；年龄也会造成沟通障碍，所谓“代沟”即为一例。所以，也不难理解为什么李少红拍的新《红楼梦》受到那么多人的质疑。

◆如何克服沟通的心理障碍？

现实的沟通活动还常为人的认知、情感、态度等心理因素所左右，有些心理状态常对沟通造成障碍。比如，第一印象特别深刻，以后要改变这些印象往往不太容易。有的人可能给人的第一印象不太好，但进一步交往之后，则会感觉大不一样；有些人给人的第一印象特别好，而以后也许这种印象会逐渐淡漠下去。“路遥知马力，日久见人心”的古训是有一定道理的。在人际交往中，要注意克服第一印象的影响。

另外是刻板印象，即人际交往中对某一类人进行简单的概括归类所形成的不正确的印象。比如说英国人保守，美国人不拘小节，犹太人会做生意等等。刻板印象使人们在无形之中戴上了涂有偏见色彩的有色眼镜。人们总是不自觉地将人概括分类，比如说到南方人，人们心目中总有一个印象；说到北方人，又会出现另一个概括性的印象。虽然就总体来讲，南方人与北方人在某些方面（风俗习惯、风土人情以及性格特点等）是存在一些差别，但是如果以这种概括性的印象对待具体的人则是完全错误的。而我们的人际交往正好是具体的人与人之间的交往，因此必须防止刻板印象的影响。

◆什么是情感的沟通障碍？

一位公司董事长早晨看报看得太入迷，忘了时间，为了不迟到，他在公路上超速驾驶，结果被警察开了罚单，而且还是误了时间。这位董事长回到办公室时，将销售经理叫到办公室训斥一番。销售经理受训后，气急败坏地走出办公室，又将秘书叫到自己的办公室，并对他挑剔一番。秘书无缘无故被人挑剔，自然是一肚子气，垂头丧气地回到家，对妻子也没有好脸色，儿子不明就里地问妈妈爸爸怎么了。妻子也莫明其妙地对儿子发脾气说我怎么知道啊。儿子听后也很恼火，这时猫在他脚边蹭啊蹭，他便将猫狠狠地踢了一脚。

人是社会性动物，总是带着某种情感状态参加沟通活动的。在某些情感状态下，人们容易吸收外界的信息。而在另一些情感状态下，信息就很难输送进去。如果不能有效地驾驭情感，就会有碍正常的沟通。上面的例子就很好地说明了这一点，所以，如果当你发觉心中有点愤怒的小火苗的时候，千万不要让它成燎原之势。

◆如何建立企业沟通制度?

迪特尼公司早在30年前就认识到员工意见沟通的重要性，并不断地加以实践。现在，公司的员工意见沟通系统已经相当成熟和完善。迪特尼公司的“员工意见沟通”系统主要分为两个部分：一是每月举行的员工协调会议；二是每年举办的主管汇报和员工大会。

员工协调会议。开会前，员工可事先将建议或怨言反映给参与会议的员工代表，代表们将在协调会议上把意见转达给管理部门，管理部门将公司政策和计划讲解给代表们听，相互讨论。同时，公司也鼓励员工可将问题或意见投到意见箱，为此，公司还特别规定，凡是员工意见经采纳后产生显著效果的，公司将给予优厚的奖励。令人鼓舞的是，公司从这些意见箱里获得了许多宝贵的建议。

主管汇报。公司员工每人可以接到一份详细的公司年终报告。这份主管汇报包括公司发展情况财务报表分析、员工福利改善、公司面临的挑战以及对协调会议所提出的主要问题的解答等。公司各部门接到主管汇报后，就利用上班时间召开员工大会。由总公司委派代表主持会议，各部门负责人参加。会议先由主席报告公司的财务状况和员工的薪金、福利、分红等与员工有切身关系的问题，然后开始问答式的讨论。

那么，迪特尼公司员工意见沟通系统的效果究竟如何呢？在20世纪80年代全球经济衰退中，迪特尼公司的生产率每年平均以10%以上的速度递增。公司员工的缺勤率低于3%，流动率低于12%，是同行业最低的。许多公司经常向迪特尼公司要一些有关意见沟通系统的资料，以做参考。或许有人会问：既然效果如此显著，为什么至今采用的公司不多？答案很简单：这一计划对管理人员来讲是一件很费劲的工作，而且又不是短期内可以奏效的。一些眼光短浅的经理宁愿以较低的生产率，较高的员工缺勤率、流动率，来勉强维护公司的运转，也不愿大刀阔斧地改革，解决公司的根本问题。

◆如何改善企业的沟通困境?

企业中往往会存在缺乏沟通的问题，这对企业的健康成长极为不利。企业家、经理人应当能冲出缺乏沟通的困境。当然，企业中缺乏沟通也可能是由于经理人自身存在问题，你与别人沟通的方式会影响别人与你沟通的方式。做一次自我评估，你会发现别人都在效仿你。因此，要改善企业中的沟通现状，自己要首先行动起来。

建立联系。有很多方法能使你的领导成员和企业人员联系起来，如开会、共同完成一个任务、午餐闲谈、晚餐闲谈和个人交往。如果沟通遇到地理上的障碍，就应派人花些时间，带着明确的目的到一些不同的地点去。

尊重不同意见。不同背景、不同文化、不同种族的人会有不同的价值观。对文化差异的研究会增进业务上的沟通，能在你的团队中形成相互理解、信赖和尊重的和谐关系。

重视通讯工具的选用。现在的通讯方式多种多样，语音邮件、电子邮件、电话、传真、即时聊天工具、视频会议等为人们提供了多种选择。面对面的交往也很重要，尤其是深入的交谈，更应当鼓励。

鼓励沟通信息和想法。可以采取论坛、圆桌讨论、互联网交谈、在线聊天或公告板等等。另外，管理者也应当注意，当开一个沟通会议时，要让它的气氛变得令人愉快，要学会做一名热情、友好并有着真挚兴趣的听众。要珍惜他人的时间，开始和结束都要准时。要学会倾听、询问的技巧，要善于接受意见，还要欢迎不同的观点和意见。

第18章 消费与广告

——广而告之的学问

世界上第一瓶百事可乐于1898年诞生于美国，比可口可乐的问世晚了12年。因为它的味道同配方绝密的可口可乐很相近，于是便借着可口可乐的势头取名为百事可乐。但由于可口可乐早在十几年前就已经开拓市场，到了百事可乐问世的时候它早已声名远扬，控制了绝大部分碳酸饮料市场。在人们心目中也形成了定势，一提到可乐，自然非可口可乐莫属。

在第二次世界大战以前，百事可乐一直不见起色，曾两度处于破产边缘，饮料市场仍然是可口可乐一统天下。尽管在1929年开始的经济危机和二战期间，为了生存，百事可乐不惜将价格降到可口可乐价格的一半，以致差不多每个美国人都知道同样的价钱可以多买1瓶的百事可乐，但百事可乐仍旧没能摆脱困境。

后来，百事可乐公司做了一项调查：把百事可乐和可口可乐的商标去掉后，请人品尝哪个可乐更好喝些。结果令人惊异：有67.9%的测试者认为百事可乐更好喝，味道比可口可乐的好，可事实上是可口可乐的销量要比百事可乐的多得多。那么消费者又是怎么想的呢？为什么他们有这样的购买行为呢？

◆如何促进消费者对产品的记忆？

《亮剑》中的李云龙说不管对手怎样，要亮剑。消费产品也一样，看你主打的是什么招牌。

情感的回忆。黑芝麻糊作为一种日常生活中普通的食品，其广告诉求的难度比较高。但南方黑芝麻糊从情感入手，打造温情牌，“一股浓香，一缕温情”营造出一个温馨的氛围，深深地感染了每一位观众。画面中那个小男孩，满嘴吃得黑乎乎的，还舔着碗边，馋馋地伸出碗向那位大婶讨吃的样子，真是可爱之极。特别是让那些有同样生活经历的人，想起自己的童年情境，会心地露出微笑，沉浸在对过去生活的怀念与追忆中。当人们在超市看到南方黑芝麻糊时，回忆起那片温情，自然就会想买点回家再回味回味。

实用的回忆。让产品的诉求亮点直接有用的招牌。例如，国内杀毒软件市场的争夺一度处于白热化阶段。瑞星、卡巴斯基、金山三者间的混战刚结束，收费阵营和 360 杀毒免费两者的 PK 又硝烟弥漫。360 的杀毒广告，由身兼多职的刘仪伟代言，其本身的幽默气质与广告直白讨巧的“免费”诉求相符，当人们需要杀毒软件时，自然会想起其实用的特性。

◆消费者选购商品的理由？

消费者在购物时，是什么样的心理使得他们选择此物而非彼物呢？

产品的品相标记。商品的标记常常可使得消费者对制造商的信誉度产生一些有利的联想。如北京同仁堂的标记等。

产品的品相标记。不同的商品有不同的颜色、长相等等。通常颜色的特性容易让人记住。比如麦当劳标记的醒目黄，肯德基标记的红与白，还有洋河蓝色经典酒的蓝等等。

产品的价格标记。当消费者在面对商品选择时，价格经常可以协助他决定哪种牌子。通常有两种情况：一种是一分价钱一分货的观念，价高表示商品较好；另一种是物美价廉的心态，觉得实惠最重要。这两种心理在不同商品和不同人群当中表现得不一样。

产品的定位标记。或者简单地说，产品的消费对象的定位与诉求。著名体操运动员李宁创建的 LI–NING 品牌的运动服装，其广告产品的诉求已经从过去的“一切皆有可能（Anything is Possible）”换成了最近的“Make the Change”。此外，李宁品牌标识原设计，由汉语拼音“LI”和“NING”的第一个大写字母“L”和“N”的变形构成富于动感和现代意味的红色造型。而新标识传承了经典 LN 的视觉资产，但抽象了李宁原创的“李宁交叉”动作，以“人”字形来诠释运动价值观。

◆如何抓住消费者的心？

消费者的群体特征。不同年龄、不同性别、不同文化，甚至不同民族在消费的时候，因为他们各自的价值观、喜好、需求、观念不同，导致他们在选择商品时心态不同。确定你的商品的受众，根据受众的需要满足他们的需求。比如面向儿童的奥利奥饼干：“扭一扭、舔一舔、泡一泡”，真是活泼又可爱。

消费者与商品颜色。商品的颜色在广告、包装等过程中都受到广泛运用。心理学家研究发现，个体的性格与对颜色的偏爱是有关联的，或者换句话说，一个人的性格如何，往往从其所选的颜色中可略知一二。

消费者与情境消费。例如，“优乐美”奶茶的广告：

女：我是你的什么？

男：你是我的优乐美。

女：原来我是奶茶啊！

男：因为这样，我就可以把你捧在手心。

虽然广告被有些人评价很冷，但是这种情境的广告，加上青年歌手周杰伦的主演，很容易被恋爱中的人效仿。

◆消费者购买商品的情感动机是什么？

消费者在购买商品时，事先都经过考虑，哪怕是最简单的商品。在情感上，促使消费者购买商品的动机有：

骄傲与欲望。有人为了追求一种形式上的骄傲或者满足其对奢侈品的欲望，就会购买如名牌手表、钻石、貂皮大衣、限量手包、跑车、别墅等等。

尝新与娱乐。某某时装新款、最新式的皮鞋、最新款的手机、最新款式的笔记本电脑，一方面吸引他人的注意，另一方面也在一定程度上满足了人们娱乐的欲望。

舒适与满足。个人或家庭在衣、食、住、行上使用舒适的商品，去书店买书或去电影院看电影，一方面能满足生理需求，另一方面也能获得精神生活的满足。

占有与爱好。有些消费者对于商品是否能被加以利用并不在乎，在乎的是他有没有这件商品。例如，古代帝王占有天下之美女，是否临幸不重要，重要的是占有。也有出于特殊爱好而购买商品的消费者。

需要与实用。比如为求爱、结婚、养育孩子而购买的服装、礼品、家具等等。或者为了确保生命的安全和健康，买保险、滋补品等。

◆消费者选择商品的动机有哪些？

便利性。如商店的营业时间或地点便利，让消费者感觉很方便，如有的便利店24小时营业。

齐全性。衣食住行样样齐全的货品，可让顾客自由选择。

服务好。不论顾客是否购买商品，售货员都能始终如一地恭迎恭送，让顾客愿意时常光顾。

信誉好。商品能够货真价实，交易公平。

性价比高。如商品的打折销售或廉价号召让消费者觉得很合算。

◆消费者的理性购物动机有哪些？

便于使用：如食品的包装封口的可封可拆的实用性，易拉罐的便于开启性。

增加效率：如打印机、计算机、起重机等工具或设备可以增加工作的效率。

产品可靠性：如不褪色的牛仔裤，不会生锈的自来水管。

产品耐久性：如品牌汽车、钢琴等等，耐久性能好，不易损坏。

产品经济性：如有些商品的价格也许不算低廉，但因为寿命长久，长期平摊费用少。

产品便利性：如小而好拿的记事本，罐装的啤酒与干肉类，分量可一餐食用、即开即食等。

◆消费者购买决策的方式有哪些？

个人决策。平日使用的常规用品、日常生活用品，个人凭自己的购买经验直接就可以做决策，或者偶遇折扣商品、机不可失的商品，个人也会立即购买，既有效率，也不错过机会。

家庭决策。一般重大的购买行为，通常由家庭成员凭借集体智慧共同商议决定。另外，个人在购买重要商品时经验不足，也会由家庭商议决策。

社会协商式决策。消费者在购买决策过程中，通常通过一些信息的收集，与他人进行协商，最后做出决策购买何种商品。如公司或工厂采购办公用品或原料时了解商品的质量等。

◆影响消费者的购买决定的因素有哪些？

消费者的购买过程通常受内部因素与外部因素影响。

内部因素：

个人的需要和动机。人们需要达到满足的条件就是要购买的目标。

个人经验的影响。包括个人的情趣爱好、性格特点、购买经验以及对风险预知的经验。

外在因素：

家庭成员对购买决策的影响。

参与的群体对购买决策的影响。包括亲朋好友、同学同事、邻居等等，他们甚至影响决策者的用后评价等。

社会组织与专家名人的影响。例如，摄影协会的成员，就会影响着消费者对相机的品牌、档次和功能的选择；而消费者崇拜专家名人的心态，在一定程度上使专家名人的意见具有了权威性与参照性。

◆家庭成员的购买角色有哪些？

家庭作为社会组成的细胞单位，是每个消费系统的终极消化地所在。因而，分析在购买过程中家庭成员的购买角色也很重要。据研究，通常家庭成员的购买角色有五种：把门人、使用人、影响人、购买人、决定人。例如，母亲可能并不钟情于某个品牌，而是基于家庭其他成员的介绍与要求决定购买。那么，对于商品和家庭用品，购买者获得信息就比较重要。比如上网查看、电视广告、浏览超市橱窗等等。研究表明，耐用性的消费品通常由夫妇共同决定，但是这一点在汽车的购买上并不通用，因为这基本是男人的专利。女人在社会上获得了越来越多的经济、职业上的独立，也将改变传统的商品购买观念，所以，越来越多经济上比较独立的女人拥有自己的小汽车。

◆消费心理对消费流行有什么影响？

对消费流行产生影响的主要是以下几个社会阶层：第一，高收入阶层，如金融家、企业家、成功商人等。这一阶层人士生活消费支出有很大的选择自由，生活消费表现为高层次、多样化，对购买新商品的态度坚定。他们以强劲的购买力和追求高端产品享受成为流行的制造者。第二，知名人物阶层，如演员、歌星、艺术家等。这些人由于职业特点对新商品比较敏感，勇于购买使用，他们追求的是较高审美价值的商品所带来的心理愉悦，是时尚品牌价值的发现者。从消费心理角度考察，这部分人中有些人具有较高的商品认知能力，购买商品追求新颖、美观、名牌，对制造时尚和流行作用很大。第三，迅速致富的中等收入阶层，如个体户、富家子弟及高级白领等。这些人往往为平衡自己的社会地位而表现出较强的炫耀性消费心理，或者具有攀比消费、模仿消费心理。这种消费带有圈套的盲目性，当一种新的商品进入市场后，他们会紧跟第一、第二种人的购买行为，由此带动消费流行的发展。

◆消费流行会引起什么消费心理变化？

在消费流行的冲击下，消费心理会发生许多微妙的变化，考察这些具体变化，也就成为研究营销心理、搞好市场营销的重要内容。

第一，认知态度的变化。按照正常的消费心理，顾客对一个新事物、一种新产品开始往往持怀疑态度。但消费流行的出现，会导致认知心理的变化，首先是怀疑态度的消失，其次是肯定倾向的强化，再次是唯恐落后于消费潮流。

第二，驱动力的变化。正常情况下，人们购买是出于消费需求，购买动机是比较稳定的。但在消费潮流的驱使下，购买的动力会产生改变，如求新、求美、求名、从众等。

第三，价值观念的变化。正常情况下，消费者要对商品比值比价，力求购买经济合算、价廉物美的产品，但在消费时尚和流行浪潮的冲击下，消费者会放弃这些基本原则，明知价格被抬高还是乐意购买，甚至以买高价格的商品为荣。

第四，心理动机的变化。在购买过程中，有些顾客具有惠顾和偏好的心理动机，即对长期使用的产品产生信任感而形成固定购买的习惯。但在时尚和流行趋势的要挟下，消费者会放弃这种偏好的心理动机，转而趋向于使用流行性商品以炫耀或表明自己是跟上潮流的，并非是墨守成规的落伍者。

◆消费者行为有什么规律？

我们可以从以下几个方面来了解消费者行为的规律。

1. 习惯养成理论。认为消费者

的购买行为实际上是一个习惯建立的过程。

（1）重复形成喜好与兴趣。该理论认为消费者对商品的喜好是在重复使用该商品的过程中建立起来的。在美国的中学，让学生看他们完全不认识的汉字，被试者对重复次数多的汉字的喜好程度高于重复次数少的汉字。日常生活中，这样的例子并不少见，对食品尤其如此。

（2）“刺激—反应”链的巩固程度。这种观点认为消费者对某种商品的购买行为直接取决于“商品—购买”这一刺激—反应链的巩固程度。也就是说消费者经常购买某种商品，就会形成一种习惯、一种条件反射。这种例子在日常生活中也是屡见不鲜的。

2. 认知理论。把消费购买行为看成是一个信息处理过程。从消费者接受产品信息开始直到产生购买行为，与信息的传播、沟通、加工、处理直接相关。这成为厂家进行广告宣传的理论依据。

3. 象征性社会行为理论。商品本身所具有的社会意义，使购买行为成为一种象征性的社会行为。任何商品都具有一定的社会含义，如名贵的家电产品是身份和地位的象征，所以只要达到一定的购买力，消费者都会产生购买某些名牌家电产品的欲望。

◆消费者购买行为有几类？

划分不同消费者的购买行为，可以有各种不同的标准，我们主要根据消费者的态度来划分。

1. 习惯型。这类消费者依据以往的经验，对某些商品或品牌怀有特殊的感情，喜欢重复购买，长期惠顾，甚至不因环境而改变，不受时尚风气的影响。

2. 理智型。这类消费者头脑理智，善于观察、分析和比较，有较强的商品选择能力，购买前会充分搜集产品信息、了解行情、权衡利弊，再自主做出决定。

3. 经济型。这类消费者有经济头脑，量力而行，统筹安排。对价格的变化十分敏感，往往以价格的高低决定取舍。

4. 从众型。这类消费者缺乏主见，常常受涉及群体的影响，既不敢过于时尚和新潮，又不愿太落伍，怕被人嘲笑。所以，“随大流”就成为他们消费行为的重要特点。

5. 冲动型。这类消费者个性心理反应激烈，情感变化快而且不稳定。没有明确的购买计划，选择商品考虑不周。常常受外界因素和促销活动的影响，匆忙做出决定，但很快就会后悔。

6. 疑虑型。这类消费者的心理特征是优柔寡断，过于谨慎，前思后想，举棋不定。所以，一次购买决策对他们来说是一个十分痛苦的过程，而且，即使买了也会很长时间内反复比较，最怕吃亏上当。

7. 想象型。这类消费者感情丰富，乐于逛商场、逛超市，购买决策过程中考虑更多的是商品的审美因素。对购物环境、商品款式、颜色、包装等外观因素的重视程度更强于产品的内在质量和功能。这是一个最具有开发潜力的消费者群体。

◆消费者购买的心理变化有哪些？

顾客产生了购买动机后，他会犹豫不决到底要买什么产品以满足他的需要。对某产品从引起注意到购买后满足为止，其中的心理变化大致如下：

注意（喔！看起来真不错！）→兴趣（这东西不错，拿起来摸摸看！）→欲望（想买！联想使用时的感受！）→信赖（到底哪一个更好？）→决心（就是它了！）→购买（给我这个！付钱！）→满足（买了物有所值的东西）。

注意阶段。充分利用商品陈列的三原则（易视、易摸、易选择对比），充分利用视觉效果使顾客清楚地意识到商品的存在。

兴趣阶段。保持应对顾客的状态，不应该有“不在乎”“杂谈”或妨害顾客的行为；留意商品的提示及说明，使顾客能获得充分理解；让顾客能轻松地拿在手上看。

欲望阶段。强调销售重点（机能、功效、价格）；不要阻挡对方的欲望，留意应对方式；请对方实际试用（试穿、试吃、试闻、试听）。

信赖阶段。以信心来接待顾客，绝对不要以暧昧、模糊的态度来应付；将商品内容以能使对方满意的方式加以合理的说明；顺从顾客的嗜好与想法来介绍。

决心阶段。注意顺从其心理动态的演变；绝不可以有强迫性的推销行为。

购买阶段。心平气和，不要忽略结账、包装等动作；在顾客资料卡内登记。

满足阶段有两种：第一种，对自己的生活或者某方面确实满足；第二种，自己拥有问题而尚不自知。庆幸的是：第一种客户往往是极少数，人也往往不会对自己所得而满足，大多数客户都是停留在第二种。针对成交难度而言：第一种客户往往比较难以成交，一旦成交，往往也可能成为忠实客户。第二种客户，成交的关键在于帮他发现问题，帮他发现问题，往往就是销售的开始。当然，此两种，针对陌生客户而言。换句话讲，三有客户：有钱，有决策权，有需求。处于满足阶段的顾客，往往属于有钱，有决策权，需求需要我们去发掘。

◆儿童有什么消费心理？

儿童虽没有收入，但他或她的“钱袋”却很大。前几年一项调查表明，北京、上海、广州、成都、西安五城市，0—12岁的儿童年消费总额为50亿元以上。可见，如何给今天的儿童提供他们所喜爱的商品和服务，已成为商家最重要的营销任务之一。抛开家长的决定因素不谈，儿童的消费心理大致有以下几点。

1. 对商品外表比较感兴趣。由于儿童缺乏对商品性能等方面的知识，所以他们看待某一个商品时，都是从商品的包装来确定自己是否喜欢的，所以大多数的儿童商品在包装上是很下功夫的。

2. 互相攀比心理。在儿童中间，“比”的心理是最严重的，而且他们会把攀比表现出来。

3. 从众心理。消费心理研究表明：同伴的影响渗透到儿童消费行为的各个方面，如同伴的影响在 5 岁儿童挑选饮料和糖果的种类时是很明显的，在 7 岁儿童选择衣服和玩具时也是显而易见的，甚至在 9 岁儿童对汽车的欲望中，这种影响也是很强烈的。

4. 开始追求流行。这里主要指的是 7—14 岁的少年。在少年期，由于对社会的接触，参加集体活动等逐渐增多，他们的消费观念的形成、消费决策的确定、消费爱好的选择等不断由受家庭影响转向受集体、群体及同龄人的影响。

5. 对品牌有一定认知。稍大一些的儿童在对商品的认识上，不再满足于对具体的、个别的商品的了解，而开始认识商品的类型、产地、质量、商标。有的少年受社会各种因素的影响，开始形成“认牌购买”的心理与行为。如有的中学生对运动鞋、运动衣或某一类文具等都有认牌购货的行为。

◆青年有什么消费心理？

同其他消费群体相比，青年人的消费受其内在的心理因素支配，具有鲜明的心理特征。

1. 追求新颖与时尚

青年人思维活跃，热情奔放，富于幻想，容易接受新事物，喜欢猎奇。反映在消费心理和消费行为方面，表现为追求新颖与时尚，追求美的享受，喜欢代表潮流和富于时代精神的商品。

2. 崇尚品牌与名牌

青年的智力发达，有文化，有知识，接触信息广，社交活动多，并且总希望在群体活动中体现自身的地位与价值。反映在消费心理与消费行为方面，青年人特别注重商品的品牌与档次。在他们看来，名牌是信心的基石、高贵的象征、地位的介绍信、成功的通行证，追求名牌要的就是这种感觉。

3. 突出个性与自我

青年人处于少年不成熟阶段向中年成熟阶段的过渡时期，自我意识明显增强。他们追求独立自主，表现出自己独特的个性。这一心理特征表现在消费心理和消费行为方面，则是青年人的消费倾向由不稳定性向稳定性过渡，对商品的品质要求提高，尤其要求商品有特色、上档次、有个性，而对那些一般化的、“老面孔”的商品不感兴趣。

4. 注重情感与直觉

青年人的情感丰富、强烈，同时又是不稳定的。他们虽然已有较强的思维能力、决策能力，但由于思想感情、志趣爱好等还不太稳定，波动性大，易受客观环境、社会信息的影响。反映在消费心理和消费行为方面，则是青年人的消费行为受情感和直觉的因素影响较大，他们较少综合选择商品，而特别注重商品的外形、款式、颜色、牌子、商标。只要直觉告诉他们商品是好的，可以满足其个人需要，他们就会产生积极的情感，迅速做出购买决策，实施购买行为。

◆老年人有什么消费心理？

随着我国老年人口数量和比重的大幅度提高，老年市场将成为众多市场中一个极具魅力、潜力巨大的市场。把握好老年人这一消费主力，是每个商家的必修课。一般来说，老年人的消费心理可以从他们的特殊需求看出。

健康需求：人到老年，常有恐老、怕病、惧死的心理。

工作需求：离退休、病休的老年人多数尚有工作能力和学习要求，骤然间离开工作岗位难免会产生许多想法。

依存需求：人到老年，会感到孤独，希望得到社会的关心、单位的照顾、子女的孝顺、朋友的往来、老伴的体贴，使他们感到老有所依、老有所养。

和睦需求：老年人都希望有和睦的家庭和融洽的环境，不管家庭经济条件如何，只要年轻人尊敬、孝顺老人，家庭和睦，邻里关系融洽、互敬互爱，老年人就会感到温暖和幸福。

支配需求：由于进入老年，社会经济地位变化，老年人的家庭地位、支配权都可能受到影响，这也可能造成老年人的苦恼。

坦诚需求：老年人容易多疑、多忧、多虑、求稳怕乱、爱唠叨。他们喜欢别人征求他们的意见，愿出谋献计。我们对老年人的这些心理特点要以诚相待，说话切忌转弯抹角。

◆女性顾客有什么消费心理？

商品需求面较大。长期以来，性别分工合作的模式是“男主外、女主内”。女性负责家庭的每月生计、日常生活问题。所以，整个家庭所必需的商品（如柴、米、油、盐等）、家庭成员所必需的商品（如食品、衣物、鞋帽、书籍、学习用品等），甚至访亲送友的礼品，都是她们所关心和要购买的。

购买前期要反复考虑。女性在购物之前一般要比男性想得多、想得全。她们想的问题方方面面，包括商品的实用性、价格、质量、品牌、售后服务等。一般来说，女性顾客在购买某一商品前都要经历确定购物目标、征求他人意见、制定大致预算、考虑消费后的情况这一过程。购物时要"货比三家"，这个购物原则在女性顾客身上会体现得淋漓尽致。

购物时横挑竖选。女性在购物时比男性敢转、敢看、敢触、敢试、敢侃、敢买、敢退，"横挑鼻子竖挑眼，不达目的不罢休"是多数人的心态。女性顾客在购买过程中一般会历经确定对象、产生冲动、反复挑选、确定商品、关注售后服务等心理过程。

◆男性顾客有什么消费心理？

消费金额相对较大。相对于女性顾客，男性顾客的购买能力要强一些。从社会角度讲，在大多数组织里，男性领导的数量明显多于女性，所以在一些数额较大的消费上，一般是男性在做决定。从家庭角度讲，一般家庭在大的开支上，决定权大多在男方。

消费理性化。对男性顾客影响最大的购物因素是自身的需求和产品的性能。所以，男性顾客消费时考虑得比较实际，购物心理趋向于理性化。所以男性顾客如果看到一件商品确实自己喜欢而且确定需要购买的话，他们一般都会购买。

消费过程比较独立。由于男性的自尊心比较强，所以他们一般不会受他人的影响。他们在消费时也是如此。男性顾客购物时，销售人员的意见对他们的影响不会很大，他们会依照自己的意愿决定购买与否。

购买过程相对较快。男性顾客在购物过程中不太喜欢挑选，只需要稍加浏览，他们就会付款成交。

购买后一般不会后悔。男性顾客在消费后一般不会否定自己的选择，所以要求退换货的男性顾客相对较少。

◆广告有什么心理功能？

中国广告的发展有着悠久的历史。随着广告在工商业、服务业的广泛运用，广告的功能不断多样化。例如，广告具有促进生产、加速流通、引导消费、美化生活的功能等。从营销心理学的角度来看，营销广告还具有以下心理功能：

传播功能。广告将各种信息及时传递给消费者，帮助消费者了解商品与劳务。通过不同媒体，将信息传递打破时间、空间范围的限制，广泛渗透到各个消费地区和不同的消费者群体中去。

诱导功能。良好的广告可以吸引人们的注意力，建立或改变他们对企业和商品的态度，激发其潜在的购买欲望，影响其消费决策和诱导新的消费需求。

教育功能。良好的广告采用文明道德、健康向上的表现形式与内容，可以让人们通过对作品、形象的观赏，给人美的享受，是雅俗共赏、一举多得的美育方式。

便利功能。广告通过各种媒体，

及时、反复地传递商品信息，便于消费者搜集有关资料，在购买之前有充分的考虑、比较和选择，从而节约购买时间，减少购买风险。

促销功能。企业对广告最直接的要求是促销，促销是广告的基本功能。广告通过对商品和服务的宣传，把有关信息传递给广大消费者，引起消费者的注意，深化消费者对商品的认识，增强购买信心，加速购买决策，是企业促进商品销售的有效手段。

◆广告有什么心理学原则？

广告是商业活动，应遵守商业活动的游戏规则，只有这样才能发挥广告的积极作用。

1. 真实性原则。包括：广告宣传的内容要真实、广告阐述的形式要真实、广告的传达要真实、广告给予人们的总体印象是真实的。

2. 思想性原则。任何一则广告都要借助思想意识来推销其产品与劳务，因此会对社会的意识形态产生深刻的影响。内容健康、格调高雅、富有知识性和趣味性的广告，能起到教育人们、提高人们思想境界的作用。

3. 科学性原则。广告学作为一门与大众传播学、经济学相联系的边缘科学，一方面要符合商品流通和企业营销管理规律，另一方面要符合人们的视听规律。

4. 艺术性原则。广告是一门边缘科学，必须以艺术手段去探讨它的内在艺术魅力。广告的艺术美包含以下要求：真实美，生动美，艺术性必须符合民族风格。

◆什么是POP广告？

POP广告，又称店头广告或销售现场广告，也有“卖点促销”的称法。POP广告，是指企业在销售现场为宣传产品、刺激顾客购买欲望所布置的特殊广告物，如悬挂小旗、张贴宣传画或在门口设置大型夸张物件等。“POP”是英语Point of Purchase的缩写形式，本意为购买地点，现实中常被译为售点或卖点，因此，POP广告也常称为售点广告。

POP广告具有以下心理特点：

刺激性。

提醒性。

差异感。

亲切感和认同感。

第 19 章 饮食与美容

——另一张身份名片

当今社会，不论男女，都渴望拥有与标准模特儿一样的身材。很多人即使不怎么胖也要加入减肥的大军中。许多人减肥的初衷是为了身材好看，但当身体减肥致营养不良而面如菜色时，就与追求漂亮的初衷背道而驰了。健康美丽的外在形象，对于个人的日常生活和事业都有着重要的意义。特别在今日，人际交往频繁、工作紧张、竞争激烈，各种机遇到处都有，可又转瞬即逝。要想抓住机遇，只有文化知识和专业技术往往还不够，健康美丽的外在形象的作用绝不可小视。

追求美丽可以帮助人们认识自我、发展自我和完善自我，提高自身的综合素质。爱美的信念还可以帮助人们缓解或解除不良心理。人的外在形象是可以人为改变的。运用现代医学科技手段可以改变人的外在形象、满足人们对美的追求，并且科学可行，风险很低。这也是医学美容日益受到社会的普遍关注和接受的原因。但外在形象与内在修养也是有密切联系的。人们的气质、修养与形象，是知识、能力、朝气、活力和自信的具体表现。

作家秋微曾在她的博客里这样写道："莎士比亚借哈姆雷特的嘴对女人化妆有一句批评：'上帝已经给了你们一张脸，你们却还要自己另造一张。'我心里说：咳，你当我们愿意找这麻烦呐！如果上帝给一张好的我才懒得另造一张呢！不过，我还是自心底感谢上帝：谢谢你给了我一张不怎么样的脸。导致我从小就意识到个人努力有多么重要，只好一路为了不让自己太过失望而保持勤奋恳切的生活。"

◆什么样的心理导致肥胖？

据国外科学家的研究，人的食欲不仅受特殊生化过程的影响，而且受情感意志的影响。影响人的食欲的病态，也是导致肥胖的重要原因之一。要想减肥，就要从根本上改变人对饿与饱的病态心理感觉。

追求口味。肥胖者对食物往往比

正常体重的人有着更为强烈的追求，追求种类和口味。他们会不断地吃东西以得到满足，这是一种病态食欲心理。建议可选择一些口味强烈但低热量的食物进食，同时生产部门应该配合生产新型食物、增加佐料。

紧张与咀嚼。据调查，肥胖的人就有这么一种心理，就是当心理紧张时便想吃东西。其实他们并不需要补充营养或能量，需要的是消除紧张的咀嚼动作，可东西毕竟是吃下去了，以致越来越胖。所以，紧张时可选一些高纤维、低热量的咀嚼型食物，便可两全其美。

碳水化合物偏好。研究发现，某些肥胖者有一种由碳水化合物引起的特殊的饥饿感，喜欢吃甜饼、糖果、蛋糕等碳水化合物食品。如果所吃食品含低水平碳水化合物，他们就会感到烦躁不安，非常饥饿，甚至不能入睡、不能集中精力工作和学习。而大量进食碳水化合物，会导致体内热量聚积而肥胖。

对食物信息的强烈反应。食物信息包括食物的形状、气味、色泽等等。研究发现，有些人对食物信息非常敏感。这些人体内往往有较高水平的胰岛素，并且只要想到或见到食物就会提高胰岛素水平，进而产生进食反应。每当此时，建议肥胖者运用注意力转移法，比如散步、喝水等等，或许可以抑制这种强烈的进食反应。

◆什么是厌食症?

巴西著名模特安娜·卡罗琳娜·雷斯顿为了保持身材，几乎拒绝了除水果之外的食物，因此得了厌食症和败血症。2006年11月15日，年方18岁的她病故。临死前，身高1.74米的安娜体重仅40公斤。安娜的死可能会让很多想减肥或正在减肥的帅哥美女们很不解：减肥怎能让人丢了性命？其实，为了“魔鬼身材”而拼命减肥而致死亡的，安娜并不是第一个，也不是最后一个。法国著名的歌手凯伦·卡本特，也是因为追求苗条而患上厌食症，年纪轻轻就失去了生命。

厌食症患者多数是15至25岁的女性。她们中的大多数在少年时就开始减肥，虽然已减至皮包骨，还认为自己太胖，继续拼命节食、过量运动。还有一些则在进食后故意呕吐或吃泻药以消灭身体内的所有热量。可怕的是，当体重减至低于正常体重10%—15%时，女性就会因体内脂肪比例过低而停经。男性则会性欲丧失或降低，并且还会出现便秘、低血压、晕倒等症状。再严重点，就会导致直肠退化、体内电解质紊乱和心律失常。有些厌食症患者最终因极度的营养不良而死亡。也许所谓的魔鬼身材，就是达到魔的境界，也就踏进鬼的门槛了。

什么是暴食症?

在香港电影《瘦身男女》中，郑秀文饰演的Mini Mo原本是位身材匀称的窈窕淑女。人家失恋后都是“为伊消得人憔悴”，而 Mini Mo 失恋后，反应与众不同，她爱上了吃。一方面可能是她真的吃得太多，另一方面可能是内分泌系统或是消化吸收功能受刺激发生紊乱，使得她从一个苗条美女变成了一个体重 260 磅的大肥婆。

暴食症患者也是以年轻女性为主。当她们以过度节食和过量运动来减肥时，其体内自卫机制不会含糊，为了保证其身体健康会不断促使患者进食，直至体重及脂肪比例回到正常水平。但很多人并不清楚是这个机制的作用，会在暴食后感觉羞耻和无助，并企图用呕吐、过度运动或吃泻药来消灭暴食后果，结果形成了一个暴吃与狂呕的痛苦循环，甚至十多年不能自拔。

目前，厌食症与暴食症等饮食失调症已经被确定为一种心理病——所有患者的“自我观念”都出了严重问题。每一个患者，不妨自问三个问题：第一，自己真正所希望减掉的是什么？脂肪还是自卑感？第二，自己真正希望得到的是什么？别人的尊重及爱戴、一种自我重要感还是一个完美身材？第三，自己的真正问题是什么？是体重问题还是个人“自我观念”的问题？如果你或你的家人朋友出现上述症状，应该尽快去就医。特别是当体重已跌破底线，导致身体出现严重生理症状时，一定要赶紧就医，以免出现生命危险。

◆如何缓解心理压力？

“人是铁饭是钢”，这是人们都知道的道理。在一定情况下，选择最佳食物，可以缓解心理压力和负担，这个道理恐怕知道的人就不多了。营养学家和心理学家经过几十年的潜心研究，发现食物因素对人的心理状态包括情绪状态有较大的影响。

德国营养学家福尔克·帕德尔教授研究发现，新鲜香蕉中含有一种类似化学“信使”的物质，能够帮助大脑产生“5·羟色胺”。这种“信使”物质能将信号传送到大脑的神经末梢，使人的心情变得安宁、快活。因此，如果你遇到难题，思虑过度或紧张不安，甚至严重失眠的话，建议在睡觉前喝点脱脂牛奶或加蜂蜜的麦粥，并吃些香蕉。这些香甜可口的食物会帮助你安定心情、顺利入眠，并且会睡得更香。

当受到某些刺激或恐吓，心理压力过重、情绪欠佳之时，无论男女老幼，体内所消耗的维生素 C 会比平时多八倍。这时候，建议多吃些富含维生素 C 的新鲜水果和蔬菜，或者干脆服用适当的维生素 C 片。这样有助于调理心情，消除情绪障碍。另外，要想控制不良情绪、保持健康的心理状态，除了要注意自身心理修养和维持和谐、良好的人际关系之外，还要善于选择能够改善低落情绪的膳食，让食物帮助你改善不佳情绪、消除心理障碍。

◆**什么是神经性贪食症？**

从事编辑工作的张小姐总觉得自己不够苗条，尽管她的体重很正常，但她一直通过节食来减肥。她开始什么主食都不吃，每天就吃些苹果和黄瓜。一开始，她被饥饿折磨得无法忍受，心情非常压抑。但为了减肥，她忍住了，不多吃东西。经过两个月的努力，体重减了九公斤。可是长时间的节食使她精神恍惚，无法进行正常的工作。于是，张小姐开始吃点主食。谁知一吃就不可收拾，“吃”成了她每天的头等大事。每天她至少吃五顿，而且还抓紧点滴时间消灭自己随身携带的零食。在体重迅速反弹的同时，她也患上了神经性贪食症。

临床上，患神经性贪食症者多为年轻女性。患者发作时有不可抗拒的进食欲望。她们虽然常常担心自己吃得过多，每当想吃时便告诫自己不可失控，然而见到食物就把所有戒律抛之脑后。每次暴食许多食物，如七八个蛋糕、十来个鸡蛋、一两斤面条，暴食反复出现，周期不等。

过度贪食导致的后果是显而易见的，无法保证减肥效果倒在其次，胃溃疡、消化不良、全身衰竭等病症都有可能出现，令人痛苦不堪。神经性贪食症患者还有较神经性厌食症患者更为突出的是情绪障碍，如自责、焦虑、抑郁等，因此神经性贪食症与抑郁症的关系很密切，一旦患上一定要找心理医师诊治。患者和家人要认识到这是一种疾病，而不要认为这只是嘴馋或是一种不良的饮食习惯，以便及早发现和诊治。

◆**如何从餐桌仪态看人的内心？**

一个人进餐的仪态或多或少会泄露出其部分的真正性格。这在女性身上尤其明显。譬如说等待食物上桌时，表现得坐立不安的女性，或者是食物一端上桌，便立即狼吞虎咽的女性，大多曾经吃过苦，或少时家贫。

进餐间讲究整洁的女性不但注重食具本身的清洁，进餐时若有一颗面包屑掉落也要马上拾起来；用餐后，还会将用过的盘碟或者点心篮等叠起来，方便侍者收拾。这类女性颇能欣赏他人的努力，若遇上同样爱好整洁的人，很容易成为好友。

至于食物一端上桌，不先尝味道便胡乱添加调味料的女性具有爱冒险的性格，但做事可能会流于草率，不经思考。而且这种行为等于是对厨师的侮辱，故而非常不受厨师们的欢迎。而喜欢一面进食一面唠叨不休的女性通常急于与人交谈，以至于来不及将食物吞下肚便又开始喋喋不休。这类女性在处世时往往也显得比较性急而咄咄逼人。相对于前者，进餐时一声不响的女性则可能是个美食家，一心一意放在食物上，也可能是生性害羞或孤僻，有意利用不断进食的动作避开和人应酬。

◆**如何从进食方式看内在性格？**

以女性为例。

浅尝即止型。这种类型的女性食量小，相对于小小的食量其个性亦保守，行动谨慎，墨守成规，稳重有余而活力不足。

风卷残云型。这种类型的女性进食速度快，有点狼吞虎咽，大部分个性豪放，精力旺盛，具有过人的狂热，办事果断，待人真诚，并具有强烈的竞争心和进取精神，是相当不错的工作伙伴；但若欲将之当成人生伴侣，除非你能确定自己精力过人。

仔细咀嚼型。大部分的女性都要求自己细嚼慢咽，这是基于对美的追求，只有慢慢地吃才能拥有曼妙身材。但有一种女人天生就进食缓慢，她们喜欢细细品尝每一口食物。这类型的女性行事周密而严谨，对自己没有把握的事绝对不做。她们生性爱挑剔，有时甚至让人觉得挑剔得近乎冷酷。

饮食过量型。这种类型的女性对饮食不加节制，遇到爱吃的食物一饱方休。其体格大部分挺可观，心胸也较开阔，性格直爽，令人喜欢接近。团体中如有这么一号人物必能团结人心。然而，其缺点是喜怒哀乐常常溢于言表，从不掩饰，故而也易得罪人。

独食型。这种类型的女性总爱单独进食，不愿与人分享。她们大多数性格冷僻，流于孤芳自赏，但本质坚毅沉稳，责任心强，言行一致，恪守诺言。若有这样的下属，必能获得令人满意的工作成绩。

来者不拒型。这种类型的女性对于入口的食物从不选择，有什么吃什么。她们多属个性随和、不拘小节、生命力旺盛、多才多艺一族。超强的耐力让她们可以同时应付多种工作而游刃有余。

◆**医学美容者有什么心理特点？**

很多人存在容貌上的缺陷、畸形或毁损。这是由于种种先天或后天的原因造成的。这些人在心理上是非常痛苦的，甚至不能够正常地学习、工作与生活。由于医学美容者在年龄、性别、职业、文化素质、所处社会环境、缺陷部位等方面的差异，其美容心理也有很大的不同。人有不同的个性行为和气质，根据外在表现可分为稳健型、热情型、活泼型、知识型、慈善型、师长型、刚强型、温柔型、甜美型、乐观型、合群型、职业型和混合型等。人的个性与气质的差异，影响着人的社会角色。

要求进行美容手术的人自身的个性、气质、生理特征及生活环境不同，其审美观点和美容要求也不同。但有一点是相同的，那就是他们都需要得到重视、得到尊重、得到友谊、得到爱情、得到事业成功、得到周到的美容服务。

根据求美者年龄、文化、民族和

社会角色的差异，美容者的审美要求可以分为民族型、青春型、时尚型、专业型、特显型或隐显型；根据他们的医学审美和自我评价的不同，美容医师又将他们分为解剖结构型、功能正常型、外貌美观型和综合型。了解这些心理特点，对症施美，可以取得更好的美容效果。

◆美容者的心理诉求是什么？

在湖南卫视的相亲节目上，曾有一位美女嘉宾，但是她的漂亮是后天整容得来的。她的相亲口号是："人造美女，你敢娶吗？"人就是这么奇怪，都愿意看长得漂亮的，好吧，你要长得好看的，整一个给你，你又嫌不是原装的。人啊，怎一个矛盾了得。

言归正传，日常生活中，选择进行医学美容的人，多数为青年人。刚踏上社会的年轻人往往由于容貌缺陷而造成婚姻、择业和社会交往上的失败。心理受到打击的同时，他们坚定地认为通过医学美容来改善容貌是开始新生活、改变其人生的唯一手段。尤其是一些在校大、中学生，他们向往未来的美好生活，希望一切都完美无缺，对容貌和仪表美更是关注之至。但最终进行美容手术的人只是其中的少数。这是多种因素造成的，比如学习的压力、缺少经济来源、害怕同学的讥讽等等。中老年人一般一切都已定形，职业、婚姻等不会有大的改变，所以他们通常认为没有必要进行美容，因此做美容手术的人很少。

◆男人与女人，谁更想美容？

根据统计，进行美容手术的人多数为年轻女性。她们对外形美的要求比男性要强烈得多。对此，大家已经公认了。

女性似乎比男性具有更高的审美天赋和更强烈的先天爱美动力。另外的一个现实情况是，貌美的女性在求职、择偶与社会活动中往往有更大的优势。其貌不扬的女性则常会有失败的经历。因此，一些先天单眼皮、小眼睛、塌鼻梁的女性为了拥有梦寐以求的双眼皮大眼睛、柔而挺的鼻梁等等，在美容上苦下猛药。甚至一些先天就美貌的女性，也总能够挑出一些毛病来，猛跑美容院。

中国人有一种传统的社会心理，那就是"郎才女貌"。因此，男性更注重本身才能的发展，对容貌美的关注程度要比女性低得多，当然不排除一些特例。但近年来，男性似乎在审美观上逐渐发生了改变——要求美容的男性人数有上升的趋势。

◆你准备好美容了吗？

美容前的心理准备是非常重要的。如果受术者不做好充分的心理准备，没有端正心态，没有与医生积极配合，即使美容外科医师技艺非常高超、精湛，同样不能取得满意的美容效果，甚至会手术失败。

进行美容手术的人以女性居多，

要求较高。她们对审美反应的判断不够科学，包含了十分复杂的心理因素和情感因素：为了职业、社会活动和亲人的情感，常将自己摆在审美对象的位置，以达到与社会相融、满足社会要求的目的。可是必须认识到，美容术只是塑造局部的形象，只能增强外在美，而社会对人的要求是一种综合美，不仅包括外在美，还包括文化知识、道德情操和个人修养等等方面的美。美容所塑造的外在美在社会对个人的评价中仅占很小的比重。因此，美容者应该了解这种外在美与综合美之间、个人与社会之间的矛盾关系，以正确的心态对待美容效果。每一个人在决定进行美容手术前，都应该做好以下心理准备，以免承受不必要的损失。

◆你的美容目的是什么？

有这么一位女大学生，她的男朋友曾随便说过一句“你为什么是单眼皮呢”，她就误以为男友讨厌她的单眼皮，于是就到医院做了重睑。可是男友对她的假双眼皮非常反感，最终因此和她分手，使她痛苦不堪。如果手术前她能将手术目的明确地告诉医生，负责任的医生就会劝阻她的决定，或许就会挽救他们的爱情。所以在手术前，向医生明确地表达自己的手术目的是十分重要的。

另外，大多数接受美容手术的人在手术前后都有不同程度的心理负担，担心医生水平不高、责任心不强，担心手术失败而毁容，等等，表现为心理紧张、焦虑、害怕。这些都是正常的心理反应，可以通过与医生的亲切交谈而建立信任，以消除顾虑。

◆什么样才是美？

一位从事戏剧表演的女演员，为了追求舞台效果，到医院做了重睑术。可美容手术方并不知道她的初衷所在，结果在医护人员及周围人看来效果极佳的眼睑，这位演员却不满意，要求重新修整，将重睑整得更宽一些。于是医生为其进行了修整。可是，不久她又要求将重睑改窄一些。原来她的丈夫及孩子对她在日常生活中夸张的戏剧眼形十分反感。从这个例子可以看出，在接受美容手术前，要与医生尽量多交流，取得审美上的共识，并且注意不要对美容手术抱有过高期望。这样可以免去许多不必要的周折。

◆什么是幻丑症？

所谓“幻丑症”，是一种因极不自信而重复整形的心理病症。就是整形者老是对自己的五官或其他部位不满意，总是想通过整形来改变它。即使是本来已很好看的容貌，也强迫自己不接受它而去反复整容。“幻丑症”患者以 30 岁左右的女性居多，而“幻丑”的部位以鼻子居多。爱美之心人人有之，通过整形美容来达到美丽动人的目的也是正常的。但整形不像捏泥人那么简单，坏了可以重来。整形毕竟是手术，虽然随着技术的进步，风险已经降得很低，但失败的风险从来没有消失过，千万不要心怀侥幸而重复多次地冒这种风险。据整形专家称，二次整形的时间最好在前一次整形至少三个月之后进行，这样可以给自身组织一个充分的修复时间。因为，每动一次整形手术，软组织就会被破坏一次，疤痕就会生成一次，不仅影响供血功能，而且不断植入的假体会破坏皮肤的弹性，长此以往，会造成毁容。

◆怎样纠正过于寻求完美的整形心理？

分析：这类人不能正确地认识自己、接纳自己，没有正常的审美观。其实不错的外形和容貌，他们却总是不能接受，想借整形美容的手段来改变或是精益求精，并不惜以多次手术为代价。整形毕竟是手术，反复的手术不仅会影响身体的健康，破坏五官的正常功能，还会造成心理上的抑郁。

心理纠治：对这类过于追求完美的"幻丑症"患者，在对其职业、气质、服饰等方面做整体判断之后，整形医生应该本着负责任的态度对其进行劝阻；如果劝阻无效，就应该对其进行心理疏导。心理疏导不是严厉的斥责，也不是一般的说教，而是帮助患者找到"幻丑"的症结所在，讲解生理整形的局限性和手术的弊端，给其一个正确、全面的认识。即使通过疏导后患者仍有整形要求，也应该予以婉言拒绝。

◆怎样对待改变缺陷的整形心理？

分析：急于改变缺陷是很多人求助于美容整形的原因。由于先天的或其他的原因造成了身体某部位或多部位的缺陷，这些人希望通过整形来修补或改变，属于一种正常的整形心理和行为。修补好原有的缺陷，可大大地提高整形者的自信心，但次数多了也会毁容。

心理纠治：遇到这种情况，专业的整形医师都会以正常的程序来对待，先与其进行术前的心理交流，并降低其期望值，但对美容者提出的术后效果要求会尽量帮助实现，并帮助其建立起承担风险的心理能力。一旦发现"幻丑症"的迹象，便应及时纠正。

◆怎样对待受他人影响的整形心理？

分析：受他人蛊惑或影响也是人们进行美容整形的重要原因之一。受某个所崇拜的明星影响是多数的情况，有些则是看见周围的人做过整形后变漂亮而产生羡慕，还有些则是听信朋友、恋人之言而选择手术。这些人往往缺乏主观上的思考和充分的心理准备，术后的生活并不一定幸福，严重的可能会陷于深深的后悔之中，形成心理问题。

心理纠治：对这类人也要进行审美上的引导和心理上的疏导，不过有别于前两种情况。应该劝告她们不要人云亦云，不要盲目模仿，要有自己的独立思考。其实，每个人天生的五官在相对独立的情况下，都是一个不可分割的整体（不包括天生缺陷的情况），即使将某个明星的眼睛或鼻子原封不动地搬到你的脸上，也不一定能给你带来美丽，因为首先要与你的整体面容相协调才行。

◆**什么是最佳的美容处方？**

精神压力可导致内分泌系统紊乱，出现持久的身心功能失调，使皮肤干燥松弛、失去光泽，肤色呈病态。这时候就需要进行心理美容了。现代美容不仅是包括化妆、护理、手术等等改变人外在形体的技术和理论的形体美容，更重要的是，它还包括心理美容，即从心理的角度去开掘人心灵深处的隐私、疏导郁结的心境、激发对生活的信心，从而营造豁达乐观、欢愉向上的心理状态。

具体地说，心理美容就是通过疏导与暗示，使人的心情愉快、精神饱满，促进血液循环，激活面部和全身肌肤细胞的代谢，使肌肤富有光泽和弹性，使脏腑与气血运行顺畅，浑身充满活力。心理美容具有社会学的意义，即完善自我、发展自我、体现自我。只有完善了自我，具有了高尚的道德情操、渊博的知识储存、成熟的心理承受力、感人的个性特征、有吸引力的人际交往能力，才容易被社会接纳，才能够有宽阔的交往空间，才能够获得美好生活与成功的事业，既利于个人发展，又能体现自我价值。

◆**如何进行心理美容？**

保持愉快情绪。愉快的情绪能使人处于怡然自得的状态，有益于人体各种激素的正常分泌，有利于调节大脑功能和血液循环，使美丽从内向外扩散出来。

学会幽默。幽默是人的一种健康机能，更是心理美容的良方。幽默不仅可以给人带来欢快的情绪，而且能缓解生活中的矛盾和冲突，维持心理平衡，是生活的调味品和润滑剂。

倾诉衷肠。这是一种有效的自我心理调节方法。当人们心头郁积着苦闷和烦恼，尤其是处于“心理梗死”时，若能及时向亲友、同事、心理医生倾诉，便可以排淤化结，使受挫的心灵得到一定程度的抚慰，感情的伤口得到几分愈合。

学会宽容。宽容可以消除人与人之间的隔阂，营造良好的人际关系和生活环境。日常生活中难免有矛盾和烦恼，处理不好就会形成心理问题，影响生活和工作。特别是在被人曲解和伤害时，有些人本能的反应就是报复。然而，报复虽然可以发泄怒气，但求一时痛快更会激化矛盾，甚至造成可怕的后果。此时，退一步海阔天空，宽容了，心境就好了。

想象美容法。每晚临睡前，盘腿端坐在床上，深呼吸三次，全身放松，自然呼吸。想象自己置身于清澈的湖水旁，头顶明月当空，湖畔绿草如茵；想象自己的皮肤如月亮般皎洁，清澈的湖水滋养着皮肤。如果你面部有雀斑，则可想象雀斑点点消退，皮肤变得光滑、细嫩。每次 15 分钟左右，坚持下去，约两周即可见效。虽然想象美容法听起来有点玄，不过确实是有效的心理美容方法之一，不妨试一试。

拓展篇

第20章 心理测量与测试

——心理量化的范式

现今时代，应聘很多工作都被要求参加考试，如服务员、播音员、心理咨询师、工程师、记者、公务员等等。因为我们信任数字胜于经验。但在古代社会，从一个学徒工到一个熟练的工匠，你自然而然地成为大家信任的对象，因为一个铁匠之所以是铁匠，因为他就是铁匠。但是随着工业化时代的发展，随着工作领域的细分与分化，为了证明你的工作实力，你需要用2B铅笔填写机读答案，再被人评测你是否适合这个工作。如果你生长在美国，那么也许你的实力或潜力在你进入社会、去人才市场前就已经被测量过了。因为那里有很多的学校和老师在你很小的时候，就已经给你测过智商了。

心理测量作为一种心理学的研究方法，源于欧洲，并于20世纪传入中国，引起我国心理学家和临床工作者的关注。因为无论是进行临床诊断还是判定疗效，或是进行心理咨询与心理治疗，都必须以心理测量为基础。

◆什么是心理测量?

据《心理学与生活》的定义，心理测量是用来检测人们的能力、行为和个性特质的特殊的测验程序。心理测量通常是指对个体差异的测量，因为多数测量都是确定在某一特定维度上，某人与其他人如何不同或相似。简单地说，就是依据心理学的理论，使用一定的操作程序，对人的心理特点做出推论的量化分析的科学办法。或者说，就是根据一定的规则和方法用数字的量对测量事物的属性加以确定。形象地说，就是用什么尺子来测量心理，以确定什么状态。

◆心理测量要具备什么要素?

参照点。要确定一个事物的量，需要有个计算的起点，这个起点就是参照点。参照点有两种，一种是绝对零点，如测量长度、轻重等；另一种是人定的参照点，例如海拔高度，就是以海平面为测量陆地高度的参照点。

单位。没有测量单位也就无法测量。同时，一个好的测量单位须有两个条件，一是有确定的意义，不能出现不同人对此有不同的理解；二要有相同的价值，就是相邻的两个单位间的差别是相等的。

但是，心理测量的单位不够完善，有时没有等距的要求。例如，人的智力的发展，4 岁与 5 岁之间的智龄差别，显然比 14 岁与 15 岁之间的差别要大。

◆心理测量有什么性质?

间接性。虽然科学很发达，但是我们依旧无法直接测量人的心理活动。只能通过测量人的外在行为，看他表现在测量上的反应来推论他的心理活动。例如，一个人喜欢给人拍摄相片，喜欢看摄影方面的杂志，我们可以推论此人有摄影的爱好。

相对性。例如，人的行为没有绝对的标准，有的只是一个连续的行为序列，所以测量是看每个人在这个序列上处于什么位置。例如，由测得一个人的智力的高低判断其年龄等。

客观性。测量工具的标准化，使得测量结果呈现客观性。其中，测量工具的标准化要求有三点：测量的项目与施测环境的标准化、评分与计分原则的标准化、分数转换与解释的标准化。

◆心理测验的分类有哪些?

按测验的功能来分，可以分为智力测验、特殊能力测验和人格测验。智力测验的功能是测量人的一般智力水平；特殊能力测验的功能是测量个人特殊的潜在能力，例如音乐，绘画等；人格测验是测验性格、气质、动机、品德等方面的个性心理特征。

按测验材料的性质分，可分为文字测验和操作测验。前者通过文字材料来实施测验；操作测验也称非文字测验，多为对工具和模型的辨认操作等。

按测验的方式分类，可分为个别测验和团体测验。

按测验材料的严谨性来分，可分为客观测验与投射测验。客观测验通常意义明确，不需要被试者发挥想象力；而投射测验，要求被试者凭自己的想象力做出反应，而在此过程中，投射出被试者的思想和情感等等。

◆心理测验到底有没有用?

测验万能论。有人认为，心理测验可以解决一切问题，甚至对测验顶礼膜拜。他们认为测验完美无缺，甚至对于测验结果的分数也绝对化，哪怕是有 1 分的差别，他们也认为这种差别是相当有意义的。因而，心理测量风靡一时，泛滥成灾。当测验结果与期望大相径庭的时候，对测验的怀疑和失望自然油然而生。

测验无用论。人们也认识到测验的局限性和不足之处，如有些人格测验侵犯个人隐私，因而有人甚至提出反对心理测验，因为他们认为测验无用而又有害。

总体来说，心理测量像其他科学工具一样，需要适当加以应用才能发挥应有的作用。

◆心理测验如何应用？

心理测验通常作为一种辅助工具，为心理咨询工作提供一定的依据，因而心理测验在心理咨询工作当中的应用具有重要意义。

智力测验。如韦氏量表的使用，通常在咨询者有可疑智力障碍或者对方有特殊要求时使用。

人格测验。如卡特尔16人格因素量表（16PF）、明尼苏达多项人格调查表（MMPI）等人格测验可以使咨询师对咨询者的问题有更深的了解，从而有利于咨询与治疗工作的开展。

心理评定量表。如精神病评定量表、抑郁量表、焦虑量表等。这类的量表可用于检查对方某方面是否存在心理障碍以及其程度如何。

总之，心理测验一方面可以帮助检验咨询人员的判断是否正确；另一方面，可以帮助咨询人员对求助者的问题进行深入分析。同时，心理测验的使用也要适时，并由专人实施。

◆什么是心理测量的可信度？

评价测验是否合格的一个重要指标就是测验的可信度，心理学上叫信度。也就是说，同一个被试者受同一个心理测验的测量，但今天的测量结果和昨天所测的结果相差甚大，那么这个测验就没有可信度，人们就不会再运用它。也就是说，如果同一测验在不同时间测量同一个被试者的所得结果具有一致性，信度就高。

心理测量的信度又分为：

重测信度。指稳定性系数，指同一被试者用同一测验在不同时间前后测得分数的相关系数。

复本信度。指等值性系数，指用两个题目不同但等值的测验（复本）测验同一被试者而测得两个分数的相关系数。

内部一致性信度。指同一个测验奇、偶数题分别测得同一被试者的得分的相关系数，另外也包括测验内每个题目间测验内容的一致性。

评分者信度。指不同评分者对同一测验结果的评分，这两个评分分数的相关系数。这和不同的老师对同一篇作文的评分可能存在差异的道理一样。

◆什么是心理测量的有效度？

评论心理测量是否合格的另一个重要指标就是测验的有效度，心理学上叫效度。也就是说，效度指所测量的内容与所要测量的心理特点之间是否符合。简单地比喻就是，你不能拿测水的容器来测一个尺子有多长。同时，一个心理测量的可信度是有效度的必要条件。

心理测量的效度包括：

内容效度。指测验题目对要测验的行为或内容是否适用，是否具有代表性。

构想效度。指测验结果能否证实或解释某一理论的假设或构想。

实证效度。指测验的结果能否预测个体在某情境下行为表现的有效性。换句话说，测验结果是否能被现实所验证。

◆什么是智力测验？

美国电影《阿甘正传》讲述了智商只有 75 分（常人在 100 分左右）的阿甘的成长故事。看过这部电影的朋友或许还记得这样的镜头：小阿甘较之常人比较特别，后来他的母亲带他去做了智力测验。但是他的母亲并没有把他当作智弱儿童对待，并且告诉阿甘说，生活就像巧克力，永远不知道下一块是什么滋味。这也是电影中最有名的语录。

那什么是智力测验呢？智力测验是一种很重要的心理测验技术，可对人的智力水平高低做出评估，且在一定程度上反映被测者与此有关的其他精神状况。通常使用的智力测验有：

韦氏成人智力测验（WAIS-RC），适用于 16 岁以上的被试者。

联合型瑞文测验（CRT），适用于 75 岁以内的被试者。

中国比内测验，适用于 2—18 岁的被试者。

◆什么是人格测验？

由于人格理论的不同，所以人格测验也有很多种，甚至多达数百种，而且采用的方法也不尽相同。但是，根据量表是否结构明确可分为两大类，一类为结构明确的自陈量表，一类为结构不明确的投射测验。自陈量表，又称自陈问卷，被试者按自己的意见对自己的人格特质进行评定。投射测验通过被试者对不同内容的想象而投射出来的思想与情感，来判断被试者的人格特质。常用的人格测验有：

明尼苏达多项个性调查表（MMPI），适用于年满 16 岁、具有小学以上文化水平的人。

卡氏 16 种人格因素测量（16PF），适用范围较广，有初中文化水平以上的人都可以适用。

艾森克人格问卷（EPQ），适用于调查 16 岁以上成人的个性类型。

◆什么是心理评定量表？

心理评定量表，通常用于对人的心理与行为问题进行评估。就其评估的内容来分，可以分为诊断量表、症状量表和其他量表；按病种分为抑郁量表、焦虑量表和躁狂量表等。简单地说，心理评定量表就是帮助心理咨询师或心理专家评定和诊断咨询者为哪类的症状以及程度，分清咨询者的病种类型，等等。通常使用的心理评定量表有：

90 项症状清单（SCL-90），常用

于了解躯体疾病求助者的精神症状或调查不同职业群体的心理卫生问题。

抑郁自评量表（SDS），常用于评定抑郁症状的轻重程度和其在治疗中的变化。

焦虑自评量表（SAS），常用于评定焦虑症状的轻重程度和其在治疗中的变化。

◆如何评定一个人应对事件的方法？

通常一个人来到心理咨询室寻求心理咨询或治疗的时候，因为接触时间短，心理咨询师对来访者的了解是有一定局限的。换句话说，如果心理咨询师能够了解导致来访者心理问题的生活事件，他与朋友或家人的关系如何，以及他个人对每件事的应对反应的话，那么，无疑能帮助心理咨询师找到问题所在。常用于评定个人对生活事件和相关问题反应的量表有：

生活事件量表（LES），可以评估对来访者产生影响的事件来源以及影响程度，包括家庭生活方面、工作学习方面、社交以及其他方面。

社会支持评定量表，可以评估来访者的社会支持的来源以及数量，包括客观支持、主观支持和对社会支持的利用度。用来了解被试者社会支持的特点和心理健康水平等。

应对方式问卷，适用于14岁以上具有初中文化水平的人，评估来访者解决问题的方式，如自责、退避、求助等方式。

第 21 章
心理不适与障碍
——了解与认识

现代人生活方式的改变，生活节奏的加快，使得一些人的盲目行为增多，加之过分追求短期效益，因而失败的概率较高，内心失去平衡，容易产生心理问题。心理专家认为："一个人的心理状态常常直接影响他的人生观、价值观，直接影响到他的某种具体行为。因而从某种意义上讲，心理卫生比生理卫生显得更为重要。"

要加强修养，遇事泰然处之。要清醒地认识到生命总是由旺盛走向衰老直至消亡，这是不可抗拒的自然规律。应当养成乐观、豁达的个性，平静地接受生理上出现的种种变化，并随之调整自己的生活和工作节奏，主动地避免因生理变化而对心理造成的冲击。事实上，那些拥有宽广胸怀、遇事想得开的人是不会受到灰色心理疾病困扰的。

首先要掌握一定的心理卫生科学知识，正确认识心理问题出现的原因；其次要能够冷静清醒地分析问题的因果关系，特别是主观原因和缺欠，安排好对己对人都负责任的相应措施；再次要恰当地评价自我调节的能力，选择适当的就医方式和时机。最后一点，也是日常生活中最关键的一点，就是树立正确的人生观和处世观，拥有正常而睿智的思维，避免走入心灵误区。

◆人人都可做自己的心理医生吗？

从理论上讲，一般的心理问题都可以自我调节，每个人都可以用多种形式自我放松，缓和自身的心理压力和排解心理障碍。面对"心病"，关键是你如何去认识它，并以正确的心态去对待它。虽然我们找心理医生看病还不能像看感冒、发烧那样方便，但提高自己的心理素质，学会自我心理调节，学会心理适应，学会自助，每个人都可以在心理疾患发展的某些阶段成为自己的"心理医生"。

要合理安排生活，培养多种兴趣

人在无所事事的时候常会胡思乱

想，所以要合理地安排工作与生活。适度紧张有序的工作可以避免心理上滋生失落感，令生活更加充实，而充实的生活可改善人的抑郁心理。同时，要培养多种兴趣。爱好广泛者总觉得时间不够用，生活丰富多彩就能驱散不健康的情绪，并可增强生命的活力，令人生更有意义。

尽力寻找情绪体验的机会

一是多想想你所从事的事业，时时不忘创新，做出新的成绩，跃上新的台阶；二是要关心他人，与亲朋、同事同甘共苦，无论悲欢离合，都是对心理的撼动，它会使人头脑清醒，心胸开阔；三是多参加公益活动，乐善好施，为子孙造福。最好学会一门艺术，无论是唱歌弹琴、写作绘画，还是集邮藏币，都会使你进入一种新的境界，产生新的追求，在你的爱好之中寻找乐趣。

保持心理宁静

面对大量的信息不要紧张不安、焦急烦躁、手足无措，保持心情宁静，学会运用现代科学信息的方法，提高应变能力。最后，要尽量多地设想出获取它们的可行途径，并选择一个最佳方案行动，从而既能减轻个人的心理负担，又能收到事半功倍之效。

适当变换环境

一个人在一个缺乏竞争的环境里容易滋生惰性，不求有功但求无过，过于安逸的环境反而更易引发心理失衡。而新的环境，接受具有挑战性的工作、生活，可激发人的潜能与活力。变换环境进而变换心境，使自己始终保持健康向上的心理状态，避免心理失衡。

正确认识自身与社会的关系

要根据社会的要求，随时调整自己的意识和行为，使之更符合社会规范。要摆正个人与集体、个人与社会的关系，正确对待个人的得失、成功与失败。这样，就可以减少心理失衡。

◆什么是心理障碍?

心理障碍又称精神障碍，是指由各种不良刺激引起的心理功能失调和异常现象，主要反映为一个人在发展和适应上的困难，包括多种适应不良的心理与行为表现。患有心理障碍的人经常心情忧郁、情绪不稳、缺乏自制、行为失调，难以形成良好的人际关系，不能很好地适应社会。一个人的心理障碍程度可以根据其行为上的偏离程度来判断：一个人的行为表现偏离社会生活规范的程度越大，其障碍程度也就越深。根据症状及其严重程度的不同，心理障碍主要分为适应障碍、人格障碍、神经官能症和精神病等几种类型。

◆什么是心理问题?

心理问题是指个人在社会适应中产生的个体意识到或意识不到的主观困惑状态，主要包括三种类型：

心理成长问题，是指个体整个人

格系统健康、正常、发展良好，但希望了解自己的心理能力，以便最大限度地发挥潜能、实现更大目标、达到更高境界。

社会交往问题，是指个人在情绪反应和人格系统方面存在某些缺陷，从而导致在与外界接触和交往过程中遇到障碍和麻烦，不能有效地适应环境，尤其是社会环境。但其认识能力还是正常的，意识清晰，对解决自己的心理问题有比较迫切的要求。

心理变态问题，是指个体整个人格系统或某个重要的心理机制发生较为严重的病变，导致不能自主地控制自己的行为，无法与外界进行正常的接触和交流。心理问题往往较为轻微，一般不影响个人的生活和工作，但可能会给个人带来一些不愉快的感觉。而心理障碍往往是指较为严重的心理问题，包括神经症，精神病，精神发育迟滞，人格变态以及儿童和青少年行为问题、品行障碍。另外，自杀、酗酒、吸毒等常引起严重社会问题的行为也属于心理障碍之列。

◆人为什么会产生心理障碍？

原因非常复杂，包括生物性因素、心理因素和社会因素等，并且互相影响、互为因果。

生物性因素。包括人体疾病、遗传素质、生化改变和药物影响等。大量科学证据表明，脑病变与神经生理过程失调可引起精神障碍，发生变态行为。感染、中毒、代谢障碍能导致脑代谢障碍，也是心理异常发生的重要原因。另外，心理障碍具有一定的遗传性。例如，先天愚型为遗传因素所决定；在躁狂抑郁症患者家族中有较多的同类患者；等等。但通常认为，遗传因素只是形成了易患素质，只有扣动了社会应激这个“扳机”，心理障碍才会显现出来。

心理因素。心理障碍者通常有某种隐蔽的心理冲突或精神创伤，在催眠的状态下可再现痛苦的根源，这说明心理因素是心理障碍的成因之一。这些心理因素包括：各种消极的动机冲突造成的心理矛盾；持久、过度的紧张状态造成的神经系统功能失调；不良的性格特征如自私、消沉、任性、固执、孤独、抑郁等造成整个性格类型的病态；等等。

社会因素。社会因素包括政治经济、文化教育、伦理道德、风俗习惯、宗教、生态环境、家庭、人际关系等诸多方面。社会迅速发展，物质文明和科学技术不断进步，人们的欲求不断增加，人际关系日益广泛和复杂，对人们的社会适应能力也提出了更高的要求。但生活节奏快、环境污染重、交通拥塞、竞争激烈、住房困难等，这些都容易使人产生焦虑、紧张的情绪，进而引发心理障碍。心理障碍与宗教、社会文化也有关系。比如，阿拉伯国家和欧美国家的心理障碍者，其心理障碍的内容和形式不同。另外，心理障碍与性别也有关系。如女性的更年期心理障碍较男性为多，这是既有生理改变又有社会因素影响之故。

◆**什么是适应性障碍？**

适应性障碍患者，一般成人以情绪障碍为多见，而青少年则以品行障碍为多见。在儿童中可表现为退化现象，如尿床、幼稚言语或吸拇指等形式。症状通常出现在应激事件或生活改变后一个月之内。病人一般有个性缺陷，心理障碍持续时间多在半年以内。

适应性障碍是人群中常见的一种心理障碍，一般是因环境改变、职务变迁或生活中某些不愉快的事件，加上具有易感个性，而出现的以情绪障碍为主、伴有适应不良的行为或生理功能障碍。适应性障碍影响病人的社会适应能力，其学习、工作、生活及人际交往等均受到一定程度的影响。

◆**适应性障碍的具体表现是什么？**

情绪障碍：多见于抑郁者，表现为情绪低落、沮丧、失望、对一切失去兴趣、紧张不安、心烦意乱、心悸及呼吸不畅等。

品行障碍：多见于青少年，表现为违反社会道德规范或侵犯他人权益的行为，如逃学、斗殴、说谎、酗酒、吸毒、滥用药物、离家出走、破坏公物及过早发生性行为等。

躯体不适：疼痛（头、腰背或其他部位）、胃肠道不适（恶心、呕吐、便秘、腹泻）或其他不适，而临床检查又往往发现不了什么躯体疾病。

学习、工作能力：学习、工作能力下降，以致出现困难。

社会退缩：不愿参加社交活动、不愿上学或上班、常闭门在家，但没有抑郁或焦虑情绪。

适应性障碍的治疗主要包括以下两个方面。

心理治疗：支持性心理治疗、行为治疗、认知疗法、精神疏泄疗法等，必要时可定期进行心理咨询。

药物治疗：对抑郁、焦虑明显者可酌情使用抗抑郁或抗焦虑药物，如多塞平、阿米替林等；有明显暴力行为者也可使用氟哌啶醇。

◆**什么是人格障碍？**

所谓人格障碍，是指人格在发展和结构上明显偏离正常轨道。

人格障碍者是在先天缺陷的基础上，加之外在不良因素的影响，促使人格偏向发展，自童年起就开始逐步形成。患者不存在智力障碍，但持久而特殊的行为模式导致社会适应不良。例如，反社会型人格障碍患者，缺乏道德责任感，情绪活动为爆发性行为，呈冲动性，对他人和社会缺乏同情心和羞耻感；偏执型人格障碍患者，常常敏感多疑、心胸狭窄、嫉妒心强、情感冷漠、自视过高；强迫型人格障碍患者，多表现为自我克制、缺乏自信、常有不安全感、谨小慎微等等。

◆**什么是偏执型人格障碍？**

刘某，男，18 岁，高中三年级学生，学习成绩相当好，还担任班长。平常虽然与人交往，也喜欢与同学交谈，但他总觉得同学们都嫉妒他的才能，虽然同学们都否定嫉妒，但他觉得他们是在为自己辩解；他爱顶撞班主任，觉得班主任的想法经常是错误的；他爱我行我素，说话办事全凭个人意愿，觉得自己比他人具有更强的能力和智慧。结果不理想时，他就认为是客观原因造成的，不是他的能力存在问题。他认为自己属于人见人恨的那种人，自己也懒得与他人交往，更乐于独处，但对别人的怀疑却丝毫没有减少。包括班里的任何同学，甚至自己的父亲，不管他们做什么事、说什么话，都从心里怀疑。他觉得，如果信任他们，说不定哪天他们就会利用其信任加害自己。

心理专家分析小刘具有偏执型人格障碍，又称妄想型人格，通常具有以下特征。

广泛猜疑，常将他人无意的、非恶意的甚至友好的行为误解为敌意或歧视，或无足够根据，就怀疑会被人利用或伤害，因此过分警惕与防卫。

将周围的事物解释为不符合实际情况的“阴谋”。

易产生病态嫉妒。

过分自负，若遇挫折或失败则归咎于人，总认为自己正确。

好嫉恨别人，对他人的过错不能宽容。

脱离实际地好争辩与敌对，固执地追求个人不合理的“权力”或利益。

忽视或不相信与自己想法不一致的客观证据，因而很难通过说理或事实改变其想法。

至少符合上述项目中的三项，方可诊断为偏执型人格障碍。

◆**如何治疗偏执型人格障碍？**

偏执型人格障碍患者一般都否认自己有人格障碍，认为医生在胡说、想害他，而不肯好好配合医生，使得医生无法治疗。治疗偏执型人格障碍越早越好，患病初期的调节是很关键的。调节的方法主要有以下几条：

自觉地创造一个良好的人际环境。良好的人际环境能使患者有良好的沟通与交往，容易理解他人、信任他人，减少敏感多疑。父母、教师对青少年患者不要轻易地责备、侮辱，应彼此相互理解、相互关心、相互尊重。经常进行沟通，并减少或避免不良刺激。

学会自我暗示调节法。每天默念一次类似“一个人固执多疑，不利于人际交往。要改掉固执多疑的缺点，要心平气和地表达自己的观点，要积极地去理解、听取他人的意见，不要总认为自己比别人能干，不要高傲自大，不要成天怀疑别人在搞鬼，否则会给自己带来无穷的烦恼……”之类的话。最好能在大脑皮层兴奋性较低的早晨、午休或就寝前默念。坚持一段时间后，偏执型人格障碍的许多异常人格特征就会得到缓解，甚至会有明显的改善。

学会用自我分析法。分析自己的一些非理性观念，逐步消除异常人格特征。例如，每当出现对他人怀疑或有敌意的想法时，就要自我分析一下是不是卷入了“信任危机”或“敌对心理”的漩涡之中。如果还是不知不觉表现了偏执行为，事后应抓紧分析当时的想法，找出当时的非理性观念，防止再犯。若上述方法不能奏效，应及时求助于医生，辅以药物治疗。抗精神病药物有一定疗效，但必须听从医生的嘱咐。

◆什么是分裂型人格障碍？

著名的数学家和经济学家、1994年诺贝尔经济学奖得主约翰·纳什，尽管在科研事业上出类拔萃，然而他却是一个人格障碍患者。他性格孤僻内向，成天关在小房间里研究东西，几乎谈不上有社会和人际交往。他为人沉默寡言、兴趣索然、生活随便，给人一种“古怪”的印象。他40岁左右才在家人催促下结了婚。后来逐渐发展到产生幻觉的地步，竟差点亲手断送了自己孩子的性命。他所表现出的这些人格特征，心理学上称之为分裂型人格障碍。

分裂型人格障碍是比较常见的人格障碍。专家指出，这种类型的人约占正常人群的7.5%，且男性多于女性。分裂型人格障碍的人很难适应人员众多的场合和需要交际的工作，比较适合人少的工作，如图书馆书库、山地农场林场等。分裂型人格障碍很容易让人和“精神分裂症”混为一谈。一般认为，分裂型人格障碍容易诱发精神分裂症，但并没有确凿的证据。

◆分裂型人格障碍的特征有哪些？

《中国精神疾病分类方案与诊断标准》对其特征描述如下：

有奇异的信念，或与文化背景不相称的行为，如相信透视力、心灵感应、特异功能和第六感官等。

奇怪的、反常的或特殊的行为或外貌，如服饰奇特、不修边幅、行为不合时宜、习惯或目的不明确。

言语怪异，如离题、用词不当、繁简失当、表达意见不清，而并非文化程度或智能障碍等因素所引起的。

不寻常的知觉体验，如错觉、幻觉、看见不存在的人。

对人冷淡，对亲属也不例外，缺少温暖体贴。

表情淡漠，缺乏深刻或生动的情感体验。

多单独活动，主动与人交往仅限于生活或工作中必需的接触，除一级亲属外无亲密友人。

至少符合上述项目中的三项，方可诊断为分裂型人格障碍。

◆分裂型人格障碍是怎样形成的，又如何治疗？

分裂型人格障碍的形成一般与人的早期心理发展有很大关系。儿童在成长过程中，如果终日不断被父母责骂、批评，得不到父母的爱，他就会觉得自已毫无价值；如果父母对子女不公正，就会使儿童的是非观念不稳定，产生心理上的焦虑和敌对情绪，有些儿童因此而分离、独立，逃避与父母的身体和情感接触，进而逃避与其他人和事物的接触，这样就极易形成分裂型人格障碍。

分裂型人格障碍的具体治疗方法有以下几种：

社交训练法，有助于纠正不合群性

首先，要提高认知能力，明白孤独不合群、严重内向的危害，自觉投入心理训练。

其次，制定社交训练评分表。自我评分、每天小结、每周总结。以奖励表扬为主，对每一点滴进步都要加以肯定，并给予强化，以鼓励其自信心，这一点很重要。切忌批评责备，以免造成患者心理反感和对自己丧失信心。训练内容从简到繁，从易到难。

兴趣培养法

培养兴趣有助于克服兴趣索然、情感淡漠的人格。

首先，提高认知。能够有意识地分析自己，确定积极的人生理想和目标。

其次，多参加社会实践。要创造条件，有意识地接触社会实际生活，扩大接受的社会信息量，促使兴趣多样化。

最后，多参加兴趣活动小组，如绘画、歌咏、舞蹈、艺术、体育锻炼、科技活动等小组，这是培养兴趣的较好形式。

◆什么是自恋型人格障碍？

小怡从小就备受溺爱，父母和两个比她大很多的哥哥都把她当成掌上明珠。她聪明伶俐又漂亮出众，无论在哪里都是人们注意的焦点。大学时她是校花，追捧者众多，可在宿舍里她却是最让人讨厌的人，因为她总是不打扫卫生、不叠被子、半夜大声打电话……还经常叫别人给她打饭，却不知道说谢谢。后来找了个男朋友，对她也是百依百顺，她动不动就耍脾气。后来，男朋友和她提出分手，说："你这个'刁蛮公主'，我可伺候不了你一辈子。"她实在是想不通，自已这个"仙女"竟然被人甩了？继而非常愤怒，决心狠狠地报复他。

上例中的小怡就是自恋型人格障碍者。目前尚无完全一致的自恋型人格障碍诊断标准。一般认为，自恋型人格障碍有如下特征表现：

缺乏同情心。

有很强的嫉妒心。

渴望持久的关注与赞美。

认为自己应享有他人所没有的特权。

喜欢指使他人，要他人为自己服务。

过分自高自大，对自己的才能夸大其词，希望受人特别关注。

对无限的成功、权力、荣誉、美丽或理想爱情有非分的幻想。

坚信他关注的问题是世上独有的，不能被某些特殊的人所了解。

对批评的反应是愤怒、羞愧或感到耻辱（尽管不一定当即表露出来）。

◆如何治疗自恋型人格障碍？

自恋型人格障碍一般可采用以下治疗方法：

解除自我中心观

自恋型人格障碍的最主要特征是自我中心，而人生中最为自我中心的阶段是婴儿时期。因此，必须了解那些婴儿化的行为。可以把自己认为讨人厌嫌的人格特征和别人对你的批评罗列出来，看看有多少婴儿期的成分。要时常告诫自己：必须努力工作，取得成绩来吸引别人的赞美；许多事都要自己动手去做；要争取应得的，但不嫉妒别人应得的。

学会爱别人

光抛弃自我中心观念还不够，必须学会去爱别人，唯有如此才能获得爱，才能真正体验到放弃自我中心观的好处。通过爱，我们可以超越人生。生活中最简单的爱的行为便是关心别人，尤其是当别人需要你帮助的时候。只要你在生活中多一份对他人的爱心，你的自恋症便会自然减轻。

◆什么是表演型人格障碍？

26岁的男子刘某，13年前，因不明原因逐渐表现出爱模仿戏剧演员的动作，身着戏装或其姐的红毛衣，头扎鲜花，抹口红，打扮自己，行为举止女性化。同时，容易发脾气，自己的愿望如不能得到满足，就烦躁，甚至打人；变得非常自私，把家里的电视机和洗衣机搬至自己的房间，不许别人使用；爱听表扬的话，与人谈话时，总想让别人谈及自己如何有能力、亲戚如何有地位、自己外貌如何出众等，如果别人谈及别的话题，他常常千方百计地将话题转向自己，而对别人讲话的内容则心不在焉；常常感情用事，以自己高兴与否判断事物的对错和人的好坏，对别人善意的批评，即使很婉转，也不能虚心接受，不但不领情，还仇视别人，迫使别人不得不远离他；常到火车站站口或公共汽车上帮助检票、售票，表现得很有公益心。近几年来，与人发生纠纷的次数有所增加，给家庭带来许多麻烦。

表演型人格障碍，又称癔症型人格障碍、寻求注意型人格障碍或心理幼稚型人格障碍，其主要特征是：人格的过分感情化、夸张言行吸引注意力及人格不成熟。该人格障碍较多发生于少年期后阶段，随着年龄的增长，人格逐渐趋向成熟，至中年得到明显缓解。主要病因是幼年创伤性体验、家庭因素、文化影响等。

◆表演型人格障碍有什么特征？

《中国精神疾病分类方案与诊断标准》对其特征描述如下：

表情夸张像演戏一样，装腔作势，情感体验肤浅。

暗示性高，很容易受他人的影响。

自我中心，强求别人符合他的需求或意志，不如意就给别人难堪或表现出强烈不满。

经常渴望表扬和同情，感情易波动。

寻求刺激，过多地参加各种社交活动。

需别人经常注意，为了引起注意，不惜哗众取宠、危言耸听，或者在外貌和行为方面表现得过分吸引他人。

情感反应强烈易变，完全按个人的情感判断好坏。

说话夸大其辞，掺杂幻想情节，缺乏具体的真实细节，难以核对。

虽然此类型人格障碍的症状会随着年龄的增长、心理的逐渐成熟而减轻，但这并不等于可以不治而愈，在应激状态下该症有歇斯底里爆发的可能。

◆如何治疗表演型人格障碍？

提高认知法

帮助患者正视自己，了解自己的人格缺陷及其危害，才能扬其长避其短，适应社会环境。

情绪自我调整法

表演型人格障碍患者情绪表达夸张，旁人常无法接受。对于别人讨厌的情绪表达要坚决予以改正，对于别人喜欢的则适当保留。还可请好友在关键时刻提醒一下，或在事后请好友对自己的表现加以评价，然后从中体会自己情绪表达的过火之处，以便在以后的情绪表达上适当控制，达到自然、适度的效果。

升华法

让表演型人格障碍者把兴趣转移到表演艺术中去，使原有的表演能量得到升华。投身于表演艺术是表演型人格障碍者的一条很有效的自我完善之路。

◆什么是强迫型人格障碍？

某 19 岁男孩，家在农村，父母均为农民。他在家排行老大，下有一弟一妹。从小他就很懂事，知道父母很辛苦，对自己要求极为严格，一点儿时间也不许自己浪费，成绩一直名列班上前几名，深得老师的喜欢。初一后半学期，父亲节约开支给他买了块表，作为奖励。初二上半学期，他害怕将表弄丢了，结果果真在一次早操中将表丢了。他深知父母挣钱不容易，内心极度内疚，常常有意识地到寝室和马路边努力寻找，希望能够发现，但始终没找到，也不敢告诉父母，成绩也开始下降。后来他们家添置了沙发，平时他喜欢坐在沙发上看书。一次母亲说别坐坏了，以后不准坐在沙发上看书。从此他果真再也不敢坐沙发，后来发展到看见椅子也害怕了。他勉强读完初中，其后一直待业在家，成天为看病四处奔波，父母为此花去了不少钱，他更觉得不好受。令他最苦恼的恐怕是小便失禁，老想去厕所，但又自觉不该去。越想控制，想去厕所的念头就越强烈。尤其是吃饭之后想去厕所，拼命克制自己不去，结果吃了饭就吐，按胃病治了很久也未奏效。如此持续了3年，苦不堪言。近段时间以来，他老是想着自己是否渴了或者饿了，椅子该不该坐，泡在盆里的衣服是现在洗还是过一会儿洗，反复检查电灯开关，出门反复看是否关好锁好，等等。

上例中的男孩是典型的强迫型人格障碍患者。强迫型人格障碍以过分的谨小慎微、严格要求与完美主义及内心的不安全感为特征。男性约为女性的2倍，约70%的强迫症病人有强迫型人格障碍。

◆强迫型人格障碍的特征有哪些？

《中国精神疾病分类方案与诊断标准》对其特征描述如下：

因个人内心深处的不安全感导致优柔寡断、怀疑及过分谨慎。

需在很早以前就对所有的活动做出计划并不厌其烦。

凡事需反复核对，因对细节的过分注意，以致忽视全局。

经常被讨厌的思想或冲动所困扰，但尚未达到强迫症的程度。

过分谨慎多虑、过分专注于工作成效而不顾个人消遣及人际关系。

刻板和固执，要求别人按其规矩办事。

因循守旧，缺乏表达温情的能力。

至少符合上述项目中的三项，方可诊断为强迫型人格障碍。

◆如何治疗强迫型人格障碍？

强迫型人格障碍的形成一般与幼年时期的家庭教育和生活经历直接有关。父母管教过分严厉、苛刻，会使孩子做事过分拘谨、小心翼翼、思虑甚多、优柔寡断，并慢慢形成经常性紧张、焦虑的情绪反应。一些家庭成员的生活习惯也可能对孩子产生影响，如医生家庭容易使孩子形成“洁癖”，产生强迫性洗手等行为。强迫型人格与遗传也有关系。幼年时期受到较强的挫折和刺激，也可能会产生强迫型人格。

对强迫型人格障碍的治疗，主要应采用自我心理疗法。

听其自然法

强迫型人格障碍的纠正主要是减轻和放松精神压力，最有效的方式是任何事都听其自然，该怎么办就怎么办，做了以后就不再去想它，也不要对做过的事进行评价。经过一段时间的训练和自己意志的努力，症状会有所缓解。

当头棒喝法

当一个人过分执着于经典与规矩时，他对活生生的多变的现实就常会感到无所适从。强迫型人格障碍者习惯于按教条办事，总是按“应该如何，必须如何”的准则去做，像个机器人。要改变这种状况，就要砸开锁链、打开牢笼，让曾被囚禁的自由思想主宰自己的行为。当头棒喝便是打开牢笼的妙法。应努力寻找生活中的独特事件，让这些独特事件带来新的观念和解决问题的新思路、新方法，以起到“当头棒喝”的作用，改变墨守成规的习惯。

如果发现自己叫停的力量不足，还可以请自己的好朋友、同事甚至上司在必要时“棒喝”一下。

◆什么是依赖型人格障碍？

某大一新生，女，19 岁，父母为工人，家庭生活温馨。她是父母的独生女儿，备受宠爱。上大学前，她的一切事宜均由父母料理，从不承担任何家务劳动，甚至连衣服鞋袜也不用自己洗。进入大学后，她非常想念异地的家，对大学生活极不适应，产生了许多心理矛盾与困惑。她日日夜夜都在想家，晚上上床，想到睡的地方不是自己的家，很难入睡。经常梦到爸爸、妈妈。她也知道是梦，但就是不愿醒过来。醒来一睁眼就心烦、心酸，不想起床，不想吃早饭，也不想服从校规去出早操，但又怕身体垮了父母着急，便强迫自己起床锻炼、吃饭。在校园里散步，听见广播里放的音乐有妈妈之类的歌词就要哭，一边走一边哭，走回寝室时，已哭成了泪人。在校园里、在街上，到处听见的都是当地人的口音，深深觉得自己是被抛弃到异地的游子，孤独极了。班上组织春游、秋游，她毫无兴趣，看到同学玩得高兴，她更是感到孤独、伤心。而且，看见天上的鸟儿，看到车站、码头，看到电影上的南方景色，她就想回家，回到寝室钻进被窝就哭。周末，看见本地同学纷纷回家，更觉伤心。她的学习成绩一天天下降，又怕自己被淘汰遭别人笑话，看不进书却不敢不看。好多作业没做，成天提心吊胆，担心期末考试不及格，更担心家里人失望。她省下来一部分生活费给家里通信和打电话。她说自己现在几乎要崩溃了，全靠父母和家乡亲友的 100 多封来信，才使她能强打精神。

上例中的女生就是依赖型人格障碍患者。依赖型人格障碍是日常生活中较为常见的一种人格障碍，主要在孩童或部分成年人中出现。

◆依赖型人格障碍有什么特征？

《中国精神疾病分类方案与诊断标准》对其特征描述如下：

无独立性。很难单独执行自己的计划或做自己的事。

难以接受分离。当亲密的关系中止时感到无助或崩溃。

易受伤害。很容易因遭到批评或未得到赞许而受到伤害。

过度容忍。为讨好他人甘愿做低下的或自己不愿做的事。

害怕孤独。独处时有不适和无助感，或竭尽全力逃避孤独。

被遗弃感。明知他人错了，也随声附和，因为害怕被别人遗弃。

无主见。在没有从他人处得到大量的建议和保证之前，对日常事物不能做出决策。

无助感。让别人为自己做大多数的重要决定，如在何处生活，该选择什么职业等。

只要满足上述表现中的五项，即可诊断为依赖型人格障碍。

◆如何治疗依赖型人格障碍？

依赖型人格障碍的产生与幼年时期的成长关系密切。幼儿离开父母就不能生存，必须依赖于父母，如果父母过分溺爱，鼓励子女依赖父母，不让他们有自主和自立的机会，久而久之在子女的心目中就会逐渐产生对父母或权威的依赖心理，成年以后依然不能自主。另外，对子女关心得太少、子女受到遗弃或挫折等，也会导致儿童的过分依赖性。尤其是父母开始时用粗暴拒绝的态度对待孩子的依赖要求，经不起孩子的纠缠又屈从于孩子过分依赖的要求，或者是儿童在表示依赖的要求以后，再搂抱或亲吻孩子，这无疑鼓励和强化了孩子的过分依赖行为。

依赖型人格障碍的治疗可以采用如下方法：

习惯纠正法

依赖型人格障碍者的依赖行为是一种习惯，必须首先改变不良习惯，才能进一步实施有效治疗。清查一下自己的行为，每天做记录，记满一个星期，然后将这些行为按自主意识强、中等、较差分为三等，每周一小结。对自主意识强的事件，以后遇到同类情况应坚持自己做。对自主意识中等的事件，应提出改进的方法，并在以后的行动中逐步实施。对自主意识较差的事件，可以采取诡控制法（在别人要求的行为之下增加自我色彩）逐步强化、提高自主意识。可以找一个自己最依赖的监督者，防止依赖复发。

重建自信法

只简单地破除了依赖习惯是不够的，还必须从根本上找原因。重建自信法便是从根本上矫正依赖型人格障碍的有效方法。首先要消除童年的不良印迹。回忆童年时父母、长辈、朋友对自己说过的具有不良影响的话，把这些话语仔细整理出来，然后一条一条加以认知重构，并将这些话语转告给你的朋友、亲人，让他们在你试着干一些事情时，不要用这些话语来指责你，而要热情地鼓励、帮助你。

其次要重建勇气。选做一些冒险性的事，每周做一项，可以增加你的勇气，改变你事事依赖他人的弱点。

◆**反社会型人格障碍有什么特征？**

《中国精神疾病分类方案与诊断标准》对其特征描述如下：

外表迷人，具有中等或中等以上智力水平。初次相识给人很好的印象，能帮助别人消除忧烦、解决困难。

没有通常被认为是精神病症状的非理性和其他表现，没有幻觉、妄想和其他思维障碍。

没有神经症性焦虑；对一般人心神不宁的情绪感觉不敏感。

他们是不可靠的人，对朋友无信义，对妻子（丈夫）不忠实。

对事情不论大小，都无责任感。

无后悔之心，也无羞耻之感。

有反社会行为但缺乏契合的动机；叙述事实真相时态度随便，即使谎言被识破也泰然自若。

判别能力差，常常不能吃一堑长一智。

病态的自我中心，自私，心理发育不成熟，没有爱和依恋能力。

麻木不仁，对重要事件的情感反应淡漠。

缺乏真正的洞察力，不能自知问题的性质。

对一般的人际关系无反应。

做出幻想性的或使人讨厌的行为，对他人给予的关心和善意无动于衷。

无真正企图自杀的历史。

性生活轻浮、随便，方式与对象都与本人不相称，有性顺应障碍。

生活无计划，除了老是和自己过不去外，没有任何生活规律，没有稳定的生活目的。他们的犯罪行为也是突然迸发的，而不是在严密计划和准备下进行的。

上述这些反社会人格特征都是在青年早期就出现了的，最晚不迟于 25 岁。个人对自己的反社会行为的反应，是诊断反社会型人格障碍的关键点。在上述特征中，无责任感和无羞耻心最为重要。

◆**如何治疗反社会型人格障碍？**

产生反社会型人格障碍的主要原因包括：被收养、先天体质异常、早年丧父丧母或双亲离异、恶劣的社会环境与家庭环境、不合理的社会制度、中枢神经系统发育不成熟等。通常认为，家庭破裂、儿童被父母抛弃或忽视、从小缺乏父母亲在生活和情感上的呵护，是反社会型人格障碍形成和发展的主要因素。

由于反社会型人格障碍的病因相当复杂，目前尚缺乏十分有效的治疗方法。使用镇静剂和抗精神类药物治疗，治标不治本；心理治疗，对存在中枢神经系统功能障碍的反社会型人格障碍患者毫无作用。认知领悟疗法对那些由于环境影响形成的、程度较轻的患者有一定疗效。少数家庭关系极为恶劣而与社会相处尚可的患者，可以在学校或机关住集体宿舍或在亲友家寄养，以减少家庭环境的负面影响，同时培养其独立生活的能力。当患者出现反社会行为时，给予强制性的惩罚（如禁闭等），使其产生痛苦的体验，实施多次以后，其反社会行为会减少。

◆什么是回避型人格障碍？

某30岁男子，在一次意外事故中失去了左手。尽管后来接了假肢，但是那次意外对他心理的摧残却是无法恢复的，他总是觉得自己低人一等，看到朋友们看他的眼神时，虽然明白他们对他很同情，但是，他却觉得同情中有种让他自卑的怜悯。因此，他感到做什么都没劲，不愿见人，不愿工作，老想躲进深山，了却残生。

回避型人格障碍又称焦虑型或逃避型人格障碍，患者的最大特点是行为退缩、心理自卑，面对挑战多采取回避态度或无力应付。

◆回避型人格障碍有什么特征？

美国《精神障碍的诊断与统计手册》中对回避型人格障碍的特征描述如下：

敏感羞涩，害怕在别人面前露出窘态。

很容易因他人的批评或不赞同而受到伤害。

除非确信受欢迎，一般总是不愿卷入他人事务之中。

除了至亲之外，没有好朋友或知心人（或仅有一个）。

行为退缩，对需要人际交往的社会活动或工作总是尽量逃避。

心理自卑，在社交场合总是缄默无语，怕惹人笑话，怕回答不出问题。

在做那些普通的但不在自己常规之中的事时，总是夸大潜在的困难、危险或可能的冒险。

只要满足其中的四项，即可诊断为回避型人格障碍。

◆如何治疗回避型人格障碍？

回避型人格形成的主要原因是自卑心理。自卑心理起源于人的幼年时期，包括由于无能而产生的不胜任和痛苦的感觉，也包括一个人由于生理缺陷或某些心理缺陷（如智力、记忆力、性格等）而产生的轻视自己、认为自己在某些方面不如他人的心理。具体说来有以下几方面的原因：

自我认识不足，过低估计自己。他人对自己做了较低的评价，特别是较有权威的人的评价，就会影响自己对自己的认识，从而低估自己。

消极的自我暗示抑制了自信心。当每个人面临一种新局面时，事先的“我不行”的消极自我暗示，会抑制自信心，造成心理负担，工作效果必然不佳，进而形成一种消极的反馈作用，形成恶性循环。

挫折的影响。有的人耐受性低，轻微的挫折就会给他们以沉重的打击，让他们变得消极悲观而自卑。

生理缺陷、性别、出身、经济条件、政治地位、工作单位等都有可能是自卑心理产生的原因。

自卑感得不到妥善消除，久之就造成行为的退缩和遇事回避的态度，形成回避型人格障碍。

治疗回避型人格障碍可以从以下几方面着手：

消除自卑感

要正确认识自己，提高自我评价。只有提高自我评价，才能提高自信心，克服自卑感。

要正确认识自卑感的利与弊，增强克服自卑感的信心。

要进行积极的自我暗示、自我鼓励，相信事在人为。

克服人际交往障碍

必须给自己定一个交朋友的计划。起始的级别比较低，任务比较简单，以后逐步加大难度。最好找一个监督人，让他来评定执行情况，并督促自己坚持下去。在开始进行梯级任务时，可能会觉得很困难、毫无趣味，但要尽量设法克服，以取得良好的治疗效果。

◆什么是神经官能症？

某 30 岁男士，因为工作关系，经常需要在公共场合讲话。然而每次在公共场合讲话，他就会冒虚汗、头皮发麻、心脏紧缩、背部有放射性疼痛，类似于心脏病发作，十分紧张，特别难受。可是每次去医院检查，先进的仪器都显示一切正常。心脏也好，其他内脏也好，都没有出现任何器质性病变。但他更加紧张，怀疑自己得了什么“无法查出的怪病”。后来经医生会诊，指出他患的是心脏系统神经官能症，是一种心理障碍，并不是真正的心脏病。

神经官能症是临床上最常见的心理障碍之一，约占精神科门诊的 60%—80%，发病率城市比农村高，女性比男性高。它是由于某些长期存在的心理因素，在个体不良素质和易感个性的基础上，产生的高级神经活动失调，主要表现为神经系统易兴奋性地迅速疲劳，并伴有各种躯体症状和睡眠障碍。

◆神经官能症有什么症状表现？

神经系统症状表现为头晕、头痛、失眠、多梦、疲乏无力、记忆减退、情感障碍等。头痛和头晕常相伴出现，部位不清，有时间性，用脑后加重，休息后减轻。记忆减退的主要表现为遗忘的是日常琐事，对自身的疾病和刻骨铭心的事不会忘记。疑心得病或是久病不愈时，容易情绪不稳、焦虑不安、猜疑、恐惧、悲观失望。

躯体症状表现为耳鸣、眼花、心慌、气短、出汗、遗精、阳痿、月经不调、消化不良、恶心呕吐、腹胀便秘、肢体震颤等。这些症状常相伴神经系统症状出现。神经官能症是一种表现为全身各脏器功能紊乱的临床综合征。

作为心理障碍之一，神经官能症包括神经衰弱、强迫症、焦虑症和癔症等。

神经衰弱表现为精神容易兴奋又容易疲劳，睡眠障碍，兴奋性增高等。

焦虑症伴随严重的躯体不适症状，终日紧张敏感，心烦意乱等。

强迫症表现为强迫回忆、强迫联想、强迫思考、强迫计数、强迫检查、强迫洗手等。

癔症表现为情感爆发、身体疼痛、多重人格、假性癫痫、发作性失明等。

根据症状出现部位的不同，神经官能症又可分为心脏神经官能症、胃肠神经官能症和性神经官能症。

心脏神经官能症多见于20—30岁的年轻人，女性较多。临床以心血管系统功能失常为主要表现，可兼有神经官能症的其他症状。主要表现为胸闷、心悸、气急等，总担心心脏有严重疾患，有不安和焦虑感，但经检查又发现不了器质性病变。

胃肠神经官能症以胃肠运动和分泌功能紊乱而无器质性病变为特征。以心理因素为起因，以神经失调为病理，以胃肠功能紊乱为主要表现，具体说来，表现为反酸、嗳气、厌食、恶心、呕吐、食后饱胀、上腹不适或疼痛，伴有倦怠、头痛、健忘、心悸、胸闷等症状。

性神经官能症是指因性问题产生的烦恼所致的神经官能症，主要表现为阳痿、性冷淡，常伴有疲劳、眩晕、失眠、注意力不集中等症状。

◆神经官能症的诱因有哪些？

凡能影响神经系统的器质性疾病因素都有可能诱发神经官能症，但心理因素无疑是重要的发病原因。比如精神创伤、工作或学习长期过度紧张、困难作业等因素都可能诱发神经官能症。个体素质、性格、神经系统生理特性、机体的功能状态，则是疾病发生的基础；神经活动过程强烈而持久，超过了神经系统张力的耐受限度，是神经官能症发生的必要条件，故而该病多发生在学生、脑力劳动者、领导者、司机、中年人和女性等特定群体中。

◆神经官能症有什么特征？

往往有情绪障碍，症状的轻重与精神因素、心理因素密切相关。

病人如果分散注意力或从事体力劳动、体育锻炼、文娱活动则可使症状减轻。

病人求医心切，对自身躯体的微小变化非常敏感，有“小题大作”之嫌，常给人一种多忧多虑之感。

经过临床各方面的检查未见明显异常或不符合与其不适部位相应的症状。

神经官能症病人不仅本人十分苦恼，而且给家人也带来诸多麻烦。病人到处求医问药，要求使用各种滋补强壮的中西药物；不少患者，尤其是病程短、发病急、常因几天睡眠差而服补气、壮阳药的病人，不仅不能改善病情，反而会火上加油，使病情更加复杂化。

◆**如何治疗神经官能症？**

神经官能症的治疗主要在于解决失眠和抑郁的心境。睡眠好转、心境舒畅，各种不适症状便会自然消失。药物主要用于对症治疗，可应用中西药结合治疗。治疗时应注意以下几个原则：

心理治疗：要关心病人，做好其思想工作，帮助其解除顾虑，增强治愈的信心。

可用药物减轻症状：在医生的指导下，可适量服用镇静剂、阻滞剂、谷维素、安神补心丸等。

不必卧床休息，可适度减轻或调整工作，合理安排生活，适当参加体力劳动及锻炼。

治疗见效后，不要立即停止治疗，否则可能复发。一般应维持2—3个月的治疗时间，然后逐渐停药。

◆**什么是精神分裂症？**

某23岁女子，高中毕业后做商店营业员，经人介绍结识了一个中学教师男友。两人恋爱半年，感情很好，但男友父母嫌她是个营业员，反对他们来往，男友向父母屈服，逐渐远离她，她也没有过分纠缠，忍痛分手。此后，她心情郁闷，孤独好静的她变得更加沉默寡言，不愿出门交友，父母常加劝慰，但无济于事。3个月后，她突然变得好打扮起来，每月工资领来没几天就全部买了化妆品及相关杂志，而且经常对父母讲些莫名其妙的话，在家跳跳蹦蹦，显得活泼非常，时而突然大笑，时而大发脾气、破口大骂。上班时经常离开岗位，与顾客争吵，下了班迟迟不回家。不久，她已不像正常人，如经常外出乱走、看见异性笑、穿着内衣裤就外出、口里讲下流活、不知饥饱等。而且，她晚上基本不睡觉，把电视开得很响，邻居来提意见，她就把人家大骂出去。经医生诊断，她患了青春型精神分裂症，也可称之为“花痴”。

精神分裂症是最严重的心理障碍，有突发性和慢性之分，包括积极症状（如幻觉、错觉、联想散漫）和消极症状（情感贫乏、社会技能差），主要表现是：患者心理活动脱离现实，在知觉、情感、思维及意志行为之间互不协调及互相影响，导致学习、工作、生活、社交等适应能力降低，因此常不能维持原来的学习工作能力，原来的生活习惯方式也变得异常。

◆**精神分裂症的形成原因是什么？**

大多数精神分裂症患者在年富力强的青年时期起病，以25岁左右为最多，也有不少在15—40岁之间的少年和壮年时间起病；大多起病缓慢，少数呈急性或亚急性，多数冗长，从数月至数十年不等。如不及时治疗常会反复发作或迁延不愈。发作高峰期，患者精神活动有分裂现象，工作、学习、生活、社会交往等均受到严重影响。但患者对自身疾病毫无认知，往往说“我没病”，拒绝就医，即使家人勉强将其带至医院，大多也不愿意接近医生，不愿诉述自身的感觉。如果家人给以迁就，往往会使疾病拖延治疗，致使反复发作或逐步发展为慢性，晚期逐渐变为精神衰退：整日无所事事、对任何东西均漠不关心、不与亲人来往、在学习工作上毫无要求，甚至连吃饭、喝水、个人卫生等基本自理能力都消失。

根据精神分裂症患者的基本症状、病程发展和预后的不同，精神病学家将精神分裂症通常分为四种临床类型：单纯型、青春型、紧张型、妄想型。

◆单纯型精神分裂症有什么特征？

大多在青少年时期发病，起病缓慢，诱因不明显，最初不易被人发现。

早期可有失眠、头昏、头痛、注意力涣散、全身不适、精神萎靡等颇像神经衰弱的症状；随后逐渐变得孤僻、懒散、淡漠、不与人来往、不修边幅、对任何事物皆不感兴趣、学习成绩下降、对工作不负责任、散漫不羁、不遵守纪律、工作能力降低等，但患者并不为此而焦虑，对别人的批评和规劝毫不介意；严重时完全与世隔绝，精神衰退明显。

此类精神分裂症，幻觉、妄想和紧张症状很少见，故称单纯型。

◆青春型精神分裂症有什么特征？

青春型精神分裂症多数在青春期发病，可急可缓。

初期，患者逐渐表现得孤僻、情绪不稳，喜欢幻想、追究无意义的问题或发表空洞的议论。随后，情感障碍及言语思维障碍逐渐明显，情绪波动极大，不时大哭、大笑或无故大发雷霆；对周围事物反应淡漠，言语杂乱、语句不连贯、常有思维中断，有时喃喃自语；幻觉丰富，以幻听、幻视居多，妄想荒谬，零乱而不固定；动作多无意义，常做些令人难以理解的手势、姿势或表情；行动幼稚、愚蠢、淘气；预后较差，精神衰退出现较其他各型为早。

◆紧张型精神分裂症有什么特征？

发病年龄在青、中年，起病多呈急性和亚急性，少数起病缓慢。

早期表现为萎靡无力、食欲不振、怠惰少动、情绪低落、对任何事物都无兴趣。随后出现紧张性木僵和紧张性兴奋两组综合征：木僵状态——情感淡漠，言语动作减少、刻板，严重时不言不动、不饮不食，双目紧闭或凝视，表情呆滞，呼之不应、推之不动，短则维持几小时，长则可达数年之久；兴奋状态——突然爆发的兴奋、激动、行为暴烈，常有毁物伤人行为，常可出现丰富的幻觉，一般维持几小时或数周后缓解或进入木僵状态。严重时昼夜躁动不停，以致衰竭。

◆妄想型精神分裂症有什么特征？

发病年龄较各型为晚，起病缓慢，但亦有急性和亚急性起病者。

患者初期敏感、多疑，怀疑有人在背后议论或不信任自己；逐渐发展而形成关系妄想，总觉得周围发生的一切现象都与自己有关；此后，关系妄想所牵连的范围愈来愈广，而逐渐形成被害妄想，认为周围的一切变化都是有人为了要打击迫害他而故意布置的，还可有疑病妄想、嫉妒妄想、影响妄想等。半数以上同时存在幻觉，可出现在妄想形成之前或之后，大多为真性幻觉，以言语性幻听最为多见，也可出现幻视、幻触、幻嗅等。由于幻觉、妄想的影响，患者的情感活动多不稳定，常有愤怒和敌视的表情，有的则表现为疑惧或惶恐不安。与此同时，也可能出现异常行为，甚至自杀或凶杀。

◆如何治疗精神分裂症？

精神分裂症，除了患者本人的健康受到很大损害外，其家属及同事也背上了精力、经济及心理上的负担。所以，精神分裂症一旦发现应及时治疗。

积极治疗：对急慢性病例要采取积极治疗措施，可缓解病人症状、改善接触，促进精神康复，同时也可防止精神衰退。

康复治疗：在药物及各种治疗的同时配合以康复治疗，包括音乐治疗、工娱治疗、体育治疗等。

心理治疗：在疾病的不同阶段配合以恰当的心理治疗，发挥病人在治疗中的主观能动性，增强其战胜疾病的信心，帮助病人提高对疾病的认识，巩固疗效，使之将来能够重返社会。

院外治疗：对临床治愈或出现基本缓解的病人要加强院外治疗及管理，医生要进行定期复查或家庭随访，使之长期服用维持量的精神药物，可以减少精神分裂的复发及再次住院。

护理：急性期主要应做好病人的安全护理。精神分裂症病人的自杀或伤人最难预防。据统计，50%的精神分裂症病人有自杀企图，10%的病人自杀身亡。因此，无论对住院病人还是门诊病人均应提高预防病人自杀与伤人的警惕性。

第22章 心理咨询与治疗

——方法与原则

当你感到“今天有点烦”的时候，会不会想到找一把心情的梳子，梳理你纷乱的思绪？学会宣泄是调节心理平衡的重要方法，但由于各人自身因素、环境因素的不同，每个人的调节能力都有差异，当你凭自己的力量不能摆脱心理负担时，心理咨询就是你应该选择的方式。

心理咨询就是要帮助人形成自己应对环境的方法和技能，它应该是既治标又治本的。心理咨询不是简单地为你“打理心情”，而是交给你一把梳理心情的“梳子”。

因为，在现实生活中，我们每个人很多时候是认不出自己的，是很难看清自己的。而这层“糊里糊涂”的“面纱”并不能给人带来快乐。渴望了解自我是人天生的需要，因为只有了解自我，了解了真正的需求与愿望，才可以在现实中找到方向，明白生命的意义，才可以在走得很累很辛苦的时候，并不觉得委屈与懊悔；也只有了解了自我，才可以撕去太多的因所谓生活而戴上的种种面具，享受清新与安宁。一个人不能真正了解自身，纵使忙碌不停，终是茫然痛苦；纵使优裕富足，终是难耐空虚……

心理咨询就是与当事人一起去认识你自己，一起去探索心灵，感受真我，发现谜底，获得成长、成功的力量。因为心理咨询是一种心灵的对话，在这一时空中，你可以逐层褪下繁重的装束，可以放心地没有干扰地去看自己、思考自己，不会遭到嘲笑，不必忍受评价，有的只是倾听、关注、同感与挑战，你可以全神贯注地直抵心灵深处！不同的人，在不同的时期会遇到不同的问题，因此心理咨询对于每个人都是必需的，只是寻求的方式不同罢了。

◆什么是心理咨询？

心理咨询，是心理咨询师通过语言、文字等媒介，给咨询对象以帮助、启发和教育，使咨询对象的认识、情感和态度有所变化，解决其在学习、工作、生活、疾病康复等方面出现的心理问题，从而更好地适应环境、保持身心健康的过程。

◆**心理咨询与心理治疗有什么区别？**

心理咨询着重处理正常人所遇到的各种问题，诸如人际关系问题、职业选择问题、教育问题、婚姻家庭问题等；心理治疗着重治疗某些神经症、性变态、心理障碍、行为障碍、身心疾病、康复中的精神病患者等。

心理咨询的对象主要是正常人、正在恢复或已康复的病人；心理治疗的对象主要是心理障碍者。

心理咨询用时较短，一般咨询一次到几次即可。心理治疗耗时较长，从几次到几十次不等，需几个月甚至几年的治疗时间。

心理咨询在意识层次上进行，更重视教育性、支持性和指导性，着重改进或建议改进求助者的某些内在因素；心理治疗则主要在无意识领域中进行，具有对峙性，重点在于重建患者的人格。

心理咨询工作往往直接地针对某些有限的具体目标；心理治疗的目标是使人发生改变和进步，比较模糊。

◆**心理咨询有什么意义？**

帮助人们正确认识自我和周围的世界，拥有完善的认知体系，避免因为错误归因而导致种种失败。

教会人们如何管理自己的情绪、拥有积极稳定的情绪，避免罹患各种情绪障碍，如抑郁症、躁狂症、歇斯底里症等。

帮助人们完善人格，摆脱自卑、自恋、自闭等不良心态，从而更好地投入到学习、工作和生活中去。

帮助人们恢复爱的能力，学会幸福地工作、生活和爱。

帮助人们摆脱失业、失恋、离异等造成的痛苦，使人们学会应对生活挫折的方法。

矫治各种人格和神经症。

帮助人们度过人生各个发展阶段的种种危机。

没有心理问题的人是不存在的，心理问题只有轻重缓急之分。任何人在任何时候，都有可能遇到冲突、挫折，产生愤怒、焦虑，导致心理失衡，甚至酿成疾病。当人们产生了心理问题时，往往很难跳出自己的逻辑圈和情绪基调，家人、朋友、同事等因与当事人关系密切且认识水平有限，难以给予有效调解。此时，及时进行心理咨询，才是明智的选择和正确的途径。心理咨询的专业工作者，接受过专业训练，具有必要的心理学、医学知识和综合运用心理咨询理论与方法的能力，能够尊重、保护来访者的个人隐私，更不会歧视来访者。心理咨询就像精神按摩一样，是人们保持心理健康、促进心理发展的有效手段。

◆你了解心理门诊吗？

心理咨询门诊，包括精神病院、综合医院、学校、科研机构所属或私人开设的心理门诊和咨询、治疗中心。门诊心理咨询具有较好的隐蔽性、系统性，是心理咨询中最为主要和有效的方法。门诊心理咨询工作者主要是心理学家、受过心理咨询训练的医生及社会工作者等，主要采用与求助者直接面谈的工作方式。咨询对象主要是各种神经症、心身疾病、人格障碍、性障碍、情绪失调患者和存在心理困扰的正常人。门诊心理咨询可进行团体咨询，比如由一位或两位心理学专家主持、由多名成员参加的自助咨询小组，定期进行聚会，借助于团体关系进行咨询与治疗。团体咨询和治疗的最大好处是，通过团体的情感支持、群体的相互学习，使团体成员消除心理病症和困惑。

◆你打过心理热线电话吗？

源自20世纪50年代的热线电话的电话咨询，也是心理咨询的一种常见形式。心理咨询电话号码有专用号码，有专门的咨询人员24小时值班，有的还设有流动急诊小组。电话咨询在挽救生命、防止恶性事件发生等方面有很好的效果。不过，也不可避免地出现了一些以心理咨询为借口的收费电话服务，对此有关部门应加强规范。

◆哪些问题可以现场解决？

现场心理咨询是指心理咨询工作者深入到学校、家庭、机关、企业、工厂、社区等地方，现场接待求助者。其中发展最深入的是家庭心理治疗，把重点放在家庭成员之间的关系上，以整个家庭系统为对象，发现和解决问题，已发展为一种独立的咨询治疗形式。

◆你试过给心理咨询师写信吗？

书信心理咨询，就是咨询师根据求助者来信中提出的问题和描述的情况进行疑难解答和心理指导的心理咨询形式，适用于求助者路途较远或不愿暴露身份的情况。其优点是较少避讳，缺点是不能全面了解情况，只能提出指导性意见。一些心理咨询机构在接到求助者的信件时，往往给求助者寄去心理咨询的专用病史提纲，或者相应的心理或行为自评量表，让求助者按规定的形式填写后寄回，这样可以规范书信心理咨询。书信心理咨询的效果难以统计研究，但实际工作表明，书信咨询对于某些求助者是很有帮助的。

◆你看报纸杂志上的心理专栏吗？

专栏心理咨询就是通过报纸、杂志、电台、电视等传播媒体开辟一个专栏，介绍心理咨询、心理健康知识，或针对一些典型的问题进行分析、解答的一种咨询方式。目前，我国已经有许多报纸、出版物开辟了心理咨询专栏，许多电台、电视台也有相关节目。专栏心理咨询覆盖面大、科普性强，但针对性不强，实际上其作用更重要的是普及相关知识，而非真正的心理咨询。

◆你向朋友倾诉问题吗？

研究发现，很多人在遇到心理困扰的时候，最先向朋友倾诉和寻找帮助，只有很少数人去寻求专业的帮助，心理学上称之为朋辈心理咨询，简称“朋辈咨询”。近年来，朋辈咨询逐渐受到重视和运用，成为高校心理辅导重要的形式之一。这也让在校学生改变了只有专业心理咨询师才能开展助人活动的认知，让越来越多的学生自己成为高校心理咨询的主体，充分发挥了学生心理教育的主动性。例如，通过朋辈辅导员对高校“三困生”进行个案工作，可以扩大心理教育的服务对象，相对于专业咨询而言，更能为这些有需要的群体和个体提供及时有效的社会支持和心理扶植。由于朋辈咨询具有实施方便、推广性强、见效较快的特点，其在心理教育领域的应用逐渐受到重视。朋辈咨询是由受训或督导过的非专业人员提供具有心理辅导功能的帮助过程，相对专业心理咨询而言，被称为“准心理咨询”或“非专业心理咨询”。

◆什么是团体心理咨询？

团体心理咨询，由英文 group counseling 翻译而来，group 可译为小组、团体、群体、集体，counseling 可译为咨商、咨询、辅导，所以团体咨询与小组辅导、集体咨询、团体辅导概念相同。团体心理咨询，顾名思义，它是在团体情境下提供心理帮助与指导的一种咨询形式，即由咨询员根据求询者问题的相似性或求询者自发，组成课题小组，通过共同商讨、训练、引导，解决成员共同的发展或共有的心理问题。从习惯上讲，中国台湾多用团体咨商或团体辅导；中国香港多用小组辅导；中国内地多用团体咨询、集体治疗。

所谓团体，即指超过两个人的人群，例如家庭、学校、企业等都是团体。相对于个别心理咨询，团体心理咨询是一种经济而有效的方式。

◆心理咨询中有哪些方法与技巧？

咨询师沟通并帮助求助者自我成长的常用手段，是心理咨询区别于一般社交咨询的主要指标。但是，心理咨询流派很多、争议纷纭，因此以下几个方法只是一般心理咨询中常用的技巧，并不能代表心理咨询中的所有技巧。这几个常用方法包括：

倾听。倾听是心理咨询的核心与先决条件。它要求咨询师认真听求助者讲话、认同其内心体验、接受其思维方式，以达到设身处地的效果；尽量克制自己插嘴讲话的欲念，不以个人的价值观念来评价求助者的讲述。倾听不是要求咨询师放弃个人信念与价值观，而是要让他学会在不放弃个人信念与价值观的条件下接受他人的信念与价值观，以能够更好地做出由衷的同感反应。倾听不是被动的、消极的活动，而是主动的、积极的活动。学习心理咨询的过程其实也是学习倾听的过程。

探讨。探讨是咨询师帮助求助者积极认识、思考成长中的挫折与障碍的过程，是心理咨询的重要环节，其意义在于帮助当事人在解决困难当中认清个人的愿望及克服困难的方法。它要求咨询师多提问题、少加评论，多做启发、少做说教，多鼓励对方讲话、少讲个人意见。但少做说教并不意味着咨询师在探讨中要被动、消极地完全认同求助者所讲的每一句话，实际上要求咨询师学会以提问来表达自己的不同意见，以讨论来加深求助者对困难与成长的辩证关系的认识，从而启发当事人加强自信、自我发展。

质问。质问是咨询师对求助者的认知方式与思维方法提出挑战与异议的过程，是心理咨询的重要手段，目的在于推动求助者重新审视生活中的困难与挫折，克服认知方式中的片面性与主观性，以进一步认识自我、开发自我。质问的意义不在于否定对方、贬低对方，而在于开启对方、激励对方。质问要以尊重为前提，以同感为基础。

自我披露。指咨询师在求助者面前有效地披露个人生活的有关经历、行为与情感，以推动求助者认识自我、发展自我。咨询师的自我披露已成为心理咨询技巧的重要组成部分。自我披露可传达咨询师的关切，缩短与求助者之间的情感距离。自我披露也是接纳与真诚一致的表现形式。但自我披露不宜过分使用，否则不但会混淆心理咨询的核心与目标，还会使求助者对咨询师产生不必要的误会。自我披露其实是心理咨询界最富争议的一项技巧。

◆华佗怎样治好了太守的病？

据《后汉书》记载，华佗时代，某地有一太守，因忧思郁结患病，久治无效。后请名医华佗诊治，华伦闻得太守的病情后，开了一个奇妙的治疗“处方”：他故意收取了太守的许多珍宝后不辞而别，仅留下一封讽刺讥诮太守的信札。太守见信后勃然大怒，命人追杀华佗，但华佗早已远去。于是，太守愈加愤怒，竟气得吐出许多黑血。不料黑血一吐，多年的顽疾竟随之痊愈。华佗运用心理治疗，以“怒胜忧思”之术，治好了太守的“心病”与“身病”。可见，心理治疗在中国古代就已得到了绝妙的应用。

所谓心理治疗，是指应用心理学的理论和方法，改变病人的认知、情绪、意志和行为，来消除症状、治愈疾病的一种治疗方法。同时，心理治疗还可以通过改变人们对心理致病因素的认识，改善人们对社会的适应能力而起到预防疾病的作用。心理治疗与精神刺激是对立的：精神刺激是指用语言、表情、动作给人造成精神上的打击、创伤和不良情绪反应；心理治疗则是用语言、表情、动作、姿势、态度和行为给人施加心理影响，解决心理矛盾，治疗疾病，恢复健康。

◆心理治疗有几类？

心理治疗大致可分为两类：一般心理治疗和特殊心理治疗。

医生在日常治病活动中，除用药物等手段治疗病人的疾病外，其言语、表情、态度、行为等因素也都时刻影响着病人。在治疗疾病的过程中，医生通过与病人的接触，改善病人因疾病引起的不良情绪、对疾病的认识及态度，使病人变消极被动为积极主动，树立战胜疾病的信心。这些都属于一般心理治疗。一般心理治疗不仅适用于心理疾病，而且还适用于医学临床各科病人。

所谓特殊心理治疗，就是具有特殊的理论学说、操作技术及适应对象的心理治疗方法，包括行为治疗、认知疗法、精神分析疗法、患者中心疗法、催眠暗示治疗、支持性心理治疗、疏导性心理治疗及人际关系治疗等。音乐疗法、舞蹈疗法、体育疗法、园艺疗法、芳香治疗、按摩及中医推拿、气功疗法、森田疗法、内观疗法等，是近年发展起来的具有较好的心理和生理调节作用的疗法。

◆心理治疗有什么原则？

接受性原则。即对所有求治的心理“病人”，不论心理疾患的轻重、年龄的大小、地位的高低、初诊再诊都一视同仁，诚心接待，耐心倾听，热心疏导，全心诊治。

支持性原则。即在充分了解求治者心理疾患的来龙去脉和对其心理病因进行科学分析之后，施治者通过言语与非言语的信息交流，予以求治者精神上的支持和鼓励，使其建立起治愈的信心。

保证性原则。即通过有的放矢、对症下“药”、精心医治，以解除求治者的心理症结及痛苦，促进其人格健康发展、日臻成熟。

这三个原则相互联系、相互影响，是一个有机整体，但接受性原则是首位的。

◆什么是有效的心理治疗？

一般而言，有效的心理治疗应达到下列目标：

解除病人的症状。可以从三个方面来考察：病人心理治疗前后的一些心理测试结果，治疗病人的朋友与家人对病人的评价，治疗前后病人的社会适应性。

提供心理支持。帮助病人增加对环境的耐受性，降低易感性，提高心理承受力，增加应付环境和适应环境的能力，使之能自如地适应社会。

◆什么是支持性心理治疗？

支持性心理治疗也称“一般心理治疗”，是一种较简单且常用于临床各科的治疗方法。该方法通过精神上的保证、解释、疏泄、鼓励、教育、暗示等方式，给病人以精神支持，减轻病人的焦虑、抑郁、退缩、自卑、绝望等负性情绪，增强病人的防御功能，促使患者更快更好地适应环境，利用各种条件最大限度地主动积极地配合治疗。

倾听、支持和保证，被称为一般心理治疗的三原则，适用于各种病人。首先是无怨的倾听，鼓励病人毫无顾虑地诉说；接着是强有力的支持，对病人的诉说设身处地地理解和接受，帮助病人树立信心；然后是真挚的保证，即在认真检查后以明确、肯定的语气，做出适当保证，如疾病不是恶性的等。

◆怎样进行支持性心理治疗？

倾听、劝慰。以同情、谅解的态度，鼓励病人倾诉内心苦闷和不快遭遇，使病人郁积的不良情绪宣泄出来，并给予劝慰、谅解和适当而积极的评价，常可使其病情大有好转。心理治疗者切忌对不清楚的问题武断表态及不尊重个人秘密。

保证。如果医师和患者关系良好，在患者心目中威望很高，并且通过详细了解病史和周密检查后确定患者的症状是功能性的，那么对患者给予有力的保证，能减轻其焦虑等负面情绪，唤起希望和信心，促进病情好转。保证方法适用于焦虑或多疑病症患者。

解释。在充分了解患者病情和心理特征的基础上，根据充分的事实根据，运用通俗易懂的言语和商讨的态度，给予病人能够接受的解释，帮助病人澄清问题的实质，有助于消除病人的疑虑、增强其解决问题的信心。心理治疗者首先应深入了解病人的心理，鼓励病人说出疑虑，充分重视病人身上的积极因素，使解释适合病人的心理特点。有时可请亲友参加解释或请病愈者“现身说法”，以增强说服力。解释切忌强加于人；武断、消极或模棱两可的解释会引起病人的焦虑与误解，增加治疗的困难。

鼓励。如果病人有积极的行为变化，心理治疗者应及时给予肯定、赞许和鼓励，这样能帮助病人振奋精神、鼓舞斗志，促进病人积极配合治疗，使病情好转。有效的鼓励必须真诚、具体和及时。对于慢性病人，点滴进步也要及时肯定，并且要集中赞扬他们自身的努力。

暗示。暗示是指心理治疗者用言语给病人灌输某种观念，使病人不经逻辑判断而直接接受，从而消除症状。结合电刺激或葡萄糖酸钙、蒸馏水注射，可以增强言语暗示的效果。暗示也是催眠治疗法常用的技术。人人都有接受暗示的倾向，只是程度各有不同。

教育。有些人因为医学知识不足和误解而产生病症，如焦虑性阳痿等，医生可对其讲解必要的医学知识，通过教育帮助其消除症状。

改变环境。某些心理障碍或神经症患者，尤其是儿童、青少年患者，其患病可能和父母的态度、人际关系或实际困难有关。在这种情况下，医生帮助改变患者父母的态度、实际困难等环境问题，是成功治疗的关键。

◆怎样治愈酒精依赖患者？

所谓行为疗法，是从心理学原理出发，应用学习理论或条件反射的方法，对个体反复训练，来矫正患者不适应和不良行为的一种心理治疗方法。行为治疗和传统的精神分析方法不同，它没有无意识动机的假设，也不注重言语会谈，而是着重通过技能、动机和操作的变化来矫正不良行为。

行为治疗的适应症包括以下内容：

部分神经症，如恐惧症、焦虑症、强迫症等。

不良习惯，如职业性肌痉挛、口吃、咬指甲、遗尿等。

自控不良行为，如肥胖症、神经性厌食、烟酒及药物成瘾等。

性功能障碍，如阳痿、早泄、阴道痉挛等。

性变态行为，如恋物癖、窥阴癖、露阴癖、异性装扮癖等。

药物依赖，如酒精依赖等。

获得性不良行为，如精神分裂症等。

精神发育不全。

各类身心疾病。

◆什么是系统脱敏法？

作家毕淑敏在《青虫之爱》里写了一个这样的故事（以下内容为节选）：

我有一位闺中好友，从小怕虫子。不论什么品种的虫子都怕。披着蓑衣般茸毛的洋辣子，不害羞地裸着体的吊死鬼，一视同仁地怕。甚至连雨后的蚯蚓，也怕。

……

女友说，后来有人要给我治，说是用“逐步脱敏”的办法。比如先让我看虫子的画片，然后再隔着玻璃观察虫子，最后直接注视虫子……

原来你是这样被治好的啊！我恍然大悟道。

嗨！我根本就没用这个法子……

有一天，我抱着女儿上公园，那时她刚刚会讲话。我们在林荫路上走着，突然她说，妈妈……头上……有……她说着，把一缕东西从我的头发上摘下，托在手里，邀功般地给我看。

我定睛一看，魂飞天外，一条五彩斑斓的虫子，在女儿的小手内，显得狰狞万分。

我第一个反应是像以往一样昏倒，但是我倒不下去，因为我抱着我的孩子……

第二个反应是想撕肝裂胆地大叫一声……但我立即想到，我一喊，就会吓坏了我的孩子……

如果我害怕，把虫子丢在地上，女儿一定从此种下了虫子可怕的印象。在她的眼中，妈妈是无所不能无所畏惧的，如果有什么东西把妈妈吓成了这个样子，那这东西一定是极其可怕的。

……当年我的妈妈，正是用这个办法，让我从小对虫子这种幼小的物体，骇之入骨……

不行，我要用我的爱，将这铁环砸断。我颤巍巍伸出手，长大之后第一次把一只活的虫子，捏在手心，翻过来掉过去地观赏着那虫子，还假装很开心地咧着嘴，因为女儿正在目不转睛地看着我呢……

那一刻，真比百年还难熬。女儿清澈无瑕的目光笼罩着我，在她面前，我是一个神。我不能有丝毫的退缩，我不能把我病态的恐惧传给她……

不知过了多久，我把虫子轻轻地放在了地上。我对女儿说，这是虫子。虫子没什么可怕的。有的虫子有毒，你别用手去摸。不过，大多数虫子是可以摸的……

那只虫子，就在地上慢慢地爬远了。女儿还对它扬扬小手，说："拜……"

系统脱敏疗法，是行为疗法中的一种，指在条件反射和肌肉放松结合的基础上，通过交互抑制原理治疗疾病的方法。主要用于治疗恐惧症和焦虑症，主要采取三个步骤：松弛训练、等级结构训练及松弛与等级结构结合训练。

◆什么是认知疗法？

认知疗法，是根据认知过程影响情感和行为的理论假设，通过认知和行为技术来改变病人的不良认知，从而矫正不良行为的一种心理治疗方法，于20世纪60—70年代在美国产生。认知疗法的基本观点是：认知过程及其导致的错误观念是行为和情感的中介，适应不良行为和情感与适应不良性认知有关。它的主要着眼点放在患者非功能性的认知问题上，意图通过改变患者对己、对人或对事的看法来改变并改善病人的心理问题。

认知疗法不同于传统的行为疗法，因为它不仅重视适应不良性行为的矫正，而且更重视改变病人的认知方式和协调其认知、情感和行为；认知疗法也不同于传统的内省疗法或精神分析，因为它重视病人意识中的事件而不是无意识。

运用认知疗法，医生要与病人共同找出适应不良性认知，并提供"学习"或训练方法以矫正这些认知，使病人的认知更接近现实和实际，从而使心理障碍逐步克服。

认知疗法的适应症包括情绪障碍、

抑郁症、焦虑症、抑郁性神经症、强迫症、恐惧症、行为障碍、人格障碍、性变态、性心理障碍、偏头痛、慢性结肠炎等身心疾病。认知疗法主要用来治疗抑郁症，尤其是单相抑郁症（内因性抑郁症）的成年病人，也可作为神经性厌食、性功能障碍和酒精中毒等病人的治疗方法。

◆认知疗法有几个步骤？

认知疗法一般分为以下四个治疗过程。

建立求助动机。治疗医师要认识适应不良的认知—情感—行为类型，和病人一起达成一致的病症认知，对不良表现给予解释并估计矫正所能达到的结果。

矫正适应不良性认知及行为，使病人发展新的认知和行为来替代适应不良的认知和行为。

日常生活中培养观念竞争，用新的认知对抗原有的认知。要让病人练习将新的认知模式用到社会情境之中，以取代原有的认知模式。

改变有关自我的认知。作为新认知和训练的结果，要求病人重新评价自我效能以及自我在处理认知和情境中的作用。

◆认知疗法有哪些常用的治疗技术？

改变患者现实评价的技术

正常人能够区分主观与客观、假设与现实，知道在接受假设以前先进行检验，但病人常把二者混为一谈，如偏执病人认为别人的一言一行都与自己有关，焦虑病人把任何风吹草动都视为危险信号，即他们的认知评价不能正确反映现实。要解决这一问题，医生可直接或间接地运用认识论的原理，让病人充分认识到自己认知的局限性：①人的感觉器官功能有限，对现实的感知不同于现实本身；②对感知的解释依赖于认知过程，此过程容易受生理、心理问题的影响。

改变患者信条的技术

人们主要根据自己的价值观念或信条来评价自我和他人、评价外在事物、调节生活方式和人际关系。如果信条定得太绝对或使用不当，就会产生适应不良，导致焦虑、抑郁、恐怖、强迫等不良现象。如“要幸福，必须每件事都成功”“不成功，就是失败”“一个人的价值取决于别人如何看待自己”“失败了就完了”“我应该做个好爱人、好朋友、好父母、好老师、好学生”“我应该知晓、理解和预示未来”“我应该自信能解决每一个问题”“我应该把每一件事都做好”等等。

治疗方法：帮助他们明确使自己受痛苦的信条认知，要他们充分认识到“金无足赤、人无完人”，降低自己的目标和期望，正确认识失败，增加对失败的耐受性，为自己留下“后路”；分析“应该”信条的非现实性和非统一性，改变“应该”信条，使之更现实、更富有弹性。

◆什么是森田疗法？

森田疗法是由日本精神病学家森田正马博士于20世纪20年代创立的心理疗法。他在总结国内外心理治疗方法以及自己10多年临床治疗经验的基础上，反复探索实践，不断改进完善，创立了这种基于东方文化背景的、独特的、自成体系的心理治疗的理论与方法。

森田疗法自创立以来，以其对神经症治疗所取得的良好的临床疗效而引起学术界广泛的关注和重视，并获得了高度的评价。西方人称森田博士为“日本的弗洛伊德”。国际森田疗法学会于1991年成立。在我国，1992年召开了首届森田疗法研讨会。1994年4月底，第三届国际森田疗法大会在北京国际会议中心召开，来自41个国家的300多名代表就森田疗法的研究及应用进行了广泛而深入的学术交流。我国森田疗法学会已正式成立。

森田疗法的适应症主要是神经质症，包括神经衰弱、强迫症、恐惧症和焦虑症。据日本的研究报道，患者采用森田疗法的痊愈率达60%左右，好转率达30%左右。近年来，森田疗法适应症正在扩大，对药物依赖、酒精依赖、抑郁症、人格障碍、精神分裂症等患者运用此疗法也取得了一定的效果。

◆森田疗法有什么特点？

不问过去，注重现在。森田疗法采用“现实原则”，不去追究患者过去的生活经历，而是引导患者把注意力放在当前，鼓励患者从现在开始，让现实生活充满活力。

不问症状，重视行动。森田疗法注重引导患者积极地去行动，“行动转变性格”，“照健康人那样行动，就能成为健康人”。

生活中指导，生活中改变。森田疗法提倡患者在实际生活中像正常人一样生活，同时改变患者不良的行为模式和认知。

陶冶性格，扬长避短。森田疗法提倡通过积极的社会生活磨炼，发挥性格中的优点，抑制性格中的缺点。

森田疗法一般分四期。

静卧期，主要目的是根本解除患者精神上的烦恼和痛苦。使之静卧不仅可调整身心疲劳，还可通过对精神状态的观察进行鉴别诊断。

轻工作期，要求患者进行自发性活动，超越自我意识。

重工作期，提倡患者排除价值观，体验并非不可能之事。

复杂的生活实践期，提倡患者读书与外出，发扬朴素情感。

◆森田疗法的治疗原则有哪些？

顺其自然

症状出现时，既来之则安之，对其采取不在乎的态度，不把其视为特殊问题，以平常心对待。顺其自然不是放任自流、无所作为，在自然接受自己的症状和情绪的同时，患者也要努力带着症状去做自己应该做的事。

忍受痛苦，为所当为

神经质症患者无论多么痛苦，都应该做到忍受痛苦，投入到实际生活中去，做应该做的事情，这样就可以在不知不觉中得到改善。比如人际恐惧者要忍着恐惧心理坚持与人接触，洁癖者偏偏要其接触“脏物”等。当患者把原来集中于自身的精神能量投向外部世界、在行动中体验到自信与成功的喜悦时，症状就会自然淡化乃至消失。

目的本位，行动本位

森田疗法主张“与其想，不如做”，要求患者以行为为准则，对于不受意志支配的情绪不予理睬，要重视符合自己心愿的行动，为实现既定目标去行动，唯有行动和行动的成果才能体现一个人的价值。

克服自卑，保持自信

神经质者做事务求尽善尽美，结果只能使自己感到失望、失败，从而失去信心，自卑自责。自信产生于努力之中，认为有了信心才能去行动是荒谬的，而应该大胆去做，哪怕有可能失败。只要努力就有可能成功。

目前，森田疗法主要有三种运用形式：住院式森田疗法、门诊式森田疗法和生活发现会。要根据患者症状的轻重、社会功能影响的大小，选择适当的方法。

◆什么是音乐治疗？

有人说，你可以不相信上帝，但你不可以不相信音乐。可见音乐对于人的意义与重要性。

音乐治疗是一门很年轻的应用学科。因为受文化、历史、经济、政治、医疗条件等因素的影响以及各国专家开展音乐治疗的领域和治疗方法的不同，使得不同国家、不同民族的音乐治疗师对音乐治疗产生了不一致的定义，所以目前还没有统一的学科标准定义。但简单地说，音乐治疗就是研究音乐对人体机能的作用，以及如何应用音乐治疗疾病的学科。运用一切音乐活动的各种形式，包括听、唱、演奏、律动等各种方法，使人达到健康目的。现代的音乐治疗最初起源于美国，后来发展至世界各国，因此，在目前的世界音乐治疗学术界，美国的音乐治疗专业技术，特别是音乐心理治疗实践研究一直是值得其他国家借鉴的。

◆什么是芳香疗法？

芳香疗法主要运用植物精油，这些植物精油由很多很小的分子组成。它们具有高流动性和高挥发性的特点，使得它们容易渗透进人的肌肤，或挥发到空中被人体吸入，从而使我们的神经受到安抚，心境变得愉悦，对人的情绪和身体产生功能性的作用。也就是说，精油能强化人体的心理和生理机能。

每一种植物精油各有自己的特殊功能，因为每种植物精油都有一个化学结构来决定它的香味、色彩和它与人体系统运作的方式。简单地说，芳香疗法就是有效地运用芳香精油，促进人的身体和情感的健康。芳香疗法在一定程度上帮助了人们维持和改善健康，也激发了人们对生活新的热忱和积极的健康观念。

◆什么是催眠暗示疗法？

催眠暗示疗法，是医生使用催眠术使患者进入睡眠状态，通过暗示作用治疗疾病的一种方法。该疗法很早就应用于临床，均由专业人员进行。

催眠暗示疗法要求安静、光线暗淡的治疗环境。患者受暗示性越强，被催眠的效果越好。实施催眠者的语言要温和、简短、明确有力，内容根据患者的主要症状决定。催眠的方法很多，一般有催眠术催眠和药物催眠。

催眠与睡眠区别很大，睡眠中的人一般不会对外界的刺激做出反应；而被催眠的人对实施催眠者的一切言行都非常敏感，只能按其指令做各种反应，进而在大脑皮层中建立新的兴奋点，借助负诱导作用抑制原先的病态行为。

催眠暗示疗法的适应症主要是神经症和某些身心疾病，如癔症性遗忘症、失音及瘫痪、恐惧症、夜尿症、慢性哮喘、痉挛性结肠、痉挛性斜颈、口吃等。

◆催眠术实施有哪些要点？

治疗前，向病人说明催眠的性质和要求、治疗目的和步骤，以取得病人的同意和充分合作；测试病人的受暗示性程度——催眠治疗成功与否的关键，方法大致包括嗅觉灵敏度测试、平衡功能测试、记忆力测试和视觉分辨力测试等几种，然后统计测试分数，分数越高，被催眠的可能性就越大。

治疗时，要求治疗环境光线暗淡、安静、温度适中；患者选择舒适体位、调整呼吸、放松肌肉；患者进入催眠后，暗示诱导病人暴露压抑在内心的情感冲突记忆，然后进行疏导。一般催眠治疗多采用间接法：令病人凝视或倾听催眠物，同时治疗者给予言语暗示，用单调、低沉、肯定、柔和的言语反复暗示，使患者进入催眠状态。催眠状态的深度一般分为三等：轻度、中度和深度。

治疗结束时，实施催眠者要向患者明确指出，这次治疗已取得疗效，并嘱咐患者照此锻炼。

治疗初期，每周进行2—3次，以后每周1次，一般不超过10次，每次治疗结束时，用言语暗示病人继续睡下去，后转入自然睡眠。解除催眠状态不宜过于急促，最好慢慢地让病人醒来。

据有经验的催眠治疗家统计，人

群中能进入催眠状态的约占 70%—90%，仅有 25%的人能达到深度催眠。催眠疗法的实施是一件严肃的事情，选择病人要严格，一般须由受过训练的精神科或其他临床医生和心理学家担任。学者对催眠疗法疗效的评价褒贬不一。多数学者认为，该疗法疗效不持久，而且副作用多。因此，必须由具备充分的精神病学知识的医生实施，且禁止用于精神病人和具有明确癔病性格的大部分患者。

第23章

心理学的领域应用

——方向与发展

心理学的发展朝向心理科学的视角，向着实验科学转变，从而大大促进了心理学各分支学科的发展，同时也使得心理在工程、教育、医学、管理等领域中得到越来越多的应用。心理学的应用领域很广泛，正如有人这样说心理学：只要有人的地方，就会用到心理学。

那么心理学又究竟运用在哪些领域呢？

以活动领域为研究对象，心理学可以分为：工程心理学、医学心理学、司法心理学、教育心理学、管理心理学、军事心理学、外交心理学、体育心理学、文艺心理学、动物心理学等等。

以不同群体为研究对象，心理学可以分为：儿童心理学、青年心理学、老年心理学、男性心理学、女性心理学、驾驶员心理学、飞行员心理学、宇航员心理学、指挥员心理学等等。

以某种特性为研究对象，心理学又可分为：性心理学、犯罪心理学、嫉妒心理学等等。

本章节我们一起来学习心理学在日常生活中的应用。

◆什么是应用心理学？

应用心理学研究心理学基本原理在各种实际领域的应用，包括工业、工程、组织管理、市场消费、社会生活、医疗保健、体育运动以及军事、司法、环境等各个领域。由于人们在工作及生活方面的需要，因而应用心理学随着经济、科技、社会和文化迅速发展，也成为心理学中迅速发展的一个重要学科分支，并且有着日益广阔的前景。

◆什么是教育心理学？

教育心理学，是研究教育和教学过程中教育者和受教育者心理活动现象及其产生和变化规律的科学，是心理学的一个分支，也是一门介于教育科学和心理科学之间的边缘学科。研究的内容主要是学校教育过程中心理活动的规律，研究教育教学情境中教与学的基本心理规律，研究教育教学情境中师生教与学相互作用的心理过程、教与学过程中的心理现象。

教育心理学与普通心理学和教育学都有密切关系，但是教育心理学既不是简单地应用普通心理学的知识解释或者说明教育和教学的现象，更不是把教育和教学过程当作心理活动的一般过程，而是要揭示在教育和教学的影响下，学生的外部信息与内部信息的交换过程和交互作用中所引起的机能系统的变化与控制的规律。教育心理学研究的对象，是在教育和教学影响下学生的心理活动及其发展规律。如学生掌握知识技能、道德规范及其个性形成等心理规律、学生本身的体质和心理发展的关系，以及学生和教师、学生和学生之间相互影响的心理因素等等。

◆什么是儿童心理学？

儿童心理学是研究儿童的心理发生与发展的特点及其规律的一门学科，是发展心理学的一个分支。儿童心理学一般以个体从出生到青年初期（14—15 岁）这一时期的心理的发生和发展为研究对象。儿童心理学的研究在儿童教育、儿童文艺、儿童医疗卫生、儿童广播电视等实践领域中也具有积极而重要的意义。

儿童心理学的研究很早，甚至可以追溯到西欧文艺复兴后的一些人文主义教育家，例如卢梭、裴斯泰洛齐、福禄贝尔等。他们提出“尊重儿童、了解儿童”的新教育思想，为儿童心理学的产生奠定了最初的思想基础。到了 19 世纪后半期，儿童心理学的创始人、德国生理学家和实验心理学家普赖尔，系统地对自己的孩子从出生到 3 岁这一阶段进行观察，有时也进行一些实验性的观察，最后将所有的观察记录整理成一本《儿童心理》，并于 1882 年出版。该书被公认为第一部科学的、系统的儿童心理学著作。从此，科学的儿童心理学产生了。

◆什么是社会心理学？

社会心理学是一门研究个体和群体的社会心理现象的学科，是心理学的一个分支，也是心理学和社会学之间的一门边缘学科。其中，个体社会心理，是指受他人和群体制约的个人的思想、感情和行为的现象，如人际吸引、社会促进等等；群体社会心理，是指群体本身特有的心理特征的现象，如群体凝聚力、群体决策等等。

受心理学与社会学这两个学科的影响，从一开始社会心理学就存在着两种理论观点不同的研究方向：社会学方向的社会心理学与心理学方向的社会心理学。虽然在解释社会心理现象上有不同的理论观点，但这并不妨碍社会心理学作为一门独立学科应具备的基本特点。那就是社会心理学主要研究主体与社会客体之间的特殊关系，即人与人、人与群体之间的关系。

◆**什么是法律心理学？**

法律心理学主要研究人们在司法活动中的心理活动和规律。根据研究内容的差异，法律心理学又可分为犯罪心理学、审判心理学、侦察心理学、司法鉴定心理学等。

犯罪心理学主要研究犯人作案的动机、对罪犯的有效教育改造等问题；审判心理学主要分析犯人供词和证人证词的可靠性问题；侦察心理学研究案件侦破过程中所应遵循的心理规律；司法鉴定心理学主要的目的是运用临床精神病学知识，对疑似精神病人的被告及其他诉讼当事人进行心理鉴定，为确定其法律责任提供科学的依据。

◆**什么是犯罪心理学？**

犯罪心理学是一门研究犯人的意志、思想、意图与反应的学科，是司法心理学的分支学科。狭义的犯罪心理学，主要研究犯罪人即犯罪主体的心理和行为，就是说研究犯罪心理和犯罪，包括犯罪主体的心理过程和个性心理、犯罪心理结构形成的原因和过程、犯罪行为的机理、犯罪心理发展变化的规律以及怎样对犯罪心理结构施加影响和加以教育改造等。广义的犯罪心理学，研究内容除了包括狭义的犯罪心理学的研究对象之外，还包括研究犯罪对策的心理学问题，如预防犯罪、惩治犯罪以及教育改造罪犯的心理学问题；有犯罪倾向的人的心理；刑满释放人员的心理；被害者心理、证人心理、侦查心理、审讯心理、审判心理以及犯罪的心理预测等等。简单地说，广义的犯罪心理学既研究犯罪人的心理和行为，又研究与犯罪做斗争的对策心理学部分，即被认为是司法心理学的有关内容。

◆**什么是跨文化心理学？**

跨文化心理学是一门心理学分支学科，以两种以上的文化资料为基础，研究不同文化背景下人的心理的共同性、差异性，以及社会文化特点对心理产生的影响。跨文化心理学致力于检验已有的理论和发展具有普世性的心理学，同时也探讨特定文化下所形成的特定的心理特征和行为表现。

文化人类学研究和心理学研究为跨文化心理学提供了两个基本来源。前者指出了不同文化中存在的心理特征的巨大差异，后者通过对文化与环境的分析提供对这些差异的解释。根据大量的研究，有专家认为不同的文化对于人们的行为所起的作用不同，因而塑造出在不同文化中的人的不同行为特征，这便是文化相对论。20世纪60年代以来，跨文化心理学在基本理论、研究方法和成果等方面都取得了很大的发展，也发展了一些比较独特的研究技术，如人种学现场技术、比较文化的调查和访问、全文化研究方法、文化关系区域档案的描述等。

◆什么是工业心理学？

主要包括管理心理学和工程心理学两大块。

管理心理学主要研究员工的选拔、培训、评价、使用等人事组织问题，还研究领导行为、组织结构、工作动机、激励手段、意见沟通等心理学问题。研究目的是调动人的积极性，充分发挥人的潜在能力，营造和谐的工作气氛，提高工作效率。

工程心理学主要研究现代工业人机系统，即人和机器的关系。目的是使设备的工程设计充分考虑人体活动特点，最大限度提高工作效率。例如，工厂的照明、温度等工作条件，交通工具中的仪表安置等等都是工程心理学研究的内容。另外，现代工业劳作中，员工的心理活动特点和规律也是其研究内容之一。

◆什么是工程心理学？

工程心理学，又称人类工效学，在美国又称为“人的因素”“人类因素学”或“人类因素工程学”，在欧洲称为“工效学”。主要研究人与设备的关系和人与工作环境的关系。在人从事生产活动时，形成了一个“人—机—环境”系统（man-machine-environment system）。人的工作效能不仅依赖于人的身心素质和机器、环境的特性，还取决于人和机、和环境的配合。

一个良好的人—机—环境系统除了处理好人机关系之外，还要使环境因素控制在人所能承受的限度内，最好把它控制在最有利于提高人的工作效能的最佳点上。例如测定人体静态结构、动态功能尺寸和人体生物力学参数，使得工作空间、工作台、驾驶舱、控制器和其他各种个体用具的设计和安排更适合使用者的体质特点；研究人的传信特点和能力限度、信息加工模型，使得设计的机信息交换装置更优质化；研究人在工作超负荷或低负荷时，特别在告警应急时的反应能力和行为特点，可提高系统的可靠性；另外，人的能力的个别差异和影响能力水平发挥的主客观条件等，也是工程心理学研究的重要课题。

◆什么是人事心理学？

德国心理学家斯特思 1903 年最早提出人事心理学这一名称。后来，在美国哈佛大学任教的心理学教授闵斯特伯格，最先把心理测验的方法运用于职业选拔和培训，并于 1913 年出版了《心理学与工业效率》一书。

人事心理学是运用心理学的原理和方法，处理人事管理问题的心理学科，是工业心理学的一个分支。人事心理学的目的在于充分利用人力资源，促进组织目标的实现，维持组织的生存与发展。其主要内容包括工作分析、人员选拔、职业训练、考核与评价、报酬与奖励、福利与安全、人员沟通等方面。简单地说，人事心理学就是根据心理学的原理，对在职人员进行心理测试，为进行知识性和技能性的训练提供科学的方法。进而增进个人的工作技能，提高工作效率，改善组织的维系功能，增进上下级的合作和协调人际关系，从而促进组织效率等等。

◆什么是劳动心理学？

劳动心理学主要研究劳动作业的内容、方式、方法与人的工作效能的关系问题。例如工作规划、操作流程设计，工作场地安排，工作定额测定与评价，操作时间动作分析，工作方法合理化，操作程序标准化，工作负荷与职业紧张，疲劳与休息，工作时与轮班制，劳动安全与事故分析等，都是劳动心理学的研究内容。

◆什么是商业心理学？

商业心理学主要研究商业活动中人的心理活动的特点和规律，运用心理学的原理和方法解决商业活动中有关的人的行为问题。它包括市场心理学、广告心理学和消费者心理学等分类。

市场心理学主要研究人的心理因素在市场供求关系中的作用；广告心理学主要研究广告、商标、包装的设计及其心理效果的评价等；消费者心理学主要研究商品生产、流通过程中以及服务行业中消费者的心理规律，如购买动机和行为特点的分析等等。

商业心理学的研究是商业竞争的重要手段，在成熟市场经济国家中很受推崇。

◆什么是消费心理学？

企业产品的营销活动中，要使产品的生产、销售对路，就必须经常对市场情况和消费者的需要进行调查、分析，为新产品开发或调整工艺提供依据，因而就产生了消费心理学。企业生产了产品之后，还需要通过各种形式把产品介绍给顾客和用户。广告就是宣传产品的惯用形式。为了提高广告的作用，就需要对广告的设计、传播做心理学的研究，因而广告心理学也就成了消费心理学中的重要组成部分。

◆什么是医学心理学？

医学心理学是关于健康和疾病问题的心理学，主要研究心理因素在治病和维护健康方面的作用，以及医护人员和病人在医疗过程中的心理活动和行为特点。

医学心理学还研究精神药物的作用、心理治疗的方法、病人的康复过程等问题。医学心理学家也从事一些心理卫生和心理咨询工作，帮助人们促进身心健康。

◆什么是认知心理学？

认知心理学是20世纪50年代中期在西方兴起的一种心理学思潮，到了20世纪70年代开始成为西方心理学认识心理学的一个主要研究方向。它研究人的高级心理过程，主要是认知过程，如注意、知觉、表象、记忆、思维和语言等；研究那些不能观察的内部机制和过程，如记忆的加工、存储、提取和记忆力的改变。以信息加工的观点研究认知心理过程是现代认知心理学的主流，也可以说认知心理学相当于信息加工心理学。

认知心理学认为，不能直接观察人的内部心理过程，只能通过观察输入和输出的东西来加以推测。所以将人看作是一个信息加工的系统，认为认知就是信息加工，包括感知觉输入、编码、贮存和提取的全过程。按照这一观点，认知可分为一系列的阶段，每个阶段是一个对输入的信息进行某些特定操作的单元，而反应则是这一系列阶段和操作的产物。信息加工系统的各个组成部分之间都以某种方式相互联系着。但是这种序列加工的观点随着认知心理学的发展，也越来越受到平行加工理论和认知神经心理学的相关理论的挑战。

◆什么是生理心理学？

生理心理学是研究心理现象和行为产生的生理过程的心理学分支，研究心理活动的生理基础和脑的机制，包括脑与行为的演化；脑的解剖与发展及其和行为的关系；认知、运动控制、动机行为、情绪和精神障碍等心理现象及行为的神经过程和神经机制。

因为生理心理学试图以脑内的生理事件来解释心理现象，又称生物心理学、心理生物学或行为神经科学。首先提出生理心理学这一学科名称的是《生理心理学纲要》的作者、实验心理学的创始人冯特。此书是第一本生理心理学专著，可以说是作者设想的一门新的科学领域的梗概。随着心理科学、生物学、神经科学和新技术的发展，生理心理学超越了传统生理心理学的视野和方法，越来越明显地表现出自身多学科交叉的发展特点和趋势。

◆什么是变态心理学？

变态心理学是心理学的一个分支学科，但是至今尚无确切定义。有学者认为，变态心理学研究的问题不只是正常心理和异常心理之间的差距，而把异常心理当作疾病来研究，应当叫作病理心理学。可如果把异常心理当作“疾病”看待，在实践中又处于两难的境地。因为把“疾病”用在某些人身上是恰当的，但对另一些人来说却是不恰当的。心理学家仍然采用变态心理学来命名这一分支科学，又称异常心理学。

变态心理学主要研究病人的异常心理或病态行为，是医学心理学的一个分支。它运用心理学原理和方法研究异常心理或病态行为的表现形式、发生原因和机制及其发展规律，探讨鉴别评定的方法及矫治与预防的措施。变态心理有多种表现形式，按临床精神疾病的表现或症状，可分为神经症性障碍、精神病性障碍、心理生理障碍、适应障碍、人格障碍、性变态、药物和酒精依赖等；按心理过程或症状，可分为感觉障碍、知觉障碍、注意障碍、记忆障碍、思维障碍、情感障碍、意志障碍、行为障碍、智力障碍等。

◆什么是健康心理学？

健康心理学是运用心理学知识和技术探讨和解决有关保持或促进人类健康、预防和治疗躯体疾病的心理学分支，是健康教育与健康促进的一个基础学科。它主要研究心理学在矫正影响人类健康或导致疾病的某些不良行为，尤其是在预防不良行为与各种疾病发生中所应发挥的特殊功能；运用心理学和健康促进的手段，维护和增进人们的心理健康，提高对社会生活的适应及改造能力；探求运用心理学知识改进医疗与护理制度，建立合理的保健措施，节省医疗保健费用和减少社会损失的途径，以及对有关的卫生决策提出建议。在一定意义上说，它是心理学与预防医学相结合的产物。

健康心理学与临床心理学的一个主要区别在于，前者的中心任务是探讨有关躯体疾病的心理学问题，着力于人类健康的维护，而不是疾病的治疗。

◆什么是军事心理学？

军事心理学主要研究在军事活动中人的心理问题，包括军事人员的选拔和分类、军事技能和武器的学习掌握过程、适合军事活动的个性心理特征、心理战术、宣传和反宣传等。军事心理学上，军事组织就是一个小社会，其中的社会过程和关系，比如军官和士兵的关系、战争时群体内部情绪、军队士气的作用等，都是需要研究的问题。根据兵种的特点，军事心理学可分为航海心理学、航天与航空心理学。航海心理学主要研究军事人员在长期离开陆地情况下的心理特点，舰艇操纵和海上战斗时的特殊心理学问题。世界各国的军事心理学研究成果都保密，除非已经失去了军事价值，否则不可能公开发表。

◆什么是航空航天心理学？

航空航天心理学是研究航空航天环境、人员飞行能力与心理品质之间关系的一门心理学科，是军事心理学的分支学科。其研究的主要内容有在空中和宇宙飞行条件下人的心理活动特点、与航空航天有关的心理学问题以及如何从心理学角度选拔与训练飞行员和航天员，并从心理学观点对航空航天工程提出要求，等等。

为了培养和选拔飞行员和宇航员，在非陆地环境、缺乏视觉参照物的情况下，完全依靠仪器仪表指示下的飞行条件从事驾驶操作，这就要求飞行员和宇航员具备心理反应变化的高度适应性和自我协调能力，具备精确的视听与动作协调的反应能力，具备坚强沉着的意志与稳定的情绪，具备良好的注意力分配与转移，等等。通过体育活动实践锻炼灵活性，通过其他专业工作锻炼协调性，通过特殊环境训练提高适应性，等等。从心理学观点对航空航天工程的要求主要有合理设置操纵系统，以及对操作系统的心理状态的需要，等等。

拾趣篇

第24章 笔迹与心理

——笔迹的奥秘

也许将来有一天，你向求职单位递上一份打印得很整齐的履历表时，却被告知你要提供一份手写的个人资料。千万不要奇怪，因为专家要对你的笔迹进行分析，便于用人单位能更多地了解你的性格和心理状况。

古代中国就有字如其人、识人不如相字的说法。但通过一个人的笔迹真能了解一个人吗？据报道，在北京师范大学心理系的一间教室，笔迹心理学家徐庆元曾有这样的演示：一位女学员在黑板上写了“红军不怕远征难，万水千山只等闲”两行字，另写了几个阿拉伯数字。徐庆元观察后分析说，她书写速度快，线条流畅，笔触重，三者和谐。可以看出她这个人属于那种快言快语的人，单纯又不复杂，即便是坏事，也能用好眼光去看；喜欢直言，批评人比较严，属于刀子嘴豆腐心。徐庆元思忖后又说，她在生活上经历过磨难，比较独立；有包容心，有热心，有爱心；比较喜欢亲手做的工作、技师类的工作，比如医生；但她还有艺术方面的才能，可能在业余爱好中发展起来。最后，徐先生似乎迟疑了一下后，在黑板上写下“文学”两个字。这令在场的人都惊讶万分，因为被徐庆元分析的这个人正是作家毕淑敏。要知道，毕淑敏就曾在西藏阿里当过军医。事后毕淑敏说，徐先生的分析还是很准的。

为什么从字迹可以看出一个人的性格特点和心理状态呢？心理学教授郑日昌说，写字也是一种行为表现，是一种无意识的心理投射。但是也有一点需要说明，笔迹分析测试是各项笔迹特征综合分析的结果。

◆笔迹学有发展史吗？

17世纪初，意大利诞生了笔迹学者；1872年，巴黎出版了两本系统的笔迹学专著，引起了科学界的震动。1990年2月在比利时的布鲁塞尔，诞生了世界上第一个汉字笔迹学研究所。随着笔迹学的发展与日渐成形，笔迹学的研究成果也越来越被广泛地应用到心理学、医学、人才学、刑事侦查学、公共关系等领域。在法国、德国、美国、瑞士、以色列等国家，许多企业都通过笔迹分析来参考选择雇员，进行人事安排。目前，在一些发达国家，笔迹学早已成为心理学的分支学科，有些大学专门开设了笔迹心理学课程。

在中国，笔迹学是一门古老的学问，被称为字相学。唐代文豪韩愈就曾说："喜怒窘穷、忧愁、愉逸怨恨、思慕、酣醉、无聊、不平、有动于心，必于划书焉发之。"在相当长的一段时间，笔迹学在中国被视为伪科学、唯心主义，没得到相应的发展。1994 年 10 月，北京举行了首届中国笔迹学学术研讨会，意味着笔迹学开始走出江湖。目前，中国的笔迹学者除了徐庆元等一两个人是专职在做研究外，大多数的笔迹学者都是业余的。作为自学成才的笔迹学者，他们往往有大量的实践经验，但缺乏系统的理论研究。在心理学界，中国香港心理学家高尚仁和中国台湾心理学家杨国枢都进行过有关的研究，内地学者的研究目前尚不多见。郑日昌教授认为，中国笔迹心理学的当务之急是如何在理论上提高，走向专业化，使它成为一门真正的科学。

◆谁是中国最早研究笔迹心理学的人？

徐庆元，1963 年出生于贵州省遵义市，从 14 岁起就开始研究笔迹了。小时候他写字很慢，上了中学后，因为字写得慢，考试时就很吃亏。为了把字写快，他练了一年的字，结果发现自己的性格也开朗外向了。从那以后，他便开始注意同学、老师的字以及和他们性格之间的关系，并收集了很多人的笔迹进行分析与研究。后来曾有个同学拿来一张字条让徐庆元分析，当时正是高考发榜后。他看后说，那个写字的人心情比较痛苦压抑，情绪沮丧而又绝望，处在得不到解脱的精神状态。同学听后大吃一惊，因为这个写字的人由于失恋，前天已经喝敌敌畏自杀了，而这张字条是他自杀前一天写的。

这件事给徐庆元很大的刺激和启发，也成为他研究笔迹心理学的一个动力。他在研究中发现，书写线条不是视觉而是主动触觉控制的结果，书写时握笔的松紧和行笔的轻重快慢会因人而异，笔迹线条是人在无意识活动的同时留下的无意识记录。从这里入手，徐庆元创造了通过笔迹线条研究人的心迹的理论和方法。他的笔迹心理鉴定科研成果，还曾获得国家发明银奖。

◆笔迹心理学的依据是什么？

梁启超先生曾在 1923 年所作的《稷山论诗书序》一文中说："字为心画，美术之最，见作者性格，绝无假借者。"朱光潜说，其实书法可列于艺术，是无可置疑的，它可以表现性格和情趣。笔迹心理分析是应用心理学的一个分支。老话说“字如其人”，笔迹心理学认为“笔迹即心迹”。例如，书法是通过心、脑的精神活动，指挥手写，反映在纸上的人生运动轨迹，性格就表现在字里行间。又例如，一个病人书写时，字的每一横都从左向右地往上斜，说明病人是个乐观主义者，他的病较易治好；相反，如果病人的字间隔或行间隔较大，说明他是个悲观主义者，在治疗前需要做点思想工作。也有人将它作为一项科研技术运用于刑事侦查和审讯实践中。通常，笔迹心理学从四个方面的依据来看笔迹。

笔迹字体的轻重。

笔迹字体的大小，笔画长短。

笔迹字体行间距与形状。

笔迹字体的品相。

◆从笔压轻重如何看心理？

所谓笔压轻重，简称笔压，是指笔尖落到纸面压力的大小。笔压重，书写的阻力大；笔压轻，书写的阻力小。

笔压重的人。表明书写者精力充沛，意志坚强，做事不怕困难，有恒心，有毅力，有胆魄，勇于迎难而上，自己拿定的主意一般不受他人影响。但同时表明书写者比较倔强、固执、冷漠、缺乏可塑性、易怒易躁，往往是比较敏感的人。

笔压均匀适中的人。比较有自制力、比较稳重，对自己喜欢的工作能够竭尽全力去完成，对喜欢的事情能达到如醉如痴的程度。

笔压轻的人。表明书写者性格比较随和，谦虚谨慎，处事灵活，积极好动，易兴奋，具有可塑性。但同时表明书写者犹豫不果断，缺乏自信，比较喜欢自责，不敢勇挑重担和承担风险。

笔画轻重不匀称的书写者多半是脾气暴躁、喜欢破坏和妒忌心强的人，容易因一些琐碎小事就伤心，是喜欢背后做点小动作的“阴谋家”。

◆如何从字体大小看心理？

笔迹心理学的理论是从字的笔画轻重、匀称性，字迹的棱角或圆润度，写字速度的快慢，字的间架结构，字体的形状、长短、大小，字的模仿性或创造性，字行的高低，倾斜度等特点，排列组合起来看人的心理，甚至有的由此预测未来和人生。

字体大小也是个性的一种表现，字体写得过大的人举止会比较随意，比较自信，做事也比较草率；字体写得过小的书写者则是有观察力、会精打细算的人；字迹过于紧凑的书写者则具有吝啬和善于盘算的性格特点。如果字迹书写得较小，运笔轻重适度，阿拉伯数字写得很美而签字却显得比较拘谨者，是内藏心机、喜怒不外露和能沉着应付大事的人。

◆如何从字体、行间距与形状看心理？

笔迹字行高低不平的书写者是个机智或狡猾的人；字行起伏不平的书写者比较有外交手腕，善于发现别人的弱点；字越写越往上斜的书写者自尊心比较强；而字越来越往下斜的书写者性情比较沉郁。

字迹有棱有角说明书写者是意志坚定、观点鲜明、不改变立场的人，这种人一般说来会与观点不同者辩论得面红耳赤；反之，字迹圆滑者则性格随和、办事老练，能一唱百和，是善于搞公关工作的人；字体滥用弧线，花字尾的书写者则自我感觉、精神状态有某种局限性；字体清楚完整、标点符号准确的书写者办事有条理且一丝不苟。

◆如何从字体结构看人格特点？

西方笔迹学家、苏黎世大学教授马克斯·普尔沃等人，在笔迹学研究中发现笔迹的上、中、下三个部分：字体上部与书写者的志向、智力有关；中部与书写的自我观念和情感角色有关；下部则有三层意思，一是具体实现愿望的行动能力，二是对物质生活重视的程度，三是本能生活。这一点与心理学家弗洛伊德人格结构理论中的超我、自我和本我的含义有点类似。

所谓字体结构，是指字体的间架结构。字体结构在一定程度上反映了书写者思维及行动的控制程度，而这种控制程度与书写者的年龄、文化程度以及文化层次等有着密切关系。字体的结构包括结构严谨、结构松散、结构疏朗、梯形和倒梯形等。这里介绍结构严谨和结构松散两种类型。

结构严谨。笔画齐全，结构安排得当，上中下三部分比例协调、匀称。表明书写者比较沉稳，理智务实，思维缜密，考虑问题比较全面，做事注重计划性和程序性，有条不紊。

结构松散。字形散乱，缺少章法，没有凝聚力，书写不规范，笔画稀疏不紧凑，上下或左右结构相距较远。表明书写者比较粗心马虎，注意力不集中，自由散漫，自控能力比较差。

◆书写速度快的人有什么性格特点？

书写速度是指运笔的快慢，一般来说，书写速度快的，思维的反应与理解也迅速；反之，书写速度慢的，理解与反应也慢。

不论是写得一笔一画，还是写得中规中矩很有规范，或是线条流畅、笔画与笔画之间有很多连笔的笔迹，都有书写速度快的。大多数情况下，线条流畅、笔画间连笔较多的笔迹书写速度容易更快。有的书写速度快的人，每分钟可书写 40 个字以上。

书写速度快表明这个人很活泼，反应比较机敏、灵活，容易兴奋，不知疲倦；个性上易变，易冲动；情绪上不稳定，也比较缺乏忍耐力。

◆书写速度慢的人有什么性格特点?

书写速度慢的笔迹有不同的表现形式，有些是写得慢，一笔一画都不落，有些是写得看似过于认真；有些笔画虽然有连笔、较流畅，但过于凝重；有些笔画则粗糙、僵硬、晦涩、不流畅。书写速度慢的人，甚至每分钟书写的速度不超过25个字。

笔画虽然有连笔、较流畅，但过于凝重的书写者属于比较有头脑的人，做事很沉稳，小心谨慎，思想比较保守，但也属于老谋深算的一类。笔画粗糙、僵硬、晦涩、不流畅，这样的书写者，一般性格不活泼，比较喜欢安静，有忍耐力，但不够勤奋，缺乏自信心，个性比较犹豫不决，不敢大胆向前。

◆如何运用笔迹分析招聘员工?

某知名公司需要招聘一名英语专业的女孩做部门文员，在网上发布后，收到了大量的求职信。该公司让每个应聘者写一篇800字以内的作文，一方面考察她们的文字表达能力，另一方面想通过分析笔迹来判断谁最适合这个岗位。

A小姐：加拿大留过学，英语口语和笔头都非常出色。但她的作文字迹歪斜懈怠，横倒竖斜，没有任何棱角，很多地方有涂抹的污迹，通篇很不整洁。通篇给人懒惰散漫、不思进取、得过且过的感觉。

B小姐：英语水平和中文表达能力都极其出色，谈吐也非常好。但她的作文字体非常大、棱角过于突出，经常会出现一些竖笔画画到下一行的现象。通篇给人一种不可一世、压倒一切的霸气感。

C小姐：人长得漂亮，口齿伶俐，反应机灵而敏捷，英语口语也非常出色。但她的作文中的笔迹字体非常小，而且粘连较多、娇娇弱弱的，没有一点骨架。通篇给人一种很强的讨好别人的谄媚感。

D小姐：表面上没有任何优势，英语自考拿到的毕业证，英语口语和笔头都不错，人长得非常不起眼，而且说话很少很轻。面试时没给面试领导留下什么印象。但她的字写得娟秀清爽，笔压很轻，字的大小均匀，字体有棱角，而且没有咄咄逼人的压迫之气，通篇干干净净。

在笔迹分析的帮助下，该公司选择了D小姐做部门文员。因为从她的字可以判断出她做事认真仔细，有很强的自律意识且安心做日常琐碎的工作，有自己独立的见解但又不至于没有团队精神，笔压很轻说明自信不够，但自信可以慢慢培养。几个月过去了，事实证实她的性格完全与该公司的判断相符。

◆如何从笔迹看心理健康?

笔迹心理学家还认为笔迹与心理健康之间也有着显著的联系。他们通过分析字的力度与斜度、字体与字结构、空格与空白、签名风格等，能够准确地判断出书写者的心理方面的问题。

笔迹家雅曼把笔迹学研究的成果分为七个大类：

书写的压力反映了人精神和肉体的能量。

笔画结构方式代表了书写人面对外部世界的态度。

书写的大小是自我意识的反映。

连笔程度反映了思维与行为的协调性。

字和字行的方向是人自主性及社会关系的反映。

书写速度与人理解力的快慢有关。

整篇文字的布局反映书写人面对外部世界的态度与占有方式。

第25章 梦的分析

——心理写真馆

做梦是人体一种正常的、必不可少的生理和心理现象，甚至一些动物也会做梦。做梦的生理原因，简单地讲，就是人入睡后一小部分脑细胞仍在活动。很多人会问，人做梦到底有什么意义呢？不做梦又会怎么样？

首先，做梦有利于人的心理平衡。人在做梦时大脑右半球活动比较频繁，而不做梦时大脑左半球比右半球活跃。人在昼夜活动过程中，时而做梦时而清醒，于是，神经和心理活动得以交替调节而处于动态平衡之中。所以说，做梦有利于人的注意力、情绪和认识活动维持良好状态，是协调人体心理平衡的一种方式。

其次，做梦有利于保证机体和心理健康。人不做梦会怎么样呢？有关学者曾做过一项实验：密切监视睡眠者的脑电波，一旦发现做梦的征兆，就立即将其唤醒，如此反复进行。结果，一段时间后，被实验者出现了一系列的生理异常，如植物神经系统机能减弱，体温、血压、皮肤的电反应能力等明显增高。而且，还出现了许多不良的心理反应，如紧张、易怒、焦虑、感知幻觉、记忆障碍等。可见，做梦有利于保证机体和心理的健康。

最后，做梦说明大脑健康，有利于提高睡眠质量。最近的研究证明，梦是大脑健康发育和思维正常的象征和需要，是大脑平衡机体各种功能的结果。长期不做梦，或长期噩梦连连，或仅出现一些残缺不全的梦境片段，睡眠定然不好，而且大脑或其他器官可能出现了问题，需要警惕。

◆解梦是算命吗？——梦有什么暗示

看了上面的介绍，你大体了解了做梦的好处，但是梦的蕴涵不仅限于此。这就需要提及解梦的问题，大多数人认为解梦就是用梦来算命，这种理解是浅层次的，会忽视梦的暗示。那么，梦到底有什么深层的暗示呢？

心理学家弗洛伊德认为，梦不是人们混沌、荒诞意识的产物，而是由高度错综复杂的智慧活动所产生的一种有意识的精神现象，是一种清醒状态下精神活动的延续，有利于某种愿望的实现；梦是人内心深处的心理矛盾、欲望和情绪的虚拟、象征性的反映，可以满足人在现实中无法或暂时无法满足的某种渴望，如此可以维持心理平衡，保证睡眠质量。

弗洛伊德就曾多次以自己为对象进行梦的实验研究。比如，他故意吃很咸的食物、喝很少的水，在口渴的状态下入眠后他梦见自己痛饮甘泉。他得出结论，梦中喝水可以缓解口渴，这样他就不必非得醒来，从而保证了睡眠质量。再比如，他平时早睡早起，有时故意工作到深夜，这样早上就会贪睡。结果到了早上，他梦见自己起床梳洗。他认为，这样自己心理上就有了交代，可以心安理得地继续睡下去。

弗洛伊德还指出，梦有简单和复杂之分，儿童的心理比较单纯，做的梦也比较简单。但梦在本质上都是愿望的达成，无论是简单还是复杂。弗洛伊德之后，很多心理学家做了大量的实验，对他的理论进行了补充和完善。有的心理学家认为，梦可以预言将来。尽管自古至今有很多关于解梦的理论，但梦的奥秘迄今尚未被充分揭示，它仍然在吸引着许多人去探索。

◆什么是预知之梦？——心理作用下的梦幻

一位女士梦见自己在某商店门口遇到从前的家庭医师，而巧合的是，第二天早上她出去逛街，真的就在那个商店门口遇见了他。她将自己的“预知之梦”告诉了弗洛伊德。弗洛伊德详细查问，发现这位女病人早上起床之后，并没有想起自己昨晚的梦，只是在遇到老医师之时，才认为自己昨夜曾梦到过这次相遇。原来这位女病人多年前在医师家里认识了某位男士，两人一见钟情，一直来往了很多年。而就在做梦的前一天晚上，她等他到深夜，可他却没有来。弗洛伊德说：“我很快就了解，这个梦的意思是说：‘啊，医师，你让我想起了旧日时光，那时他多看重和我的约会，我从不会白等。’”

上例中的女士，对旧日美好时光的熟悉感，在遇到老医师时一下子浮现，想“重温旧梦”的念头“转移”成她在梦中与老医师相遇的想法。

◆什么是压抑心理的“转移”？——梦里似曾相识

除了美好时光，还有些人存在“景物”的熟悉感，即在初到某个地方时，忽然觉得那里的一草一木都“似曾相识”，好像在梦里见过。这也可能是另一种压抑心理的“转移”。

一位女士 12 岁时发生过一件怪事，许多年来都无法忘怀。当年她到同学家做客，一进同学家的庭院就觉得以前曾经来过，进入客厅后这种感觉更加强烈，但她确实未曾来过这里。

弗洛伊德分析指出，这种“熟悉感”其实是来自另一种“熟悉感”。原来这位同学有个因病即将去世的弟弟，这位女士去同学家之前已经知道此事。而女士自己唯一的弟弟在几个月前曾患严重传染病，导致她被送到远方亲戚家隔离，因而可能有过期望弟弟死亡的心理，但被压抑住了。在拜访同学家时，女士可能模糊地想起自己在几个月前也有类似熟悉的处境，并将这种熟悉感“转移”到同学家的庭院、客厅上。

也就是说，在某种幽微的心理作用下，我们会觉得做过某个梦，但其实并不一定真的做过。

◆潜意识有洞察力吗？——梦是来自潜意识

一位先生与一位小姐经人介绍，见面相亲，彼此印象良好。见面后当晚，先生做了一个梦，梦见那位小姐和他结婚后给他戴了“绿帽子”，还独吞了他的财产，将他赶出家门。惊醒之后，他不停地责备自己疑神疑鬼，并且努力忘掉这个梦。后来，他和那位小姐成为恋人，一段时间后结婚了。结婚两年后，他妻子真的在外面找了个情人，还要求和他离婚，并将他赶出家门。心理学家分析认为，这个梦其实来自这位先生潜意识的洞察力。他们初次见面时，先生就对这位小姐有一种水性杨花的直觉，但小姐的外在形象却又给先生留下非常良好的印象，于是他压抑了自己的“疑心”。可被压抑的直觉和疑心在睡梦中可以大肆活动，从而产生了这样的梦。

上面的例子说明，有时候梦可能来自人的潜意识的洞察力。而这种洞察力可能来源于生理洞察力或心理洞察力。

◆什么是梦的解析？——披着羊皮的狼

梦通常被认为是清白无邪的，甚至人们对于梦总是有一番美好的描述，什么美梦成真、梦想事成，甚至歌里唱的《梦里水乡》等等。但弗洛伊德认为，梦是一个人无意识的外在包装，很好很美妙，但其实简单地说，梦就是披着羊皮的狼。或者说，梦就像是一个长相普通的女士，化好了妆再拍的漂亮写真。弗洛伊德还认为，梦不是偶然的，而是内心被压抑的愿望通过伪装而登场。这种内心被压抑的愿望通常在人的潜意识范围内，而潜意识好比“情感垃圾站”。在成长过程中，你的意识把那些不符合现实原则和不被道德意识允许的本能或者一些非理性的欲望都投进了潜意识的“情感垃圾站”。当你在睡梦过程中，你的意识籍盖力量减弱了很多，这些“情感垃圾站”的潜意识便活跃了起来。而梦的解析就是要尽可能地将原始的无意识脱离出来的过程。

在心理电影《最后的分析》中，精神分析师让病人躺在床上，闭上眼睛放松心情，然后让病人听见一句话，让他产生联想，之后说出浮在心头上的任何想法或感觉，而精神分析师则记录下这些联想内容，然后经过分析，就能从中发现致病的潜在原因。这就是弗洛伊德的自由联想法。在对梦的分析过程中，病人把梦境中的事情作为最初的刺激，然后运用自由联想法探索梦的潜在意义。

◆不祥之梦有什么负面影响？——另一种自我兑现

一位先生要发奖金了，很高兴。可晚上做了一个梦，梦见自己领了奖金回家之后，却怎么也找不到了，忙回去到路上寻找的时候，路人都冲他笑。他醒后感觉很不祥，于是第二天领了奖金之后，放在皮包里，使劲抱在怀里，并在回家路上不时打开来检查一番。没想到这番动作被小偷盯在眼里，小偷尾随他到一辆公共汽车上，割破他的包，偷走了他的钱，而一车的人看在眼里，却没人吱声。

清初大儒朱竹坨自幼喜欢吃鸭肉。年轻时，他曾梦见自己在郊外路过一个大水池，池中蓄养了好几千只鸭子。看鸭童对他说："这是先生您一生的食料。"朱竹坨 81 岁时，生病卧床又梦见自己路过年轻时梦过的那个大水池，可这一次水池里只剩下两只鸭。醒后他觉得此梦不祥，就嘱托家人不要再烹杀鸭子。可不巧女儿回来探望父亲，知道他喜欢吃鸭肉，从家里杀了两只鸭带来孝敬父亲。朱竹坨呆呆地望着这两只煮熟的鸭子，甚是抑郁，心想：我命休矣。结果当天晚上，他真的死了。

如果太在意自己的"不祥"之梦，并为此而采取了某种行动，那么这个梦就有可能成为自我兑现的预言。表面上，前面那位先生的梦真可谓有预见性，但如果他不因忌讳梦而频繁查看包里的钱，就不会有小偷盯上他，钱也就丢不了。可以说，以上这两位先生都是自己兑现了梦境。

◆梦的记忆很牢靠吗？——主观体验的扭曲

弗洛伊德出版著作《梦的解析》的 3 年前，在写给其挚友费莱斯的信里提到过自己的一个梦："我必须告诉你在我父亲葬礼之后那晚所做的一个好梦……我梦见看到一张印刷告示——类似张贴在火车站等候室的布告或海报，上面的句子看起来是'你被要求闭起双眼'，但也像'你被要求闭起一只眼睛'……"但在《梦的解析》里提及那个梦的时候，他却说："在我父亲葬礼的前一晚，我做了一个梦……"这个梦到底是在他父亲葬礼"之前"还是"之后"做的呢？恐怕连他自己都无法肯定。这个例子说明，即使像弗洛伊德这样的解梦大师也难免会出现记忆扭曲。好在那个梦也没什么值得称道的灵异之处，否则一个天大的谎言就有可能出自弗洛伊德之口了。

除非每天将前晚所做的梦都标明日期记下来，否则难免出现记忆扭曲，将梦境与真实事件之间的发生顺序模糊颠倒。小说家狄更斯就曾经常在日记里记录他的梦。他曾在日记里写道，他梦见过一个穿红披肩的陌生女子，自我介绍说是纳匹亚小姐。狄更斯醒来后感到不解，因为他根本不认识什么纳匹亚小姐，也不认识喜欢穿红披肩的女人。几天后，在他的一场朗诵表演中，在崇拜他的读者人群中他发现了那个梦中的红披肩女郎，而她真的叫纳匹亚。但仔细分析狄更斯的日记，却发现他是在遇到纳匹亚小姐之后，才在日记里记录下几天前的那个梦。这恐怕又是记忆扭曲在作怪了吧。

有关研究显示，当一个人睡眠后的脑电波显示进入做梦后期时，叫醒他并要他报告正在做的梦，然后等被测者第二天醒来后，再要他描述昨晚所做的梦，录音记录证明两次描述在情节上已经有了相当的差异。可见，当我们描述梦境时，这种主观体验就已经开始受到扭曲。

◆美梦能够治病？——梦疗法

研究证明，美梦能给人神奇的心理体验，巧妙利用美梦可以治疗某些身心疾病，有益健康。创造美梦以行梦疗，已经成为一项越来越热的医疗技术。下面略举几个梦疗的例子。

1. 解忧梦

睡前播放梦疗对象喜爱的音乐，在其入睡后继续播放，但音量调低。同时，用一根松紧带，经过梦疗对象的眉际和上眼睑围缠头部，并轻轻压迫其眼球。松紧带可解除胸闷头痛，轻压眼球可促生五彩缤纷的梦境，而音乐可怡神，可使梦疗对象的不良情绪和意识得到解脱。

2. 壮阳梦

睡前在双足掌心涂上少许清凉油，或者贴上一张伤湿止痛膏，可刺激脊髓低级神经中枢，使睡眠中产生勃起等性反应。而这些性反应会影响部分大脑皮层细胞，使之活跃起来，从而产生各种性梦。此梦疗方法对久治不愈的阳痿病人行之有效。

3. 美食梦

入睡前不要进食不易消化的食物，并取甘草、旋复花、山楂等适量煎汤，喝一碗之后入睡。甘草和胃，山楂助消化，旋复花则促生温和的饥饿感，如此三管齐下，可在睡眠中唤起食欲，进而形成觅食、美食之梦境。美食梦对食欲低下、厌食症等病症有一定的疗效。

◆心理医生怎样解梦？——梦的分析

某大学二年级女生，经常做同一个梦。她梦见自己裸体在火车站等一个很重要的人，但也不知道等的是谁。等的人总是不来，周围的人都对她指指点点，她又羞臊又生气，想躲起来又怕等的人找不到她，只能继续裸体站在那里。每次醒后，她的心都怦怦乱跳，出一身冷汗。这样持续了一年多，她的身心都非常疲惫，甚至连觉都不敢睡了。

心理医生对这位女性的情况进行了仔细分析。

从生理上分析，该女生体质较弱，出现了身体虚弱与做噩梦的恶性循环；例假周期不规律，因而同一个梦的出现也不规律；有明显的痛经史，对此既恐惧又无可奈何，导致心理上对来例假有深度的惧怕。从睡觉姿势上分析，梦见光着身子，说明睡眠时感到寒冷，可能有睡觉时踢开被子的习惯；出冷汗和心跳，说明她睡眠紧张，应该是睡姿不当压迫心脏而引发循环压力。从心理上分析，她性格内向，习惯性紧张，执拗与自疑并存，与他人交往较为困难；但潜意识中有很强的交往愿望，同时又惧怕交往，害怕别人会看不起自己。

因而就出现了上述梦境：在人多的地方（火车站），以一种强加给自己的理由（为等一个重要的人）和一种令自己压力很大的方式（裸体）成为人们注意力的集中点，并混杂着兴奋、尴尬、不知所措、焦急、紧张等复杂的心理体验。

医生给出了以下解决方法：可用单绳固定等方法强制纠正睡眠姿势；坚持一年以上的痛经药物治疗，每日15 分钟的妇科暖腹锻炼，按入睡前 15 分钟的标准锻炼；参加三个以上的学校活动或社团活动，或者找个男朋友。

◆如何控制梦？——自我调节

看了上面的案例，大家一定会有所感悟吧？日常生活中，应注意下面的几种情况。

1. 人们在生活中总会遇到一些不顺心的事，使人产生焦虑不安、抑郁苦闷等不良情绪。晚上睡觉时，就容易做不好的梦，如梦见被人追杀、考试不及格、曾经的伤心事、在街上裸奔等。应该怎么做呢？可以进行自我调节，比如少想不顺心的事、向亲朋好友倾诉苦闷、改善人际关系、全身心地投入到工作或学习中去等等。如果自我调节难以奏效，就有必要进行心理咨询或心理治疗。

2. 俗话说“男大当婚，女大当嫁”。成年人长期独身的话，很容易做性梦，当然具体内容不尽相同，随人的性别、性格、文化水平、成长背景等的不同而有所差异。有些人的性梦充满苦涩，有些充满色情和暴力，也有些则充满了爱情的浪漫和甜蜜。无论内容如何，都是缺乏两性情感的结果。频繁做这种梦，对身体不利，根本的解决之道是尽快找到人生的另一半，也可以通过努力工作等转移注意力的方法暂时缓解。

3. 有些人家庭幸福、工作顺利，最近也没有什么不顺心的事，却仍会做些噩梦。这可能是由于睡姿不当或生理病变所致，要注意改变睡觉姿势，或者去医院检查身体。

◆什么是释梦治疗法？——她的偏头疼不用吃药

一位40岁的女士，高级知识分子，事业心很强，对己对人要求都很严格。与丈夫感情不错，但认为丈夫不善表达情感、性生活冷淡，心里有些不满。她近日常梦见一位大学男同学到她家，说是为躲避追杀。当时父母、丈夫和妹妹都在家，对同学的到来不太欢迎。她和这位同学谈话时说想要个孩子，同学说可以和她妹妹生个孩子。然后同学不小心把裤子搞脏了，她想给他找条短裤，结果丈夫找了条很难看的裤子，她很生气。可是她翻箱倒柜也没找到合适的，又急又气的时候，家里闯进一伙陌生人要杀她的同学。经常做梦的同时，她时常偏头痛，感觉自己经常焦虑，非常疲惫痛苦，于是决定找心理医生咨询。

医生询问得知，梦中的那个同学大学时就喜欢她，而她也比较喜欢那个同学。毕业很多年了，这位同学常出现在她梦中，她甚至还梦到与他发生过性行为。近日，那位同学打电话说来看她，而丈夫也不在身旁，她有较大的自由，可又怕同学来了会导致不良后果。心理医生分析指出，她的梦是反映性愿望的。梦中的希望生孩子、短裤被搞脏、到处找短裤等，都是她渴望和那位同学发生性关系的象征，妹妹不过是替罪羊。父母不高兴，丈夫给对方难看的裤子等，是她内心道德感的体现。这个梦反映了她内心深处对另一段情的渴望，也反映了内心本能欲望与道德感的严重冲突。表面上，偏头痛和紧张焦虑是因为工作忙、压力大所致，其实还有深层的原因：丈夫的不善表达情感和性生活质量下降等情况，使她产生了对另一段情的渴望，但这种欲望是不被容许的，为道德意识所谴责，于是就构成了强烈的冲突与压抑，诱发了严重的偏头痛、紧张焦虑和疲惫。医生提醒她，她应当正视自己的性愿望和压抑问题，重新调整自己。女士按照医生的嘱托，经过一段时间的心理调整后，不良症状明显有所改善。

从上面的例子可以看出，释梦在心理咨询和心理治疗中有着重要意义。尽管释梦技术目前主要应用于精神分析疗程中，但在一般的心理咨询中适当应用释梦技术同样有积极的作用，可以节省心理咨询时间，降低专家的诊断错误率；可以绕过某些阻抗，较快进入当事人的内心世界；还可以激发咨询者的兴趣，增强对专家的信任与合作。

◆什么是性梦？——你梦谁，谁梦你

所谓性梦，一般是指人们在睡梦中与异性亲昵的梦，可能梦见与异性拥抱、抚爱、亲吻，甚至发生性关系等。性梦十分常见，在一项研究中，研究者对 250 名大学生进行调查，结果表明几乎每个人都做过性梦，其中 66.4% 的人梦见与异性性交。

性梦是一种正常的性生理和性心理现象。心理学家认为，性梦是在潜意识中被压抑的性欲望冲动的自发暴露，是性心理、性生理发育正常的标志。性梦类似于安全阀，可以缓和累积的性压力，有利于性器官功能的完善与成熟，完全是正常现象，并非病态。性梦不是一种邪恶现象，不必为此而焦急忧虑，更不必产生背叛丈夫或妻子的内疚心理。

◆性梦有哪些特点？——丰富多彩，飘忽不定

1. 性梦的发生与人体内的性激素水平及性心理状况有密切关系。以女性为例，性梦发生的活跃期多在 20—40 岁之间。随着性生理与性心理逐渐成熟，女性也会出现性冲动，但在清醒状态下会被理智所抑制，在梦中大脑皮层的兴奋灶不受任何约束而活跃起来，便出现形形色色的性梦。从生理上看，女性在排卵期和月经前期，或者与配偶分离一段时间后，性欲比较旺盛，也有可能每隔十天半月做一次性梦。

2. 性梦中的性对象往往是不可选择的。调查报告显示，性梦对象可能是与其一往情深但未成眷属的人，也可能是同班同学、邻居、亲友，还可能是只见过一面而没有任何交往的人，甚至是从不相识的陌生人或自己很讨厌的人。

3. 性梦的内容丰富多彩，梦中异性的形象飘忽不定，有时模糊，有时清晰。有的梦见与异性接吻、拥抱、被异性爱抚、爱抚异性，有的梦见与异性性交，有的则仅梦见裸体异性，还有的梦见与同性有性接触等等。

4. 性梦过于频繁，是身心有异常的象征。这种异常分为生理和心理两种：生理上，如过度劳累、手淫过频或过强烈，内裤穿得过紧、刺激摩擦阴部、外生殖器不正常、充血刺痒、泌尿系统炎症等，有必要找医生对症治疗；心理上，较大的压力和负担都有可能导致性梦频繁，应该找心理医生咨询。

◆男人和女人的性梦有差别吗？——男女性梦有别

在 17 世纪的英国，伦敦某修道院的修女们爱慕当地一位年轻英俊的神父，经常做性梦。开始是修道院院长，后来扩展到全院的修女。她们竟将梦境当真，认为神父每晚都施用巫术使她们处于昏迷状态，然后非礼她们。于是控告这位神父，致使无辜的神父被活活烧死。

不难回答上文的提问，男女性梦有别。男性性梦与其他梦境一样，内容支离破碎，梦醒后难以清晰地回忆；如果没有性经历，梦境行为一般不会

超过他真实的性知识水平，如果有过性经历，则可能在梦境中重现过去的经历；性梦多不会对其情绪和行为产生实际影响。女性的性梦与男性不同，内容比较完整，醒后多能清晰回忆梦的内容，甚至可能模糊了梦境与现实的界限，影响其真实的情绪和行为。

◆性梦也可以解析吗？——有爱就大胆地说出来

一位27岁女研究生，未婚。她最近认识了一个自己觉得还可以的男孩并且和他确定了恋爱关系，可本应该高兴的她却非常苦恼和内疚，因为在和男友约会后，她晚上经常梦到和自己的哥哥发生关系。到底为什么会做这种梦呢？

专家解析认为，现在很多的年轻女孩子在家里深受父亲和哥哥的宠爱，当她们长大成人后，开始与外面的异性有了亲密接触，但潜意识里会将其与自己的父亲或哥哥进行比较，看他是不是和他们一样宠爱自己。结果，在梦里将亲密接触的对象转移为哥哥或父亲。专家告诉该女士，不必为此内疚、苦恼，这个梦只是在告诉她可能现在的感情关系不能在情感及精神上满足她。

一位29岁的未婚女士，是个自由职业者。她的日常花销，靠给一些杂志和书籍画插图来维持，过得倒也自在。她最近找了个男朋友，挺喜欢他。男朋友也很喜欢她，并且很欣赏她对生活的淡然。他们准备过一段时间就结婚，可到了这样的关头，她却老是梦到和前男友发生性关系，令她十分苦恼和内疚。

专家分析说，很多人都会梦到自己和原来的男朋友或女朋友发生性关系，多半是因为他们在分手时心里还有所牵挂，可又没有勇气说出来，一直憋在心里，直到自己有足够的心理准备去面对为止。当梦到跟前任男女朋友上床的时候，说明自己已经做好了准备去完全了结以前的纠葛，尽管不一定非得见到那个人。

◆做性梦是心理变态的倾向吗？——人的正常性意识

一位30岁的已婚女士，在一家企业做秘书，最近很苦恼。为什么呢？原来她的同事们都喜欢养宠物，养猫养狗的都有，而且她们每天都会在公司谈论宠物的琐事。因为她受不了小动物身上的气味，所以从来没想过养小宠物。可最近她总梦到自己和不同的小宠物发生关系，或者梦见自己观看别人和动物发生关系，感觉不可思议，又觉得自己很无耻。心理专家认为，做这样的性梦并不能说明人的心理有变态倾向，只不过是人类天生的潜意识里的兽性的间接反映。这个梦也暗示做梦者，在性爱上不要老是千篇一律，应该有所变化。

一位33岁的女士，已经结婚4年，夫妻两人非常恩爱。他们还不打算要孩子，因为想多享受几年无忧无虑的二人世界。可最近一件事让女士内心充满了愧疚：他们家隔壁搬来了一个年轻英俊的男邻居，她常常梦到和这位邻居发生关系。专家解析说，性梦中的性对象通常是不可选择的，说不定是谁，这并不能说明对丈夫不忠诚，不必因此感到愧疚。

一位 35 岁的已婚女士，在一家以男性为主的会计师事务所工作。平时她工作兢兢业业，很少有放松的时候，很多时候都以为自己不是个女人了。最近，她经常梦到跟不同的女人上床，而且感到很享受，醒来后特别不解，觉得自己并没有同性恋倾向，为什么会这样呢？专家解释说，很多人都做过和同性发生关系的性梦，但这并不代表做梦的人有同性恋倾向，很多时候只是表明希望自己的性别被他人接受，比如这位女士工作的地方都是男性，她很希望自己得到他们的认同。

第26章 心理效应与定律

——黄金法则

人类渴望揭开心理世界的面纱，在科技发展日新月异的今天，当人类已经克服了地球的吸引力走向外太空的时候，我们的内心世界依旧还有一个更加深不可测的“小宇宙”，而这个宇宙更加不为人所知。

为什么情人眼里出西施？

为什么女人的衣柜里总是少一件衣服？

为什么长江后浪推前浪，前浪被拍死在沙滩上？

为什么热切的期望会让你期望的人达到你的要求？

为什么世界那么大，碰见认识的人比我们想象的还要容易？

为什么别人答应了你的小要求，就比较容易答应你的大要求？

为什么当责任不分明时，团体中的个体就会出现不卖力的情况？

为什么我们可以很容易躲过一只大象，却很难躲开一只苍蝇？

为什么做喜欢的事情如果得到物质奖励，反而降低了做这件事的兴趣？

……

本章精选了一些心理效应与心理定律，以上的问题你都可以在这里找到答案。仔细地阅读它，你将了解支配人类社会和行为的黄金法则，你将不会在错综复杂的人性森林中迷失自己，你将不用在黑暗中继续摸索前进的方向，最重要的是，你和你的命运也会随之改变。

◆什么是晕轮效应？——情人眼里出西施

有个成语叫作“爱屋及乌”，意思是如果我们喜欢某个人，就会连同他的屋子和栖歇在屋上的乌鸦也喜欢。谁都知道，乌鸦很丑，浑身漆黑，呱呱乱叫，一直被当作不祥之物。所以乌鸦怎么会讨人喜欢呢？就是因为我们对房子的主人太喜欢了，推及他的房子不说，还推及乌鸦身上。这其实是一种认识的偏差，这种偏差在心理学上叫

“晕轮效应”。所谓晕轮，是指太阳周围的一圈光晕，有扩大化的意思。

晕轮效应就是说，人们在判断其他事物时，容易犯以偏概全的错误，即由一个优点推及所有优点，由一个缺点推及所有缺点。在生活中也经常会有这样的现象发生，比如有时候我们到一家私人商店买东西，发现有件商品质量很差，价钱却高，我们可能就会不高兴地说：“都是奸商，没有一个好东西，唯利是图！”有时我们与一位知识渊博的人谈话，即便对方说的只是一些无聊的笑话，我们可能也会因此以为他是在含蓄地表达什么观点。有时候年轻的恋人因为喜欢对方的某个特点，就会看对方什么都顺眼，最突出的例子就是“情人眼里出西施”。

为避免晕轮效应产生的弊端，我们应该养成客观看待事物的习惯。要知道事物并非完美无缺，有优点并不意味着就是完人，有缺点也不意味着一无是处。可爱的优点和讨厌的缺点，很可能在同一个人身上并存。

◆什么是熟人链效应？——六个人就可以建立联系

长时间以来一直流行着一种通俗心理学理论，认为世界上任何两个人只要通过五六站的中间关系，就可以属于一个共同的熟人圈。你肯定会问你会成为朱丽娅·罗伯茨或爱斯基摩人的熟人吗？只要你尝试，通过熟人的熟人的熟人的介绍，最多不会超过五六站这样的熟人链，你就会成为世界上任何一个角落里、任何一个人的熟人圈子里的一员。

英国伦敦《卫报》记者亚当·努克想要采访在互联网上风头很盛的广州女郎木子美。亚当·努克先联系到了他的一个北京朋友L，L恰巧认识木子美在美国的高中同学W，通过W找到了木子美的好朋友M，M答应帮朋友一个忙。据说，通过这个渠道，亚当·努克顺利地联系到了远在广州的木子美。我们发现，将世界两端毫不相干的人联系起来竟然只需要短短几步。只要抓住几个关键人物，信息就能迅速地大范围传播开来，这就是熟人链效应。

毋庸置疑的是，现代社会比以往任何时候都显得更为灵活、开放。社会系统的开放性，使如今的世界变成了一个“地球村”。世界上任何地方发生的事情，都可以在瞬间传播到任何别的地方，就如从一个村庄的东头传到西头那么迅速。这也使得人与人之间取得联系变得空前容易，既然人和人这样容易“联系”上，那么我们搭建自己广泛的人脉网，就不是很难的事。若我们拥有一个广泛的人脉网，在生活和工作中，当然会很容易得到朋友们的帮助。

◆什么是德西效应？——不公正的待遇

一位老学者在一个风景秀丽的小

乡村里休养，那里非常宁静。附近的孩子总爱来这里嬉戏打闹，喧哗的声音让老人无法休息好。虽然他不时地阻止，但是根本不管用。后来，他想到一个办法。他把孩子们召集到一起，并告诉他们谁嚷嚷的声音最大，谁就会得到最高的报酬。于是，孩子在那大嚷大叫，当然他们也得到了相应的奖励。就这样持续了3个星期后，孩子们来这里吵闹已成为一种习惯。这时，老人给孩子们的奖励减少，虽然有的孩子觉得奖励太少了，但是总比没有好。然后，过了一个星期后，不论孩子们怎么吵，老人也拒绝给他们钱了。孩子们觉得这事真是太可气了，受到的待遇越来越不公正。从那以后，孩子再也不去老人的住处吵闹了。

这一个效应是由心理学者德西发现的。1971年，德西和他的助手运用实验证明了这个效应的存在。他以学生为实验对象，请他们解决一些测量智力的问题。实验分三阶段：第一阶段，所有的被试者不给奖励；第二阶段，将被试者分为两组，实验组的被试者完成一个难题可得到1美元的报酬，而控制组的被试者跟第一阶段一样没有报酬；第三阶段为休息时间，被试者可以在原地自由活动，目的在于考察实验对象是否喜爱这项活动。结果发现，奖励组的被试者，在第三阶段继续解题的人数很少；而无奖励组的被试者，有更多人花更多的休息时间在继续解题。这个结果表明，对于一项愉快的活动，如果提供外部的物质奖励，反而会减少这项活动对参与者的吸引力。

◆什么是贝尔效应？——慧眼识人，甘为人梯

英国学者贝尔天赋极高，曾经不止一个人预计说，如果他毕业后进行晶体和生物化学的研究，一定会赢得多次诺贝尔奖。但他却心甘情愿地选择了另一条道路——甘当人梯，提出一个个课题，指引别人进行研究，登上一座座科学的顶峰。于是有人把他这种甘为人梯的行动称为“人梯效应”，也称作“贝尔效应”。

宋朝太尉王旦曾经专门在皇帝面前夸赞寇准的长处，推荐他为宰相，但寇准却多次在皇帝面前痛陈王旦的缺点。有一天，皇帝忍不住对王旦说：“你总是夸赞寇准的优点，可是他经常说你的坏话。”王旦却说：“本来应该这样。我在宰相的位子上时间很久，在处理政事时失误一定很多。寇准对陛下不隐瞒我的缺点，愈发显示出他的忠诚，这就是我看重他的原因。”

有一次，王旦主持的中书省送寇准主持的枢密院一份文件，违反了规格。寇准马上将此事向皇帝汇报，使王旦因此受到责备。然而事隔不到一个月，枢密院有文件送中书省，结果也违反了规格，办事人员兴奋地把这份文件送交王旦，以为王旦定会报复

寇准，可他没有这么做，而是把文件退还给枢密院，希望他们修正。对此，寇准十分惭愧，见到王旦时便称赞他度量大。后来，寇准升任武胜军节度使同中书门下平章事，寇准感谢皇帝对他的信任。不料皇帝却说："此乃王旦的推荐。"寇准更加敬服王旦。王旦做宰相 12 年，推荐的大臣十几个，大多很有成就。王旦身上体现出来的，就是现代人所说的贝尔效应。其实，也不妨叫作"王旦效应"。管理者可以向贝尔和王旦学习一下，自觉运用贝尔效应。一个成功的管理者，应该以团体利益为先，发扬人梯精神，慧眼识才、努力养才、放手用才。

◆什么是群伙效应？——长江后浪推前浪，前浪被拍死在沙滩上

2009 年的春节联欢晚会上，赵本山带着他的两个徒弟小沈阳和毛毛，在台上演小品《不差钱》。相信大家和笔者一样，被里面的台词逗乐，笑得前仰后合。甚至每每想起其中的语录，都禁不住会笑上一阵，并且想到这句话：长江后浪推前浪，前浪被拍死在沙滩上。

笑归笑，但这句话也是有心理学依据的。一般而言，人所经历的一生，都会见证或者遭遇很多的文化历史事件，文化历史因素会在成人个体上打下深刻的烙印。不同历史时期的文化背景总是有或多或少的差异，这些差异很可能影响到成人的智力活动。心理学家将这种文化历史因素给智力活动带来影响的现象，称之为"群伙效应"。

所谓的"群伙"，指的是同一时代出生的人，如均为 1950 年出生者便可视为一个群伙，他们的基本背景相同或极为相似，如营养条件、受教育水平、大众媒介的影响，以及科学技术对他们的生活方式或生活风格的改变等。发展心理学家沙依对西雅图追踪研究的数据进行分析比较后发现，处于同一年龄的不同群伙在基本心理能力上存在显著差异。被试者的基本心理能力水平与其出生年份密切相关，出生越晚，基本心理能力水平就越高。沙依认为，这是由于社会文化历史不断发展导致的结果。人类社会总是越来越进步，人们的营养和医疗保健条件越来越好，接受教育的机会越来越多，受大众媒介与科学技术的影响越来越大，因此，人类的整体智力水平也就越来越高。

1996 年，心理学家奈瑟组织了专门的研讨会对此效应进行解释。相当一部分人认为应该排除遗传因素的影响，而从文化历史变化的角度去理解这种效应的产生。因为遗传进化的效果一般不可能在这么短的时间内体现出来，而是要经过许许多多的世代。一些研究者指出，产生这种效应的文化历史因素主要体现为：随着时代的进步，人的营养状况不断改善，童年

生理疾患日益减少，父母为个体成长付出了更多的爱心，学校教育条件越来越优越等。

◆什么是门槛效应？——让人答应你的“大”请求

美国心理学家曾做过一个有趣的实验，派人随机访问一组家庭主妇，要求她们将一个小招牌挂在自己家的窗户上。这些家庭主妇愉快地同意了。过了一段时间，研究者再次访问这组家庭主妇，又要求她们将一个不仅大而且不太美观的招牌放在庭院里，结果也有超过半数的家庭主妇同意了。与此同时，他们派人随机访问另一组家庭主妇，直接提出将不仅大而且不太美观的招牌放在庭院里，结果只有不到20%的家庭主妇同意了。

这个实验说明什么呢？它告诉我们，一个人接受了他人的一个小要求后，如果他人在此基础上再提出一个更高一点的要求，那么这个人就倾向于接受这个更高的要求。这样依层次逐步地对他提高要求，可以有效地达到预期的目的。这种情况比乍一上来就提出比较高的要求，更容易被接受，心理学家把这叫作“门槛效应”。

这个效应比较多地应用在推销上。比如一个推销员敲开门，可以跟顾客进行交谈时，他已经取得了一个小小的成功。此时，如果他能够说服顾客买一件小东西的话，那么他再提出进一步的要求，就很可能也会被满足。再比如，有的孩子向妈妈请求可不可以吃颗糖果的时候，如果妈妈答应了，他可能会提出进一步的要求：“那可不可以喝一小杯果汁呢？”妈妈经常也是会答应的。这个心理定律给我们的启示是，当我们要提出一个比较大的要求时，可以不直接提出，因为这个时候很容易被拒绝。你可以先提出一个较小的要求，一旦被答应，你再提出那个较大的要求，就会有更大的被接受的可能。

◆什么是地位效应？——地位决定影响

耶稣被钉在十字架上的时候，突然大喊：“彼得，彼得，快来！”

彼得听见了，立刻不顾一切地往山顶上冲。由于观看的人很多，彼得必须推开拥挤的人群和武装的罗马士兵。费尽千辛万苦，彼得终于到了耶稣的脚下。

“我的主呀，什么事？”

“彼得，从我这儿可以看见你家！”

虽然这只是一则笑话，但试想如果呼唤彼得的人不是耶稣，而是一个庸常之辈，彼得还会不会如此马不停蹄地飞奔到耶稣的脚下？这则笑话，体现出了心理学中的“地位效应”——在人群心理学中，人们把由于处于不同地位而提出的意见、办法产生不同效应的现象，称之为地位效应。

在职场中，很多的小人物都产生过这样的无奈，当你提出一个想法后，大家嗤之以鼻，认为那是小人物的狂想；但是同样的观点经由你老板之口说出后，大家便会认为这一观点闪耀着智慧的光芒。由于职场地位不同，同样的意见和方法产生了大相径庭的影响力：地位高的人所提意见、办法会被多数人认同、赞成，并执行，而地位低的人所提意见、办法，哪怕是正确的，或与地位高的人一模一样，也很少会被人认同、赞成，更不会去执行。

美国心理学家托瑞是“地位效应”的提出者，他曾做过一个佐证实验：让飞机场空勤人员（其中有驾驶员、领航员、机枪手）一起讨论解决某个问题，每个成员必须首先提出自己的解决办法，最后把全组同意的办法记录下来。结果发现绝大多数成员同意领航员的办法而很少同意机枪手的。当领航员有正确办法时，群体会100%同意；而当机枪手有正确办法时，群体只有 40% 的人同意。实验充分证明了地位效应的存在。

◆什么是投射效应？——以小人之心度君子之腹

投射效应，就是“以己论人”，常常以为别人与自己具有同样的爱好、个性等，常常以为别人应该知道自己的所思所想。

投射效应是一种严重的认知心理偏差。它是由怀疑引起的对别人人格的歪曲。“以小人之心度君子之腹”就是投射效应的典型写照。当别人的想法或行为与我们不同时，我们习惯用自己的标准去衡量别人，从而认为别人是错的。喜欢嫉妒的人常常认为每个人每天都在嫉妒。

克服投射效应的消极作用，我们应该辩证地看待自己和他人，严于律己、宽以待人，尽量避免以自己的标准去判断他人。

◆什么是狄德罗效应？——与旧睡袍别离后的烦恼

18 世纪法国有个哲学家叫丹尼斯·狄德罗。有一天，朋友送他一件质地精良、做工考究的睡袍，狄德罗非常喜欢。可他穿着华贵的睡袍在书房走来走去时，总觉得身边的一切都是那么不协调：家具不是破旧不堪，就是风格不对，地毯的针脚也粗得吓人。于是为了与睡袍配套，他把旧的东西先后更新，书房终于跟上了睡袍的档次。可他后来心里却不舒服了，因为他发现“自己居然被一件睡袍胁迫了”。他把这种感觉写到一篇文章里——《与旧睡袍别离之后的烦恼》。

两百多年后，美国哈佛大学经济学家朱丽叶·施罗尔提出了“狄德罗效应”。就是说，人们在拥有了一件新的物品后，总倾向于不断配置与其相适应的物品，以达到心理上的平衡。这种规律也叫“配套定律”。生活中的“配套定律”是随处可见的。例如，别人送了一只高档的手表，如果要戴的话，就要配相应的衬衫、西裤、外套、皮带、皮鞋、领带，皮夹子也要换成真皮的。再比如人们说“女人的衣橱里永远少那么一件衣服”，“那一件”就是配套定律中用来和不同的场合、不同的鞋子、不同的首饰、不同的手提包相搭配的衣服。又或者人们买到一套新住宅，为了配套，要装修一番，铺上大理石或木地板，配红木家具，出入如此住宅，自然还得穿“拿得出手”的衣服与鞋袜……如此“狄德罗”下去，也许有一天会忽然发现男主人或女主人不够配套，就可能走上离妻换夫的道路。

这种现象本质上没有好坏对错之分，可以说是有利有弊。从大的方面来说，它刺激消费和“内需型经济增长”，促进国民经济发展是件好事。但从个人来说，我们要意识到人的欲望没有穷尽，而我们在一定阶段的财力是有限的，虽说“人往高处走”，但也应把握“适度原则”，避免环环相扣的“配套”，让自己透支。比如购物时先给自己一个定额，钱花光了就停止刷卡；一个时段制订一个要求标准，暂时达到了，就停止进一步的需求。

◆什么是马太效应？——量才施用

《圣经·新约·马太福音》中有这样一个故事：一个国王远行前，给自己的仆人一些银子，一个给了五千，一个给了二千，一个给了一千，就往外国去了。那领五千的随即拿去做买卖，另外赚了五千；那领二千的也照样另赚了二千；但那领一千的去掘开地，把主人的银子埋藏了。过了许久，那些仆人的主人回来了，和他们算账。那领五千银子的又带着那另外的五千来，说：“主人啊，你交给我五千银子，请看，我又赚了五千。”那领二千的说：“主人啊，你交给我二千银子，请看，我又赚了二千。”那领一千的也来了，说：“主人啊，我害怕丢失银子，就把你的一千银子埋藏在地里。请看，你的原银子在这里。”国王命令将第三个仆人的一千两银子赏给第一个仆人，说：“凡是少的，就连他所有的，也要夺过来。凡是多的，还要给他，叫他多多益善。”这就是马太效应。对于企业管理，马太效应包含了三点启示：

要根据每个人的实际能力，量才施用，把最合适的人放在最合适的岗位。量才施用是企业用人应遵守的黄金法则。

要引导人才适应市场经济的发展，树立竞争意识，引入竞争机制。只有在竞争的环境中人才的潜力才会被激发出来，企业才会不断创新，才能拥有持久的竞争力。

要运用目标激励机制，奖勤罚懒、优胜劣汰。不过在运用过程中，要掌握分寸。

对企业经营发展而言，马太效应则告诉我们，要想在某一个领域保持优势，就必须在此领域迅速做大。当你成为某个领域的领头羊的时候，即使投资回报率相同，你也能更轻易地获得比弱小的同行更大的收益。而若没有实力迅速在某个领域做大，就要不停地寻找新的发展领域，才能保证获得较好的回报。

◆什么是鲶鱼效应？——人才是磨出来的

以前，挪威人在海上捕得沙丁鱼后，希望鱼能活着抵达港口，因为活鱼比死鱼的价格高好几倍，然而只有一艘渔船能成功地带活鱼回港。人们纷纷探访，想知道这位船长是怎么做的，可他严守成功秘密。直到他死后，人们打开他船上的鱼槽，发现和别人的没有什么不同，只不过里面多了一条鲶鱼。原来鲶鱼装入鱼槽后，由于环境陌生、生性好动而四处游荡，偶尔追杀沙丁鱼。沙丁鱼则因发现异己而紧张不已，四处逃窜，把整槽鱼搅得上下浮动，也使水面不断波动，从而使得氧气的供应得到了保障。如此这般，就能保证沙丁鱼活蹦乱跳地运进渔港。这就是所谓的“鲶鱼效应”。

“鲶鱼效应”有两个方面的作用：带动作用和刺激作用。带动作用，是因为那些“鲶鱼”有着较高的个人素质、较强的业务能力和较强的个人感召力，周围的人群总是在关注着他们、不知不觉地仿效并追随他们。刺激作用，是因为“鲶鱼”积极向上、能力强，能够获得比其他人更多的关注、支持和更好的待遇，会给其他人群带来压力，从而刺激他们的自尊心，再辅以得当的引导，就会出现“比、学、赶、超”的良好工作氛围。例如运用在管理中，当一个组织内部人浮于事、缺乏效率的时候，在内部挖掘或从外部引入一些“鲶鱼”，通过提升他们的积极性和主动性，来带动和刺激组织的其他人员，从而在组织内部形成一个人人向上的良好竞争氛围。这里的“鲶鱼”是指那些个人素质高、业务能力强、有着较强的个人感召力的业务骨干。

◆什么是“睡眠者效应”？——重复影响提高认可度

自从脑白金广告在媒体上播出后，负面评论便不绝于耳，广告业内人士毅然决然地将其视为毫无美感和创意的失败案例，但是凭此广告，脑白金却创下了几十亿元的销售额。为什么一个让大多数人反感的广告反而导致产品的热销呢？国外一名消费行为学家认为：过多地重复广告信息虽然引起受众的反感，但却不影响受众对信息的记忆以及日后的商品购买行为。随着时间的推移，人们那些愉快或不愉快的情绪反应都会不复存在，只有广告信息牢牢地保持在消费者记忆深处——从根本上说，这就是一种“睡眠者效应”。

所谓的“睡眠者效应”，指的是

由于时间间隔，导致人们容易忘记信息的来源，而只保留了对内容的模糊记忆。心理学家凯尔曼和卡尔·霍夫兰本来研究的命题是“信息高低可靠性的影响有多久可保持，会不会随时间的推移而发生变化”，结果在进行研究的时候，他们意外发现了“睡眠者效应”。如果信息传播源是一个威信高的人，在他说话刚结束时，他的说话内容对受传者的影响是颇大的，但是隔了一段时间后，由于受传者忘记了说话者，而只记得说话的内容，结果其影响明显有了降低——可见，其中降低的这部分影响效果主要少去了说话者威信高所产生的情感效应；如果信息传播源是一个威信较低的人，那么，在他说话时，他所传播的信息产生的影响是很小的，但是过了一段时间后，听话者对说话者的印象便逐渐变得淡薄，只记得自己当初听到了什么，这便导致信息的影响力有了明显的提高——由于说话者的威信低所产生的情感效应降低，以致提高了听话者对他所传播信息的认可度。

◆什么是库里肖夫效应？——电影创作依赖的认知基础

苏联电影导演列夫·库里肖夫为了弄清楚蒙太奇（蒙太奇就是根据影片所要表达的内容和观众的心理顺序，将一部影片分别拍摄成许多镜头，然后再按照原定的构思组接起来）的并列作用，从某一部影片中选了演员莫兹尤辛的一个特写镜头，这个特写没有任何表情。然后，库里肖夫把这个镜头与其他影片的小片段连接成三个组合。在第一种组合中，特写后面紧接着一张桌上摆了一盘汤的镜头；第二个组合是莫兹尤辛面部的镜头与一个棺材里面躺着一个女尸的镜头紧紧相连；第三个组合是这个特写后面紧接着一个小女孩在玩着一个滑稽的玩具狗熊的镜头。然后，库里肖夫把这三种不同的组合放映给观众看，结果看了三个组合的观众都对演员的表演大为赞赏。观看第一个组合的观众从那盘忘在桌上没喝的汤中，看出了莫兹尤辛沉思的心情；观看第二个组合的观众则看到演员沉重悲伤的表情，并且也感到非常感动；而观看第三个组合的观众却看到了演员轻松愉快的微笑，一起跟着高兴起来。因此，库里肖夫认识到造成观众情绪反应的并不是单个镜头的内容，而是几个画面的并列：单个镜头只是电影的素材，蒙太奇的创作才是电影艺术。这便是库里肖夫效应。

库里肖夫效应是一个关于认知的心理效应，说明人的认知并不完全依赖于单个场景或者单个元素，而是取决于这些场景或者元素的连接顺序。比如，有这样三个片段，一个是一张微笑的脸，一个是一张惊恐的脸，另一个是对着一个人瞄准的手枪。如果我们按照先微笑的脸、继而瞄准的手枪、最后惊恐的脸的顺序将这三个片段连接起来，人们就会认为这个人是一个懦夫；然而，如果我们把顺序变换一下，按照如下的顺序连接片段：惊恐的脸、瞄准的手枪、微笑的脸，人们则会认为这个人很英勇。正是由于人的认知存在库里肖夫效应，才使得电影导演在创作时有了充分的发挥空间。我们平时所看的电影，在创作的时候，制作者并不是按照事件的发生顺序拍摄镜头的，而是导演按照剧本或影片的主题思想，分别拍成许多镜头，然后再按原定的创作构思，把这些不同的镜头有机地、艺术地组织、剪辑在一起，使之产生连贯、对比、联想、衬托、悬念等联系，从而构成一个符合逻辑的故事。

◆什么是首因效应？——第一印象比较深刻

一个新闻系的毕业生正急于寻找工作。一天，他到某报社问总编：“你们需要一个编辑吗？”

“不需要！”

“那么记者呢？”

“不需要！”

“那么排字工人、校对呢？”

“不，我们现在什么空缺职位也没有。”

“那么，你们一定需要这个东西。”说着，他从公文包中拿出一块精致的小牌子，上面写着“额满，暂不雇用”。总编看了看牌子，微笑着点了点头，说：“如果你愿意，可以到我们广告部工作。”这个大学生通过自己制作的牌子，表现了自己的机智和乐观，给总编留下了美好的“第一印象”，引起对方极大的兴趣，从而为自己赢得了一份满意的工作。

当我们进入一个新环境、参加面试或与某人第一次打交道的时候，常常会听到这样的忠告：“要注意你给别人的第一印象噢！”第一印象，又称为初次印象，指两个素不相识的陌生人第一次见面时所获得的印象。人们对你形成的某种第一印象，通常难以改变。而且，人们还会寻找更多的理由去支持这种印象。有的时候，尽管你表现的特征并不符合原先留给别人的印象，人们在很长一段时间里仍然要坚持对你的最初评价。第一印象在人们交往时所产生的这种先入为主的作用，被称为首因效应。

其实，人类有一种特性，就是对任何堪称“第一”的事物都具有天生的兴趣并有着极强的记忆能力。承认第一，却无视第二，不经意间你就能列出许许多多的第一。如世界第一高峰、中国第一个皇帝、美国第一个总统、第一个登上月球的人等等，可是紧随其后的第二呢？你可能就说不上几个。生活中，人同样对第一情有独钟，你会记住第一任老师、第一天上班、初恋等等，但对第二就没什么深刻的印象。这就是“首因效应”的表现。因此，我们要特别注意给别人的第一印象，要争取在第一次亮相的时候，就表现出最有光彩的自己。

◆什么是蔡加尼克效应？——初恋最难忘

蔡加尼克效应是格式塔学派心理学家勒温的弟子蔡加尼克于1927年发现的一种记忆现象。在一次实验中，他让被试者连续去做22种小的工作，其中有些工作让被试者完成，而另一些工作则令被试者中途停止，接着去做别的工作。就全部实验来说，每种工作被完成或被中止的次数完全相等；就每个被试者来说，完成的工作和被中止的工作各占一半。当每一被试者完成一次实验后，他就立刻让被试者去回忆所做过的工作名称。结果发现，绝大多数被试者首先回忆到的却是那些被中止而未完成的工作名称，对此，被试者不仅回忆得快，而且也回忆得又多又准确。这种记忆现象被称之为蔡加尼克效应。

这种心理效应的发现，可以帮助人们解释平素许多古怪的记忆现象。例如，把约定的日期或预定的事情写进记事本后，往往更容易忘记。这是因为，在头脑中，在记事本上写的行动，代替了践约或预定要做的事。也就是说，在心理层面上，写到记事本也就意味着把这件事做好了。一般说来，不用的东西，我们就容易忘掉。像考试前开夜车，考完试后就忘得一干二净，这也是大家都经验过的，这样的事情也是蔡加尼克效应的一种表现。这种效应被人用来解释遗忘的原因，认为“刀子不用就生锈”。因此，在记忆中这种“不使用法则”也可能是遗忘的主要原因之一。同理，初恋的人，往往是住在记忆里的人，两个人没有完成婚姻的结合，自然也就很难忘了。

◆什么是巴纳姆效应？——算命先生说得“真准”

有一位著名杂技师，名叫肖曼·巴纳姆。他在评价自己的表演时说过，因为他的节目中包含了每个人都喜欢的成分，所以他很受欢迎。他能使“每一分钟都有人上当受骗”。一种笼统的、一般性的人格描述，人们却常常认为十分准确地揭示了自己的特点，这种现象在心理学上称为“巴纳姆效应”。

有位心理学家做过一个实验。他给一群人做完明尼苏打多项人格检查后，拿出两份检查结果让参加者判断哪一份更贴近自己。事实上，这两份结果中，一份是多数人的回答平均起来的结果，另一份才是参加者自己的结果。参加者往往认为前者更准确地表达了自己的人格特征。

巴纳姆效应在生活中十分常见。比如算命，很多人算命后都会觉得算命先生说得“真准”。实际上，那些找人算命的人本身情绪低落、失意，对生活失去信心，没有安全感。一个缺乏安全感的人，心理的依赖性大大增强，很容易受到心理暗示。算命先生善于揣摩人的内心感受，很快就能觉察到求助者的感受，说些稍加安慰的话语，求助者立刻会升起一股暖意。算命先生接下来的似是而非、无关痛痒的“人生预测”便会使求助者深信不疑了。

◆什么是皮格马利翁效应？——期待是一种力量

古希腊神话中，塞浦路斯岛有位叫皮格马利翁的年轻王子，他酷爱雕塑。通过自己的艰辛努力，皮格马利翁雕塑了一尊女神像。他十分钟情于自己的得意之作，整天含情脉脉地注视着她。不知道过了多少天，女神奇迹般地复活了，并乐意做他的妻子。这虽然只是个传说，却蕴含了一个非常深刻的哲理：期待是一种力量。这种期待的力量就被心理学家称为皮格马利翁效应。

1968 年，哈佛大学社会心理学家罗森塔尔在一所小学，对全校学生进行智力测验。然后，不考虑测试的成绩，随机挑选了一些孩子，告诉他们的老师说，这几个学生智商很高，很聪明。这些所谓聪明和有前途的学生，在后来的智力测验中明显比其他学生有提升。这种期盼的力量，使得被期盼的对象在不知不觉中在态度和行为上也发生了明显的变化，这种变化心理学家称为罗森塔尔效应。

所以从现在开始，乐观看待你自己或者他人吧，就像皮格马利翁的奇迹一样，你的信任和期待，会变成现实，你对他人的小关心，有可能创造惊人的奇迹呢。

◆什么是奥卡姆剃刀效应？——把握事情的实质

14 世纪，英国奥卡姆的威廉对无休无止的关于“共相”“本质”之类的争吵感到厌倦，主张唯名论，只承认确实存在的东西，认为那些空洞无物的普遍性要领都是无用的累赘，应当被无情地“剃除”。他主张：如无必要，勿增实体。这就是常说的“奥卡姆剃刀”。这把“剃刀”曾使很多人感到威胁，被认为是异端邪说。威廉本人也受到伤害。然而，这并未损坏这把“刀”的锋利。相反，这把“刀”经过数百年越来越快，并早已超越了原来狭窄的领域而具有广泛的、丰富的、深刻的意义。

事情总是朝着复杂的方向发展，复杂会造成浪费，而效能则来自单纯。在你做过的事情中可能绝大部分是毫无意义的，真正有效的活动只是其中的一小部分，而它们通常隐含于繁杂的事物中。找到关键的部分，去掉多余的活动，成功并不那么复杂。奥卡姆剃刀效应可进一步深化为简单与复杂效应：把事情变复杂很简单，把事情变简单很复杂。这启示我们：在处理事情时，要顺应自然，不要把事情人为地复杂化；要把握事情的实质、主流，解决最根本的问题。

◆什么是凡勃伦效应？——“瑞士名表”的骗局

韩国曾闹出了轰动一时的“瑞士名表”骗局。一个名叫李某的美籍韩人，注册了名为“Vincent&Co”的手表品牌，并相继在瑞士和韩国进行法人和商标注册，从而伪装成总部在瑞士的公司。表链和表扣是从中国进口的，时针、分针、包装盒等廉价配件从韩国的生产商处购买，经过“精心打造”的“瑞士名表”成本价不到10万韩元，竟以数千万韩元出售。李某还在时尚杂志、电视和互联网上登广告，说百年来只向英国等欧洲皇室出售的瑞士名表终于登陆韩国，是英国女王、戴安娜等戴过的手表，如此等等，刺激有钱人的虚荣心。令人吃惊的是，韩国许多名人还真“上钩”了，包括一些明星和要员。正当李某大肆敛财的时候，首尔警方接到举报，并以欺诈罪拘捕了李某。

这个案例就是典型的凡勃伦效应，商品价格定得越高，越能受到消费者的青睐。商品价格越高，消费者反而越愿意购买的消费倾向，因为最早由美国经济学家凡勃伦注意到，因此被命名为“凡勃伦效应”。

◆什么是对比定律？——要想甜，加点盐

小张和小王受雇于一家超级市场，他们工作资历差不多，可是小张却从领班被提升为部门经理。小王认为自己不比小张差，觉得总经理对他很不公平，就愤而辞职，并在走之前向总经理表达了他的不满。

总经理说：“你想知道你们之间的差别吗？那么请你马上到集市去，看看今天有什么卖的。”

小王很快从集市回来，汇报说刚才集市上只有一个农民拉了车土豆卖。“一车大约有多少袋？”总经理问。小王又跑去，回来说有10袋。“价格如何？”小王再次跑到集上。

总经理望着气喘吁吁的小王说：“请休息一会儿吧，再看看小张是怎么做的。”说完就叫小张去做同样的事。小张很快从集市回来了，汇报说到现在只有一个农民在卖土豆，有10袋，价格适中，质量很好，他还带回几个让总经理看。这个农民过一会儿还会弄几筐西红柿来卖，据他看价格还公道，可以进一些货。他不仅带回了几个西红柿当样品，而且把那个农民也带来了。总经理说：“请他进来。”这时，小王一下子明白了他和小张之间的差异，感到很惭愧。对比的效果就是这样鲜明，有时甚至比千言万语更说明问题。

人的心理有这样一种特点，就是单独认识一个事物时，不如把它的对立面也同时列出来进行比较，这样效果就会更明显。俗话说，“不比不知

道，一比吓一跳”。这就是心理学上的“对比定律”。就像你吃菠萝的时候，可以用淡盐水泡一泡，吃起来就比较甜。因为从本质上讲，世界上没有孤立存在的事物。任何事物都是在和其他事物的对比中存在的，你给一个事物规定一种特性，必然是在其他事物的对比之下。没有黑暗，就没有光明；没有苦，就没有甜；没有丑，就没有美……

◆什么是讨厌完美定律？——完美的人不如有缺点的人可爱

美国心理学家阿伦森发现，一个能力非凡而又完美无缺的人的吸引力，远不如一个能力非凡但身上却有着常人缺点的人。这恐怕是人们认为太完美反而缺少人情味，倒不如个性有棱角、有小毛病的人更贴近人性。

生活中有一些看起来各方面都比较完美的人，但是他们却往往不太讨人喜欢。而讨人喜欢的，却往往是那些有优点，但也有一些明显缺点的人。为什么呢？因为一般人与完美无缺的人交往时，总难免因为自己不如对方而感到自卑。如果发现优秀的人也和自己一样有缺点，就会减轻自卑，感到安全，也就更愿意与之交往。你想，谁会愿意和那些容易让自己感到自卑的人交往呢？所以不太完美的人，比缺点很少的人，更容易让人觉得可亲、可爱。

有一位大龄女青年，具有高等学历，长得很漂亮，事业也很有成就。在很多人眼里，她相当完美。可她觉得婚姻是终身大事，不能马虎，宁可等着，也不能将就。结果，抱着这样的观念，一晃四十了，还是孑然一身。她感到很奇怪，像她条件这么好的人，为什么就不能被好男人发现呢？其实她不知道，也许正是她的“完美”把许多男士吓着了。

通常，优点和缺点也是辩证的，人是一个有机的整体，往往是因为他的某个优点，才导致他的另一个缺点。比如一个慷慨大方的人，可能会有大大咧咧、粗心大意的毛病。很多时候，要看你选择什么，放弃什么。很多的情况是：你选择一个优点，也往往必须放弃另一个优点。古人说：“水至清则无鱼。”接受自己和他人的缺点，是一种实事求是的态度，也是一种达观的表现。

◆什么是小世界定律？——世界真小

有一天，一个未过门的女婿准备去拜见丈母娘。他路过一家食品店，看见一条长蛇般的队伍延伸而出，原来是人们在排队购买脱销已久的一种名牌火腿。他忽然想起，女朋友不是说她妈妈最喜欢用火腿煮汤喝吗？何不买几个，去讨她老人家的欢心呢？于是，他使出浑身解数，插到了队伍的前边。一位大娘看不惯，批评了他几句。他恼羞成怒，脱口便骂，把那个大娘气得怏怏离去。他心里想，反正茫茫人海，谁也不认识谁。

当他提着火腿，敲开女朋友的家门时，一下子惊呆了，原来开门的正是那位大娘。他这才明白，他刚刚得罪的那位大娘就是他未来的丈母娘！

你是否有过类似经历，就是在某一时间、地点，碰上一个绝对想不到会碰上的人？

有时现实生活中就是会发生这样巧的事情。

有时候，你在一个陌生的角落遇到一个陌生的人，闲聊几句后竟然发现你们有一个共同的熟人，使你不由得感叹：世界真小！其实这个世界本来就没有我们想象的那么大。而我们通常以为碰见认识的或者有关联的人，不是那么容易。事实上，这种事情的发生比我们想象的容易得多。这就是社会心理学上的“小世界定律”。

◆什么是手表效应？——在选择面前果断决策

所谓手表效应，是指一个人只有一只表时，可以知道现在是几点钟，而当他同时拥有两只表时却无法确定。两只表并不能告诉一个人更准确的时间，反而会让看表的人失去对准确时间的信心。此时，不妨听听尼采的忠告：“兄弟，如果你是幸运的，你只需有一种道德而不要贪多，这样，你过桥更容易些。”因而，你要做的就是选择其中较信赖的一只表，尽力校准它，并以此作为你的标准，听从它的指引行事。

现实生活中，很多人被“两只表”弄得无所适从，不知自己该信仰哪一个。还有人在环境、他人的压力下，违心选择了自己并不喜欢的道路，为此而郁郁终生，即使取得了受人瞩目的成就，也体会不到成功的快乐。其实，每个人都应该“选择所爱的，爱所选择的”，这样无论成败都可以心安理得。

或许手表效应给我们一种直观的启发：对同一个人或同一个组织的管理不能同时设置两个不同的目标，不能同时采用两种不同的方法；每一个人不能由两个人来同时指挥，否则将使这个人无所适从。另外，每个人都不能同时挑选两种不同的价值观，否则其行为将陷于混乱。

◆什么是社会负责分散定律？——旁观者越多越没人见义勇为

1964年3月，纽约昆士镇的克尤公园发生了一起谋杀案，使全美感到震惊。年轻的酒吧经理吉娣·格罗维斯在凌晨3点回家途中被温斯顿·莫斯雷刺死。使这场谋杀成为大新闻的原因是，这次谋杀共用了半个小时的时间（莫斯雷刺中了她，离开几分钟后又折回来再次刺她，又离开，最后又回过头来再刺她），这期间，她反复尖叫，大声呼救，有38个人从公寓窗口听见和看到她被刺的情形。但没有人下来保护她，她躺在地上流血也没有人帮她，甚至都没有人给警察打电话。

当时，新闻评论人和其他学者都认为，这 38 个证人无动于衷的表现是现代城市人，特别是纽约人异化和不人道的证据。可是，生活在这个城市的两位年轻社会心理学家约翰·巴利和比博·拉塔内却觉得，事情没有这么简单，人们无动于衷，一定有更深层次的原因和更令人信服的解释。他们认为，这种现象不能仅仅归结为众人的冷酷无情，或是道德日益沦丧。因为在不同的场合，人们的援助行为是不同的。当某人遇到紧急情境时，如果只有一个人能提供帮助，那么这个人会清醒地意识到自己的责任，对受难者给予帮助。如果这个人见死不救，他自己就会产生罪恶感、内疚感，这需要付出很高的心理代价。而如果有许多人在场的话，帮助求助者的责任就由大家分担，造成责任的分散，每个人分担的责任很少，旁观者甚至可能连他自己的那一份责任都意识不到，这就容易造成“集体冷漠”的局面。也就是说：正是因为一个紧急情形有其他的目击者在场，才使得旁观者无动于衷。

◆什么是破窗定律？——小破坏要及时制止和修补

美国斯坦福大学心理学家詹巴斗曾做过一项试验：他把两辆一模一样的汽车分别停放在两个社区，一个是帕罗阿尔托的中产阶级社区，一个是相对杂乱的布朗克斯街区。停在布朗克斯街区的那一辆，摘掉了车牌，顶棚敞开，结果不到一天就被人偷走了；而停放在帕罗阿尔托的那一辆，停了一个星期也无人问津。后来，詹巴斗用锤子把这辆车的玻璃敲了个大洞，结果仅仅过了几个小时车就不见了。

后来，政治学家威尔逊和犯罪学家凯林提出了破窗定律：如果有人打坏了一栋建筑上的一块玻璃，而这扇窗户又没有得到修复，别人就可能受到某些暗示性的纵容，去打烂更多的玻璃。久而久之，在这种公众麻木不仁的氛围中，犯罪就会滋生、蔓延。破窗定律揭示了环境所具有的强烈的暗示性和诱导性，任何一种不良现象的存在，都会传递一种信息，导致这种不良现象无限地扩展。这种情况在生活中经常可以见到。比如，在公交车站，如果大家都井然有序地排队上车，那么谁也不会不顾别人的眼光而贸然插队；相反，车辆尚未停稳，如果有几个人猴急地你推我拥，争先恐后，后来的人即使想排队上车，恐怕也没有耐心了。

这个定律告诉我们，对管理秩序中偶然的、个别的、轻微的损害，如果不闻不问，反应迟钝或纠正不力，其后果可能就是纵容更多的人去破坏它。于是用不了多长时间，各类有损公共秩序的行为，就会如雨后春笋般地滋生出来。为了防止这种情况，最好的办法就是及时修好“第一扇被打碎玻璃的窗户”。

◆什么是空白定律？——此时无声胜有声

白居易的《琵琶行》中有这样一段：“嘈嘈切切错杂弹，大珠小珠落玉盘。间关莺语花底滑，幽咽泉流冰下难。冰泉冷涩弦凝绝，凝绝不通声暂歇。别有忧愁暗恨生，此时无声胜有声。”

音乐于极致中戛然而止，给人留下的是无尽的思想空间，起到了留白的作用。

这种留出空白的艺术表达方式，更能启发人的想象力，具有独特的审美效果。留白为什么会起到这样的作用呢？它是有其心理学依据的。心理学家认为人的心理有这样的特点：在感知世界的时候，如果感知对象不完整，便会自然地运用联想，在头脑中对不完整的感知对象进行补充，直至完整。奇妙的是，人们对经过联想去“补充”的感知对象，会产生更强烈的心理效应，不仅印象深刻，而且更容易记住。我们把这种现象叫作“空白定律”。

说到这里，我们大概会想起王家卫的电影《花样年华》。影片在寂寞、梦想、逃避的情节中慢慢地铺开，但自始至终都没有直接表现男女主角之间的恋爱场景，这就是要留给观众自己去想象的。留白在很多领域里都有奇妙的作用。在生活中，和亲密的人相处时，也要注意适当地留白。比如夫妻之间，如果相互之间没有距离，把对方看得太紧，恐怕只会起到适得其反的作用，不利于感情的发展。相反，如果给对方一定的空间，彼此保留一定的神秘感，那点空白会使两人更有走近的欲望。

◆什么是陌生时长定律？——战胜“生命苦短”的感觉

我们大概都有过这样的经验吧：到一个新地方、新街道，找一个目标，会觉得很远，花费的时间很长；可是在回来的路上，我们却觉得比去的路程要近，走的时间似乎也短了。这是怎么回事呢？这种现象，我们把它叫作“陌生时长定律”。它指的是：人在陌生、新奇的地方，会产生时间长的错觉。

为什么会有这种现象呢？心理学家认为有两个原因。一是人们在去陌生地方的时候，为了应付可能出现的陌生事物，注意力会高度集中，留意到许多信息，印象也比较深刻。这样使人感觉好像经历了很多事，因此有时间长的错觉。而在回去的路上，因为这个路已经走过了、熟悉了，不用再提高注意力了，精神就放松下来，不再去留意很多事物，于是就感到经历简单，时间短。第二个原因是，去的路上，你始终不知道目的地还有多远，即使不走弯路，因为它对你是未知的，你也会觉得远；而回来的时候，目的地是已知的，是可见的，不会给人渺茫的感觉，让人觉得比较容易到达，因此显得近。

人的一生也符合陌生时长定律。同样活 80 岁，如果每日生活在与世隔绝、信息单调的山村，80 年匆匆而过。而那些四海为家的人，经历陌生的环境、人情和风俗，80 年的光阴绚丽多彩，也就觉得生命挺长的。这个定律告诉我们，为了战胜“生命苦短”的感觉，最好的办法就是让自己的生命丰富起来。你看有的人，有一定经济条件后，发展了许多的业余爱好。他们或旅游，或摄影，或听音乐，或学习新知识，或探险，总觉得时间不够用。这样的人到了晚年回首一生时，会觉得生命过得很值，因为他们没有浪费一分一秒，而是把生命过到最丰富的程度。但有的人，年年岁岁花相似，岁岁年年人一样，会觉得一生如白驹过隙，太短暂了。

◆什么是 3 对 1 定律？——联合大多数

你应该有这样的生活体验，就是当你自己想说服别人或提出令人为难的要求时，别人可能一口回绝；如果几个人同时给对方施加压力，他可能就乖乖就范了。那么至少需要几个人才能奏效呢？实验表明，能够引发对方同步行为的人数至少为 3— 4 名。

当两个人统一口径诱使某人采取趋同行为时，他一般会坚持己见。如果人数增加到 3 人，趋同率就迅速上升。如果 5 个人中有 4 人意见一致，此时趋同率最高。人数增至 8 名或 15 名，趋同率则几乎保持不变。

但是，这种劝说方法在一对一的谈判或对方人多时就很难发挥作用。如果对方是一个人，你可以事先请两个支持者参加谈判，并在谈判桌上以分别交换意见的方式诱使对方做出趋同行为。以纸牌游戏为例，一般由四个人参加，在游戏过程中如果时机成熟，有人会建议提高赌金或导入新规则，同时也会有人反对。这时如果能拉拢其他两人赞同你的建议，三个人合力对付一个人，那么此人往往会因寡不敌众而改变自己的主张。

◆什么是自我暴露定律？——敞开心扉能给人好感

生活中有一些人是相当封闭的。当别人向他们说出心事时，他们却总是对自己的事情闭口不谈。但这种人不一定都是内向的人，有的人话虽然不少，但是从不触及自己的私生活，不谈自己内心的感受。总体来说，一个人对他人的开放性体现在两个方面。一是由初次见面时待人接物的习惯所决定的，称为社交性。社交能力强的人善于闲谈，但谈话中未必会涉及根本问题。第二个方面是由一个人是否愿意将自己的本意、内心展现给他人所决定的，这称为自我展示性。这两种类型的开放性通常是完全独立的。有些人社交能力很强，他们可以饶有兴致地与你谈论国际时事、体育新闻、家长里短，可是从来不会表明自己的态度。而你一旦将话题引入略带私密性的问题时，他就会插科打诨，或是一言以蔽之。可见，一个健谈的人，也可能对自身的敏感问题有相当强的抵触心理。相反，有一些人虽不善言辞，却总希望能向对方袒露心声，反而很快能和别人拉近距离。

心理学家认为，一个人应该至少让一个重要的他人知道和了解真实的自我。这样的人在心理上是健康的，也是实现自我价值所必需的。当然，“自我暴露”虽然有好处，但过度也是不好的。总是向别人喋喋不休地谈论自己的人，会被他人看作是适应不良的自我中心主义者。理想的自我暴露是对少数亲密的朋友做较多的自我暴露，而对一般朋友和其他人做中等程度的暴露。而且，你也不一定要说你的秘密，在不太了解的人面前，我们可以交流一些生活中并不私密的情感，既给人亲近感，又不会让自己处于不安全之中。

◆什么是贝勃定律？——诱敌深入法

有一个关于“诱敌深入法”的有趣实验。如果报纸售价上涨50元或汽车票由200元涨到250元，人们会十分敏感；而如果房价涨了100元甚至200元，人们都不会觉得涨幅很大。人们一开始受到的刺激越强，对以后的刺激也就越迟钝。这就是心理学上的“贝勃定律”。

下面再举例子以说明这种“贝勃定律”。

一个人右手举着300克重的砝码，如果此时在其左手上放305克的砝码，他觉察不出有什么差别。直到左手砝码加重至306克时，他才会感觉左手的有些重。同样，如果右手举着600克，这时左手上的重量要达到612克，人才能感受到差异。也就是说，要比之前的情况多给一倍以上的刺激，人才会有所反应。所以，要想辨别出刺激间的差异，差额必须足够大。

企业经营中的人事变动或机构改组等活动经常用到“贝勃定律”。例如，一家公司想裁掉一些员工，但这些人逆反、报复心理很强，首先拿来开刀则可能引起不良后果。因此，应该先对与这些人无关的部门进行大规模的人事变动或裁员，使其他职员习惯于这种冲击，然后在第三或第四次的人事变动和裁员时再把矛头指向原定目标。受到历次冲击之后，这些人已经麻木了。

再比如，在谈判中，一开始就提出令人难以拒绝的优厚条件，等谈判基本结束后再指出一些不好的细节并使对方接受，这种“诱敌深入法”基本上也是以“贝勃定律”为基础的。

◆什么是交往适度定律？——对别人过好，对自己不利

人们常讲互惠定律，就是人们对别人给予的好处，总想要同等回报。于是有的人便以为，他如果对对方特别好，对方也会对他特别好。其实，互惠定律如世间一切规律一样，就是适度最好，过犹不及。你对别人过分好，在人际交往中“过度投资”，可能会引起三个不良后果。

第一，人际关系中如果不能相互满足某种需要，那么这种关系维持起来就比较困难。因为这会使人感到无法回报或没有机会回报对方，而在心里感到愧疚，感到欠对方的情。这种心理负担会使受惠的一方只好选择疏远。所以不要把好事一次做尽，要留有余地，或者给对方回报的机会。

第二个不良后果是，对对方过好，会令对方对这种恩情感到麻木，时间长了，就不觉得你对他有多好。中国俗话“一斗米养个恩人，一石米养个仇人”说的就是这个道理。通俗地说，就是把对方给惯坏了。比如父母教育孩子，如果父母对子女过好，会让他习以为常，觉得理所当然，一旦将来让他独立解决困难，他就觉得你对他太不好了。夫妻之间也是如此。有时，妻子对丈夫太好，生活上照顾得无微不至，什么事都对他百依百顺，反而让他轻视你的感情。

第三个不良后果，就是容易让别人觉得你心太软，不怕你，对你无所忌惮。生活中并不是所有的人都是善良的，所以让自己有点威严，可以更好地保护自己，也能让自己更有影响力。如果你总是对别人太好，会让人觉得你善良而软弱，你会很容易被利用。